21世纪普通高校计算机公共课程规划教材

计算机与信息技术应用基础

娄　岩　主编

清华大学出版社
北京

内 容 简 介

本书的主要内容包括计算机基础知识、操作系统、网络技术与应用、数据库系统概论、虚拟现实技术概论、大数据概论、多媒体技术、Photoshop 与 PowerPoint 制作技术、网站技术概论与移动应用介绍。本书既注重基础知识的讲解，又关注 IT 前沿技术发展的新趋势，内容全面，具有极高的前瞻性和适用性。

本书叙述通俗易懂，对每章的关键知识点都进行了注释，书中案例全部经过反复测试，翔实可靠，并有开放式的课程教学网站 http://www.cmu.edu.cn/computer 提供支持，既可以作为普通高校计算机基础课程教材，也可以作为职业培训教育的参考书。

图书在版编目(CIP)数据

计算机与信息技术应用基础/娄岩主编. —北京：清华大学出版社，2016（2022.3 重印）
（21 世纪普通高校计算机公共课程规划教材）
ISBN 978-7-302-44481-7

Ⅰ. ①计… Ⅱ. ①娄… Ⅲ. ①电子计算机－基本知识 Ⅳ. ①TP3

中国版本图书馆 CIP 数据核字(2016)第 171547 号

责任编辑：贾 斌 薛 阳
封面设计：何凤霞
责任校对：胡伟民
责任印制：丛怀宇

出版发行：清华大学出版社
网　　址：http://www.tup.com.cn，http://www.wqbook.com
地　　址：北京清华大学学研大厦 A 座　　**邮　　编**：100084
社 总 机：010-83470000　　**邮　　购**：010-83470235
投稿与读者服务：010-62776969，c-service@tup.tsinghua.edu.cn
质量反馈：010-62772015，zhiliang@tup.tsinghua.edu.cn
课件下载：http://www.tup.com.cn，010-83470236
印 装 者：三河市龙大印装有限公司
经　　销：全国新华书店
开　　本：185mm×260mm　　**印　　张**：17.25　　**字　　数**：430 千字
版　　次：2016 年 7 月第 1 版　　**印　　次**：2022 年 3 月第 14 次印刷
印　　数：19201～21200
定　　价：49.00 元

产品编号：070870-02

本书编委会

主　　编： 娄　岩

副 主 编： 范　婷　张志常

编委成员： 徐东雨　庞东兴　曹　阳
郑　璐　范　婷　郑曹鹏
马　瑾　贺立路

前　言

随着信息技术日新月异的高速发展和混合教学模式的引入，我们针对“十一五”规划教材中存在的不足，精心策划和组织编写了本书，并配套编写了实验指导教材，在教材中融入了全新的教育理念、教学模式和IT前沿技术。

本教材在全国率先引入了翻转课题教育理念，旨在克服传统教学模式存在的弊端。以提高学生自主学习和运用知识的能力为目标，本教材在编写中注意加强学习过程中的互动性和学生综合素质培养等。

在以往的教学实践中，我们发现学生的计算机基础知识非常薄弱，给后续教学带来了许多问题，为确保顺利完成后期计算机应用课程教学工作，故本教材的编写强调教学内容的基础性，并对教学知识结构与内容进行了全面更新和提升。同时注重促进课程改革和转变教学理念，通过随堂测验和课前提前释放知识点等教学策略，实现适合“吸收内化过程课堂化”的网络化教学模式的观念转变。

本教材兼顾不同专业、不同层次读者的需要，增强了计算机基础知识、多媒体技术、网络技术、数据库系统、虚拟仿真技术、大数据信息处理技术等方面的内容，在每章末尾增加了本章核心知识点与晦涩难懂概念的注释，有助于培养读者的自主学习与创新能力。

本书的发行得到了国内外许多著名专家和学者们的鼎力支持与合作。参与本教材的编委们均长期从事IT工作，并具备丰富的一线教学经验，为成功编写此书奠定了坚实的基础。本书共10章，第1章计算机基础知识由娄岩编写，第2章操作系统由徐东雨编写，第3章网络技术与应用由庞东兴编写，第4章数据库系统概论由曹阳编写，第5章虚拟现实技术概论由郑璐编写，第6章大数据概论由范婷编写，第7章多媒体技术由郑琳琳编写，第8章Photoshop与PowerPoint制作技术由张志常编写，第9章网站技术概述由曹鹏编写，第10章移动应用介绍由马瑾编写。清华大学出版社对这本教材的出版做了精心策划，充分论证，在此向所有参加编写的同事们及帮助和指导过我们工作的朋友们表示衷心的感谢！

编　者

2016年5月

目　录

第1章 计算机基础知识

【内容与要求】

本章扼要介绍了计算机的发展概况、分类、特点和一些相关技术指标，并阐述了计算机体系结构，包括硬件、软件和相关概念及其应用。目的是帮助读者初步建立起对计算机的整体概念，掌握常用术语，为学习后续各章打下基础。

计算机的基本概念：包括计算机的发展过程、分类、主要特点、主要用途和信息的基本概念；

计算机系统的组成：包括硬件系统的组成以及各个部件的主要功能，计算机数据存储的基本概念，指令、程序、软件的概念和分类；

微型计算机的硬件组成：包括微型计算机的硬件组成部分，处理器、微型计算机和微型计算机系统的概念，CPU、内存、缓冲器、接口和总线的概念，常用外部设备的性能指标，微型计算机的主要性能指标；

信息编码：包括数据在计算机中的表示形式，数值在计算机中的表示形式和数制转换，字符编码。

【重点、难点】

本章的重点是计算机基本概念、计算机系统组成和微型计算机硬件的组成；难点是数值在计算机中的表示形式和数制转换。

计算机(Computer)诞生于20世纪40年代，其应用从最初的军事方面扩展到社会的各个层面。尤其是微型计算机的出现和计算机网络的迅猛发展，让生活在当今信息社会中的人们无时无刻不获益于它的存在，并享受它带来的便利和丰富。随着计算机技术与应用的不断发展、信息社会对人才培养新需求的不断变化，以及高等教育改革的不断深化，计算机基础教育已经成为我国计算机教育体系中的重要环节，对非计算机专业学生的计算机知识与能力培养起到了更加重要的作用。正因为此，计算机应用基础课程已成为高等院校学生的必修公共基础课程。本章的宗旨是让读者对计算机以及信息技术有一个较为全面的了解，为后续学习打下牢固的基础。

1.1 计算机的基本概念

随着计算机和信息技术的飞速发展，计算机应用日益普及。计算机被称为“智力工具”，因为计算机能极大地提高人们完成工作的能力和效率。计算机擅长于执行快速计算、信息处理以及自动控制等工作。虽然人类也能做这些事情，但计算机可以做得更快、更精确，使用计算机可以让人类更具创造力。有效使用计算机的关键是要知道计算机能做什么、计算机如何工作，以及如何使用计算机。本章将讨论计算机的基本概念，初步了解计算机的工作原理，从而为后面的学习奠定基础。

1.1.1 计算机的发展

世界上第一台电子计算机 ENIAC 诞生于 1946 年美国宾夕法尼亚州立大学。虽然从外观上看它是个庞然大物，就其性能上看却远逊于现在的微型计算机(PC)，但这并不影响它成为 20 世纪科学技术发展进程中最卓越的成就之一。它的出现为人类社会进入信息时代奠定了坚实的基础，有力地推动了其他科学技术的发展，对人类社会的进步产生了极其深远的影响。

20 世纪 40 年代中期，冯·诺依曼(1903—1957)参加了宾夕法尼亚大学的小组，1945 年设计电子离散可变自动计算机(Electronic Discrete Variable Automatic Computer, EDVAC)，将程序和数据以相同的格式一起存储在存储器中。这使得计算机可以在任意点暂停或继续工作，机器结构的关键部分是中央处理器，它使计算机所有功能通过单一的资源统一起来。

1946 年，美国物理学家莫奇利任总设计师和他的学生埃克特(Eckert，如图 1-1 所示)成功研制世界上第一台电子管计算机 ENIAC(如图 1-2 所示)。

图 1-1 计算机的创始人——莫奇利和他的学生埃克特

图 1-2 世界第一台电子计算机 ENIAC

今天计算机应用已经融入到社会的各行各业和人们生活的方方面面，在人类社会变革中起到了无可替代的作用。从农业社会末期，到工业社会的过渡，以及当今的信息化社会，计算机技术的应用正一点点改变人们传统的学习、工作和生活方式，推动社会的飞速发展和文明程度提高。

计算机的发展历史按其结构采用的主要电子元器件划分，一般分成4个时代。

1. 第一代计算机——电子管时代(1946年—1957年)

这个时期的计算机如图1-3所示，主要采用电子管作为其逻辑元件，它装有18 000余只电子管和大量的电阻、电容，内存仅几KB。数据表示多为定点数，采用机器语言和汇编语言编写程序，运算速度大约每秒5000次加法或者400次乘法。首次用电子线路实现运算。电子管计算机如图1-3所示。

2. 第二代计算机——晶体管时代(1958年—1964年)

这个时期的计算机的基本特征是采用晶体管作为主要元器件，取代了电子管。内存采用了磁芯存储器，外部存储器采用了多种规格型号的磁盘和磁带，外设方面也有了很大的发展。此间计算机的运算速度提高了10倍，体积缩小为原来的1/10，成本降低为原来的1/10。同时计算机软件有了重大发展，出现了FORTRAN、COBOL、ALGOL等多种高级计算机编程语言。第一台晶体管计算机如图1-4所示。

图1-3　电子管计算机

图1-4　第一台晶体管计算机

3. 第三代计算机——集成电路时代(1965年—1970年)

随着半导体物理技术的发展，出现了集成电路芯片技术，在几平方毫米的半导体芯片上可以集成几百个电子元器件，小规模集成电路作为第三代电子计算机的重要特征，同时也催生了电子工业的飞速发展。第三代电子计算机的杰出代表有美国IBM公司1964年推出的IBM S/360计算机，如图1-5所示。

4. 第四代计算机——超大规模集成电路时代(1971年至今)

进入20世纪70年代，计算机的逻辑元器件采用超大规模集成电路技术，器件集成度得到大幅提升，运算速度达到每秒上百亿次浮点运算。集成度很高的半导体存储器取代了以往的磁芯存储器。此间，操作系统不断完善，应用软件的开发成为现代工业的一部分；计算机应用和更新的速度更加迅猛，产品覆盖各类机型；计算机的发展进入了以计算机网络为特征的时代，此时的计算机才真正快速进入社会生活的各个层面。大型计算机如图1-6所示。

图 1-5　IBM S/360

图 1-6　大型计算机

1.1.2　超级计算机

截至 2016 年 6 月，世界上运算速度最快的超级计算机是由中国自主芯片制造的“神威·太湖之光”。双精度浮点运算峰值速度达到每秒 12.5 亿亿次。

当前世界上的超级计算机还有：2013 年 6 月中国国防科技大学研制的“天河二号”超级计算机每秒 3.386 亿亿次浮点运算速度。

2009 年 10 月，中国研制的第一台千万亿次超级计算机在湖南长沙亮相，全系统峰值性能为每秒 1.206PFlops。这台名为天河一号的计算机位居同日公布的中国超级计算机前 100 强之首，也是当时世界上最快的超级计算机。天河一号的研制成功使中国成为继美国之后世界上第二个能够研制千万亿次超级计算机的国家。

2008 年 11 月，IBM 的 Roadrunner 成为当时最快的超级计算机，运算能力为 1.105PFlops。

2008 年 11 月 16 日，美国 Cray 超级计算机公司推出 Jaguarr 系列，运算能力为 1.059PFlops，采用 45 376 颗四核的 Opteron 处理器、362TB 的存储器，传输总带宽 284GB/Sec，硬盘容量超过 10PB，内部的数据总线带宽 532TB/Sec。这台计算机放置在美国的国家高速计算机中心，并开放给各界有需要的团体申请使用。

2007 年 11 月，IBM 推出 Blue Gene/L，运算能力为 478.2 TFlops，安装了 32 768 个处理器。它是 PowerPC 架构的修改版本，正式运作版本被推出到很多地点，包括 Lawrence Livermore National Laboratory。

在地球模拟器之前，最快的超级计算机是美国加州罗兰士利物摩亚国家实验室的 ASCI White，它的冠军位置维持了 2.5 年。

超级计算机是一个国家综合国力的体现。2013 年 6 月 17 日国际 TOP500 组织公布了最新全球超级计算机 500 强排行榜榜单，中国国防科学技术大学研制的“天河二号”以每秒 33.86 千万亿次的浮点运算速度成为全球最快的超级计算机。此次是继天河一号之后，中国超级计算机再次夺冠。

1.1.3　微型计算机的发展

微型计算机是第四代计算机的典型代表。电子计算机按体积大小可以分为巨型机、大型机、中型机、小型机和微型机，这不仅是体积上的简单划分，更重要的是其组成结构、运算速度和存储容量上的划分。

随着半导体集成技术的迅速发展，大规模和超大规模集成电路的应用，出现了微处理器(Central Processing Unit，简称 CPU)、大容量半导体存储器芯片和各种通用的或可专用的可编程接口电路，诞生了新一代的电子计算机——微型计算机，也称为个人计算机(Personal Computer，简称 PC)。微型计算机再加上各种外部设备和系统软件，就形成了微型计算机系统。

微型计算机具有体积小、价格低、使用方便、可靠性高等优点，因此广泛用于国防、工农业生产和商业管理等领域，给人们的生活带来了深刻的变革。微型计算机的发展大体上经历了以下几个过程。

1. 霍夫和 Intel 4004

1971 年 1 月，Intel 公司的霍夫成功研制世界上第一块 4 位微处理器芯片 Intel 4004，标志着第一代微处理器问世，微处理器和微机时代从此开始。

2. 8 位微处理器 8080

1973 年该公司又成功研制了 8 位微处理器 8080，随后其他许多公司竞相推出微处理器、微型计算机产品。1975 年 4 月，MITS 发布第一个通用型 Altair8800，售价 375 美元，带有 1KB 存储器，这是世界上第一台微型计算机。

3. AppleⅡ计算机

1977 年美国 Apple 公司推出了著名的 AppleⅡ计算机，它采用 8 位的微处理器，是一种被广泛应用的微型计算机，开创了微型计算机的新时代。

4. IBM 与 PC

20 世纪 80 年代初，当时世界上最大的计算机制造公司——美国 IBM 公司推出了名为 IBM PC 的微型计算机。PC 是英文 Personal Computer 的缩写，翻译成中文就是“个人计算机”或“个人电脑”，因此人们通常把微型计算机叫做 PC 或个人电脑。

5. PC 之父

IBM 微电脑技术总设计师埃斯特利奇(Don Estridge)负责整个跳棋计划的执行，他的天才和辛勤工作直接推动了 IBM PC 时代的来临，因此他被后人尊称为“PC 之父”。不幸的是，4 年后“PC 之父”因乘坐的班机遭台风袭击而英年早逝，没能够亲眼目睹他所开创的巨大辉煌。

1981 年 IBM 公司基于 Intel8088 芯片推出的 IBM PC 计算机以其优良的性能、低廉的价格以及技术上的优势迅速占领市场，使微型计算机进入了一个迅速发展的实用时期。

世界上生产微处理器的公司主要有 Intel、AMD、Cyrix、IBM 等，美国的 Intel 公司是推动微型计算机发展最为显著的微处理公司。在短短的十几年内，微型计算机经历了从 8 位到 16 位、32 位再到 64 位的发展过程。

当前计算机技术正朝着巨型化、微型化、网络化、智能化、多功能化和多媒体化的不同方向发展。

1.1.4 计算机的分类

计算机的种类很多，而且分类的方法也很多。专业人员一直采用较权威的分法，例如用 I 代表“指令流”、用 D 代表“数据流”、用 S 表示“单”，用 M 表示“多”。于是就可以把系统分成 SISD、SIMD、MISD、MIMD 四种。根据计算机分类的演变过程和近期可能的发展趋势，国外通常把计算机分为 6 大类。

1. 超级计算机或称巨型机

超级计算机通常是指最大、最快、最贵的计算机。例如目前世界上运行最快的超级计算机速度为每秒 1704 亿次浮点运算。生产巨型机的公司有美国的 Cray 公司、TMC 公司，日本的富士通公司、日立公司等。我国研制的银河机也属于巨型机，银河 1 号计算机运算速度是 1 亿次/秒，而银河 2 号计算机运算速度是 11 亿次/秒。

2. 小超级机或称小巨型机

小超级机又称桌上型超级电脑，试图将巨型机缩小成个人计算机的大小，或者使个人计算机具有超级计算机的性能。典型产品有美国 Convex 公司的 C-1、C-2、C-3 等，Alliant 公司的 FX 系列等。

3. 大型主机

大型主机包括通常所说的大、中型计算机。这是在微型机出现之前最主要的计算模式，大型主机经历了批处理阶段、分时处理阶段、分散处理与集中管理的阶段。IBM 公司一直在大型主机市场处于霸主地位，DEC、富士通、日立、NEC 也生产大型主机。不过随着微机与网络的迅速发展，大型主机正在走下坡路，许多计算中心的大机器正在被高档微机群取代。

4. 小型机

由于大型主机价格昂贵，操作复杂，只有大企业大单位才能买得起。在集成电路推动下，20 世纪 60 年代 DEC 推出一系列小型机，如 PDP-11 系列、VAX-11 系列；HP 有 1000、3000 系列等。通常小型机用于部门计算，同样它也受到高档微机的挑战。

5. 工作站

工作站与高档微机之间的界限并不十分明确，而且高性能工作站接近小型机，甚至接近低端主机。但是，工作站毕竟有它明显的特征：使用大屏幕、高分辨率的显示器，有大容量的内外存储器，而且大都具有网络功能。其用途也比较特殊，例如用于计算机辅助设计、图像处理、软件工程及大型控制中心。

6. 服务器

服务器，也称伺服器，是网络环境中的高性能计算机，它侦听网络上的其他计算机（客户机）提交的服务请求，并提供相应的服务，为此，服务器必须具有承担服务并且保障服务的能力。

服务器的高性能主要体现在高速度的运算能力、长时间的可靠运行、强大的外部数据吞吐能力等方面。服务器的构成与微机基本相似，有处理器、硬盘、内存、系统总线等，它们是针对具体的网络应用特别制定的，因而服务器与微机在处理能力、稳定性、可靠性、安全性、可扩展性、可管理性等方面存在很大差异。一个管理资源并为用户提供服务的计算机软件，通常分为文件服务器（能使用户在其他计算机访问文件）、数据库服务器和应用程序服务器。服务器是网站的灵魂，是打开网站的必要载体，没有服务器的网站用户无法浏览。

7. 个人计算机

个人计算机一般也称微型机，是目前发展最快的计算机应用领域。根据它所使用的微处理器的不同分为若干类型：首先是使用 Intel 386、486 以及奔腾 CPU 等的 IBM PC 及其兼容机；其次是使用 Apple-Motorola 联合研制的 PowerPC，2010 年 6 月，Intel 发布革命性的处理器——第二代 Core i3/i5/i7。第二代 Core i3/i5/i7 隶属于第二代智能酷睿家族，全部基于全新的 Sandy Bridge 微架构，相比于第一代产品主要带来 5 点重要革新：(1)采用全新 32nm 的 Sandy Bridge 微架构，更低功耗、更强性能。(2)内置高性能 GPU(核芯显卡)，视频编码、图形性能更强。(3)睿频加速技术 2.0，更智能、更高效。(4)引入全新环形架构，带来更高带宽与更低延迟。(5)全新的 AVX、AES 指令集，加强浮点运算与加密解密运算。2012 年 4 月 24 日下午在北京天文馆，Intel 正式发布了 IVB 处理器。22nm Ivy Bridge 将执行单元的数量翻一番，达到最多 24 个，自然会带来性能上的进一步跃进。Ivy Bridge 会加入对 DX11 支持的集成显卡。另外新加入的 XHCI USB 3.0 控制器则共享其中 4 条通道，从而提供最多 4 个 USB 3.0，因而支持原生 USB 3.0。CPU 的制作采用 3D 晶体管技术，耗电量会减少一半。

8. 专用计算机

专用计算机是为某种特定目的而设计的计算机，如用于数控机床、轧钢控制的计算机，生物计算机，光子计算机，量子计算机，分子计算机和单电子计算机等。专用计算机针对性强、效率高，结构比通用计算机简单。

9. 模块化计算机

计算机技术的发展过程中，计算机通用模块化设计起了决定性的推动作用。不但在内置板卡中实现模块化，甚至可以提供多个外接插槽，以供用户加入新的模块，增加性能或功能，使用起来和现在笔记本中的 PCMICA 有点接近。如图 1-7 所示为模块化概念计算机。

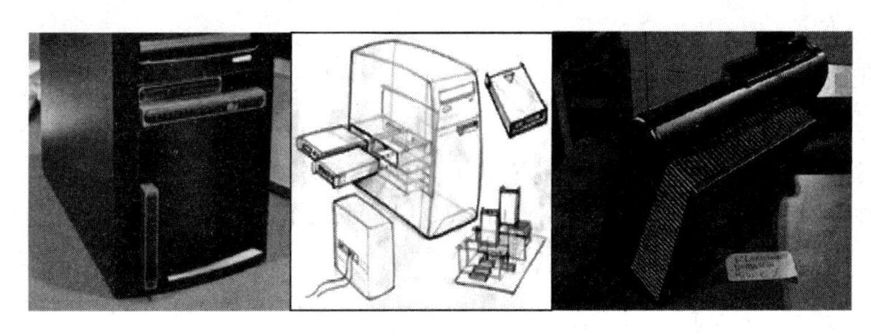

图 1-7　模块化概念机

这种插槽将采用 PCI Express 接口技术，PCI Express 具有高性能、高扩展性、高可靠性、很好的可升级性以及低花费的特点，它必然取代现在的 PCI 总线，同时利用它的热插拔原理可以设计出模块化的概念机。图 1-7 是美国 DELL 公司在内的一些厂商在 WinHEC 2002 上展示的模块化概念机，当我们需要哪一个功能时，只需要把提供该功能的模块加到计算机上，就能提供该功能，无须关机，就像现在使用 USB 设备一样方便。也许未来的计算机将是一个密封设备，所有外设都将通过 USB 或其他外部接口连接，计算机板卡也通过 PCI Express 总线，从而支持热插拔。

1.1.5　计算机系统的主要特点和用途

目前，计算机已成为人类文明必需的文化内容，它与传统的语言、基础数学一样重要。对计算机技术的了解和掌握程度是衡量科学素养的重要指标之一，计算机的主要特点如下。

1. 快速的运算能力

计算机的工作基于电子脉冲电路原理，由电子线路构成其各个功能部件，其中电场的传播扮演主要角色。我们知道电磁场传播的速度是很快的，现在高性能计算机每秒能进行几百亿次以上的加法运算。如果一个人在一秒钟内能做一次运算，那么一般的电子计算机一小时的工作量，一个人得做100多年。很多场合下，运算速度起决定作用。例如，计算机控制导航，要求“运算速度比飞机飞得还快”；气象预报要分析大量资料，如用手工计算需要十天，甚至半个月，失去了预报的意义。而用计算机，几分钟就能算出一个地区数天内的气象预报。

2. 超强的记忆能力

计算机中有许多存储单元用以记忆信息。内部记忆能力是电子计算机和其他计算工具的一个重要区别。由于具有内部记忆信息的能力，在运算过程中就可以不必每次都从外部去取数据，而只需事先将数据输入到内部的存储单元中，运算时即可直接从存储单元中获得数据，从而大大提高了运算速度。计算机存储器的容量可以做得很大，而且它的“记忆力”特别强。

3. 足够高的计算精度

电子计算机的计算精度在理论上不受限制，一般的计算机均能达到15位有效数字，通过一定的技术手段，可以实现任何精度要求。历史上有个著名数学家挈依列，曾经为计算圆周率π，整整花了15年时间，才算到第707位。现在将这件事交给计算机做，几个小时内就可计算到10万位。

4. 复杂的逻辑判断能力

计算机的运算器除了能够完成基本的算术运算外，还具有进行比较、判断等逻辑运算的功能。这种能力是计算机处理逻辑推理问题的前提。借助于逻辑运算，可以让计算机做出逻辑判断，分析命题是否成立，并可根据命题成立与否做出相应的对策。例如，数学中有个“四色问题”，说是不论多么复杂的地图，使相邻区域颜色不同，最多只需四种颜色就够了。

5. 通用性强

由于计算机的工作方式是将程序和数据先存放在计算机内，工作时按程序规定的操作，一步一步地自动完成，一般无须人工干预，因而自动化程度高。这一特点是一般计算工具所不具备的。计算机通用性的特点表现在几乎能求解自然科学和社会科学中一切类型的问题，能广泛地应用在各个领域。

目前计算机的应用领域已渗透到社会的各行各业，正在改变着人们传统的工作、学习和生活方式，推动着社会的发展。

计算机作为一种人类大脑思维的延伸与模拟工具，它的逻辑推理能力、智能化处理能力可以帮助人类进一步拓展思维空间。而其高速的运算能力和大容量的存储能力又恰恰弥补了人类在这些方面的不足。人们通过某种计算机语言向计算机下达某些指令，可以使计算机完成人类自身可想而不能做到的事情，计算机的应用又将为人类社会的发展和进步开辟全新的研究领域，创造更多的物质和精神财富。例如，互联网、物联网、电子邮件、远程访问、虚拟现实技术，云计算、大数据等彻底改变了人类的交流方式，拓宽了人类生活和研究的交流空间，丰富了人类的文化生活。计算机的主要应用归纳起来可以分为以下几个主要方面。

1. 科学计算

科学计算(Scientific Computing)也称为数值计算，主要解决科学研究和工程技术中提出的数值计算问题。这是计算机最初的也是最重要的应用领域。随着科学技术的发展，各个应用领域的科学计算问题日趋复杂，人们不得不更加依赖计算机解决计算问题，如计算天体的运用轨迹、处理石油勘探数据和天气预报数据、求解大型方程组等都需要借助计算机完成。科学计算的特点是计算量大、数据变化范围广。

2. 数据处理

数据处理(Date Processing)是指对大量的数据进行加工处理，如收集、存储、传送、分类、检测、排序、统计和输出等，从中筛选出有用信息。与科学计算不同，数据处理中的数据虽然量大，但计算方法简单。数据处理也是计算机的一个重要且应用广泛的领域，如电子商务系统、图书情报检索系统、医院信息系统、生产管理系统和酒店事务管理系统等。

3. 过程控制

过程控制(Process Control)又称实时控制，指用计算机实时采集被控制对象的数据(有时是非数值量)，对采集的对象进行分析处理后，按被控制对象的系统要求对其进行精确的控制。

工业生产领域的过程控制是实现工业生产自动化的重要手段。利用计算机代替人对生产过程进行监视和控制，可以提高产品的数量和质量，减轻劳动者的劳动强度，保障劳动者的人身安全，节约能源、原材料，降低生产成本，从而提高劳动生产率。

交通运输、航空航天领域应用过程控制系统更为广泛，铁路车辆调度、民航飞机起降、火箭发射及飞行轨迹的实时控制都离不开计算机系统的过程控制。

4. 计算机辅助系统

计算机辅助系统(Computer Aided System)包括计算机辅助设计(Computer Aided Design，CAD)、计算机辅助制造(Computer Aided Manufacturing，CAM)和计算机辅助教学(Computer Aided Instruction，CAI)。

计算机辅助设计是指利用计算机辅助人们进行设计。由于计算机具有高速的运算能力及图形处理能力，使CAD技术得到广泛应用，如建筑设计、机械设计、集成电路设计和服装设计等领域都有相应的计算机辅助设计CAD系统软件的应用。采用计算机辅助设计后，大大减轻了相应领域设计人员的劳动强度，提高了设计速度和设计质量。

计算机辅助教学是指利用计算机帮助老师教学，指导学生学习的计算机软件。目前国内外CAI教学软件比比皆是，尤其是近年来计算机多媒体技术和网络技术的飞速发展，网络CAI教学软件如雨后春笋，交相辉映。网络教育得到了快速发展，并取得巨大成功。

5. 人工智能

人工智能(Artificial Intelligence)是指用计算机模拟人类的演绎推理和决策等智能活动。在计算机中存储一些定理和推理规则，设计程序让计算机自动探索解题方法和推导出结论是人工智能领域的基本方法。人工智能领域的应用成果非常广泛，例如，模拟医学专家的经验对某一类疾病进行诊断、具有低等智力的机器人、计算机与人类进行棋类对弈、数学中的符号积分和几何定理证明等。

6. 计算机网络

计算机网络(Computer Network)是指将地理位置不同的具有独立功能的多台计算机及其外部设备,通过通信线路连接起来,在网络操作系统,网络管理软件及网络通信协议的管理和协调下,实现资源共享和信息传递的计算机系统。除了传统的局域网、广域网和互联网外,目前较为流行和应用广泛的网络形态还有物联网和“互联网+”。前者是新一代信息技术的重要组成部分,也是“信息化”时代的重要发展阶段。其英文名称是 Internet of Things(IoT),顾名思义,物联网就是物物相连的互联网。这有两层意思:其一,物联网的核心和基础仍然是互联网,是在互联网基础上的延伸和扩展的网络;其二,其用户端延伸和扩展到了任何物品与物品之间进行信息交换和通信,也就是物物相息。后者(互联网+)是知识社会创新 2.0 推动下的互联网形态演进及其催生的经济社会发展新形态。“互联网+”是互联网思维的进一步实践成果,推动经济形态不断地发生演变,从而带动社会经济实体的生命力,为改革、创新、发展提供广阔的网络平台。通俗来说,“互联网+”就是“互联网+各个传统行业”,但这并不是简单的两者相加,而是利用信息通信技术以及互联网平台,让互联网与传统行业进行深度融合,创造新的发展生态。

7. 多媒体计算机系统

多媒体计算机系统(Multimedia Computer System)即利用计算机的数字化技术和人机交互技术,将文字、声音、图形、图像、音频、视频和动画等集成处理,提供多种信息表现形式。这一技术被广泛应用于电子出版、教学和休闲娱乐等方面。

8. 虚拟现实技术

虚拟现实技术(Virtual Reality,VR)是计算技术、人工智能、传感与测量、仿真技术等多学科交叉融合的结晶。VR 一直在快速地发展,并在军事仿真、虚拟设计与先进制造、能源开采、城市规划与三维地理信息系统、生物医学仿真培训和游戏开发等领域中显示出巨大的经济和社会效益。虚拟现实技术与网络、多媒体并称为 21 世纪最具有应用前景的三大技术,在不久的将来它将与网络一样彻底改变我们的生活方式。

9. 增强现实

增强现实(Augmented Reality,AR)是一种实时地计算摄影机影像的位置及角度并加上相应图像的技术,这种技术的目标是在屏幕上把虚拟世界套在现实世界并进行互动。增强现实技术是将真实世界信息和虚拟世界信息“无缝”集成的新技术,是把原本在现实世界的一定时间空间范围内很难体验到的实体信息(视觉信息、声音、味道、触觉等),通过计算机等科学技术,模拟仿真后再叠加,将虚拟的信息应用到真实世界,被人类感官所感知,从而达到超越现实的感官体验。真实的环境和虚拟的物体实时地叠加到了同一个画面或空间同时存在。

10. 云计算

云计算(Cloud Computing)是一种基于互联网的计算方式,通过这种方式,共享的软硬件资源和信息可以按需求提供给计算机和其他设备。云计算描述了一种基于互联网的新的 IT 服务增加、使用和交付模式,通常涉及通过互联网来提供动态易扩展而且经常是虚拟化的资源。

云计算依赖资源的共享以达成规模经济，类似基础设施(如电力网)。服务提供者集成大量的资源供多个用户使用，用户可以轻易地请求(租借)更多资源，并随时调整使用量，将不需要的资源释放回整个架构，因此用户不需要因为短暂尖峰的需求就购买大量的资源，仅需提升租借量，需求降低时便退租。服务提供者得以将目前无人租用的资源重新租给其他用户，甚至依照整体的需求量调整租金。云计算服务应该具备以下几条特征：随需应变的自助服务，可随时随地用任何网络设备访问，多人共享资源池，快速重新部署灵活度，可被监控与量测的服务。一般认为还有如下特征：基于虚拟化技术快速部署资源或获得服务，减少用户终端的处理负担，降低了用户对于 IT 专业知识的依赖。

11. 大数据

大数据(Big Data)是继云计算、物联网之后 IT 产业又一次颠覆性的技术变革。当今信息时代所产生的数据量已经大到无法用传统的工具进行采集、存储、管理与分析。大数据是指需要新处理模式才能具有更强的决策力、洞察发现力和流程优化能力的海量、高增长率和多样化的信息资产。它的数据规模和传输速度要求很高，或者其结构不适合原本的数据库系统。为了获取大数据中的价值，我们必须选择另一种方式来处理它。数据中隐藏着有价值的模式和信息，在以往需要相当的时间和成本才能提取这些信息。如沃尔玛或谷歌这类领先企业都要付高昂的代价才能从大数据中挖掘信息。而当今的各种资源，如硬件、云架构和开源软件使得大数据的处理更为方便和廉价，即使是在车库中创业的公司也可以用较低的价格租用云服务时间了。

对于企业组织来讲，大数据的价值体现在两个方面：分析使用和二次开发。对大数据进行分析能揭示隐藏其中的信息。例如零售业中对门店销售、地理和社会信息的分析能提升对客户的理解。对大数据的二次开发则是那些成功的网络公司的长项。例如 Facebook 通过结合大量用户信息，定制出高度个性化的用户体验，并创造出一种新的广告模式。

大数据，除了在经济方面，同时也能在政治、文化等方面产生深远的影响，大数据可以帮助人们开启循“数”管理的模式，也是当下“大社会”的集中体现，三分技术，七分数据，得数据者得天下(详情请参见本书的第 10 章)。

1.2 计算机系统的组成

计算机实际上是一个由很多协同工作的部分组成的系统。物理部分，是看得见、摸得着的部分，统称为“硬件”。另一方面就是所谓的“软件”，指的是指令或程序，它们可以告诉硬件该做什么。因此我们说计算机系统是由硬件系统和软件系统两部分组成的。计算机的基本组成如图 1-8 所示。

1.2.1 硬件系统

无论是微型计算机还是大型计算机，都是以“冯・诺依曼”的体系结构为基础的。“冯・诺依曼”体系结构是被称为计算机之父的冯・诺依曼所设计的体系结构。“冯・诺依曼”体系结构规定计算机系统主要由运算器、控制器、存储器、输入设备和输出设备等几部分组成。冯・诺依曼体系结构计算机如图 1-9 所示。

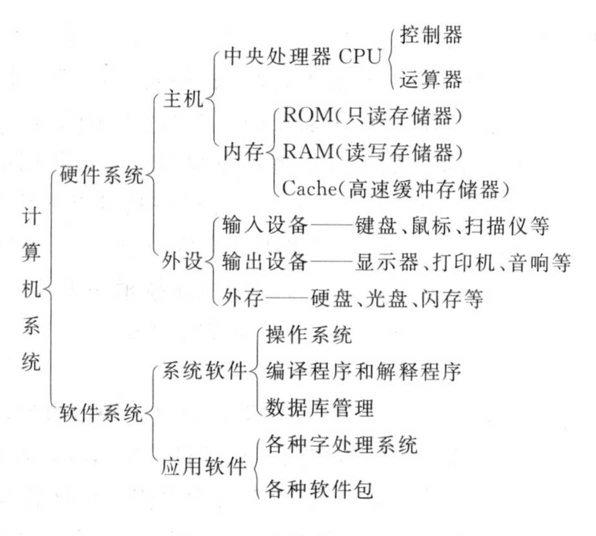

图 1-8　计算机的基本组成

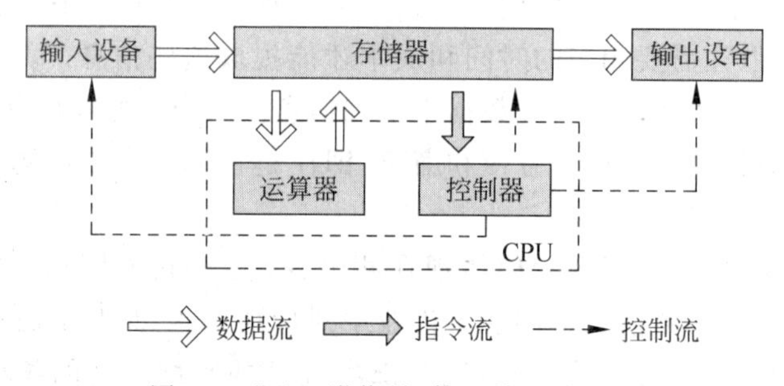

图 1-9　"冯·诺依曼"体系结构计算机

根据上面的学习可知计算机的硬件系统是由运算器和控制器、存储器、输入设备和输出设备组成的，下面深入学习计算机的硬件系统。

1. 运算器和控制器

运算器被集成在 CPU 中，用来进行数据处理，其功能是完成数据的算术运算和逻辑运算。控制器也被集成在 CPU 中，其功能是进行逻辑控制，它可以发出各种指令，以控制整个计算机的运行，指挥和协调计算机各部件的工作。

运算器和控制器合称为中央处理单元(Central Processing Unit,CPU)。CPU 是整个计算机系统的中枢，它通过各部分的协同工作，实现数据的分析、判断和计算等操作，来完成程序所指定的任务。

2. 存储器

存储器用来存放计算机中的数据，存储器分为内存储器和外存储器。内存储器又叫内存，其容量小、速度快，用于存放临时数据；外存储器的容量大、速度慢，用于存放计算机中暂时不用的数据。外存储器的代表就是每台计算机必备的硬盘。

3. 输入设备

输入设备是指将数据输入到计算机中的设备，人们要向计算机发出指令，就必须通过输入设备进行。在计算机产生初期，输入设备是一台读孔的机器，它只能输入"0"和"1"两种数字。随着高级语言的出现，人们逐渐发明了键盘、鼠标、扫描仪和手写板等输入设备，使数据输入变得简单也更容易操作了。

4. 输出设备

输出设备负责将计算机处理数据的中间过程和最终结果以人们能够识别的字符、表格、图形或图像等形式表示出来。最常见的输出设备有显示器、打印机等，现在显示器已成为每台计算机必配的输出设备。

1.2.2 软件系统

软件是指计算机系统中使用的各种程序，而软件系统是指控制整个计算机硬件系统工作的程序集合。软件系统的主要作用是使计算机的性能得到充分发挥，人们通过软件系统可以实现不同的功能，软件系统的开发是根据人们的需求进行的。

计算机软件系统一般可分为系统软件和应用软件两大类。

1. 系统软件

系统软件是指控制和协调计算机及外部设备，支持应用软件开发和运行的系统，是无须用户干预的各种程序的集合，主要功能是调度、监控和维护计算机系统；负责管理计算机系统中各种独立的硬件，使得它们可以协调工作。系统软件使得计算机使用者和其他软件将计算机当作一个整体而不需要顾及底层每个硬件是如何工作的。计算机系统软件主要指的就是操作系统(Operating System，OS)。它是最底层的软件，它控制所有计算机运行的程序并管理整个计算机的资源，是计算机裸机与应用程序及用户之间的桥梁。没有它，用户也就无法使用某种软件或程序。操作系统是计算机系统的控制和管理中心，从资源角度来看，它具有处理机、存储器管理、设备管理、文件管理 4 项功能。任何其他软件都必须在操作系统的支持下才能运行。操作系统同时管理着计算机硬件资源，同时按照应用程序的资源请求，分配资源，如划分 CPU 时间、内存空间的开辟、调用打印机等。

操作系统是用户和计算机的接口，同时也是计算机硬件和其他软件的接口。操作系统的功能包括管理计算机系统的硬件、软件及数据资源，控制程序运行，改善人机界面，为其他应用软件提供支持，让计算机系统所有资源最大限度地发挥作用，提供各种形式的用户界面，使用户有一个好的工作环境，为其他软件的开发提供必要的服务和相应的接口等。

2. 应用软件

应用软件(Application Software)是用户可以使用的各种程序设计语言，以及用各种程序设计语言编制的应用程序的集合，分为应用软件和用户程序。应用软件是利用计算机解决某类问题而设计的程序的集合，可供多用户使用。如通过 Word 可以编辑一篇文章，通过 Photoshop 可以绘制和处理图片，通过 Windows Media Player 可以播放 VCD 影碟等。

3. 指令、程序与计算机语言

指令是计算机执行某种操作的命令。由操作码和地址码组成。其中操作码规定操作的性质。地址码表示操作数和操作结果存放的地址。

程序是为解决某一问题而设计的一系列有序的指令或语句的集合。

使用计算机就必须和其交换信息，为解决人机交互的语言问题，就产生了计算机语言(Computer Language)。计算机语言是随着计算机技术的发展，根据解决问题的需要而衍生出来，并不断优化、改进、升级和发展的。计算机语言按其发展可分为如下几种。

(1) 机器语言。

电子计算机所使用的是由“0”和“1”组成的二进制数，二进制是计算机语言的基础。计算机发明之初，人们只能降贵纡尊，用计算机的语言去命令计算机干这干那，一句话，就是写出一串串由“0”和“1”组成的指令序列交由计算机执行，这种计算机能够认识的语言就是机器语言。使用机器语言是十分痛苦的，特别是在程序有错需要修改时，更是如此。

因此程序就是一个个的二进制文件。一条机器语言称为一条指令。指令是不可分割的最小功能单元。而且，由于每台计算机的指令系统往往各不相同，所以，在一台计算机上执行的程序，要想在另一台计算机上执行，必须另编程序，造成了重复工作。但由于使用的是针对特定型号计算机的语言，故而运算效率是所有语言中最高的。机器语言是第一代计算机语言。

(2) 汇编语言。

为了减轻使用机器语言编程的痛苦，人们进行了一种有益的改进——用一些简洁的英文字母、符号串来替代一个特定的指令的二进制串，例如，用 ADD 代表加法、MOV 代表数据传递等，这样一来，人们很容易读懂并理解程序在干什么，纠错及维护都变得方便了，这种程序设计语言就称为汇编语言，即第二代计算机语言。然而计算机是不认识这些符号的，这就需要一个专门的程序，专门负责将这些符号翻译成二进制数的机器语言，这种翻译程序被称为汇编程序。

汇编语言同样十分依赖于机器硬件，移植性不好，但效率仍十分高，针对计算机特定硬件而编制的汇编语言程序，能准确发挥计算机硬件的功能和特长，程序精炼而质量高，所以至今仍是一种常用而强有力的软件开发工具。

(3) 高级语言。

从最初与计算机交流的痛苦经历中，人们意识到，应该设计一种这样的语言，这种语言接近于数学语言或自然语言，同时又不依赖于计算机硬件，编出的程序能在所有机器上通用。经过努力，1954 年，第一个完全脱离机器硬件的高级语言——FORTRAN 问世了，40 多年来，共有几百种高级语言出现，有重要意义的有几十种，影响较大、使用较普遍的有 FORTRAN、ALGOL、COBOL、BASIC、LISP、PL/1、Pascal、C、C++、C#、VC、VB、JAVA 等。高级语言的下一个发展目标是面向应用，也就是说，只需要告诉程序你要干什么，程序就能自动生成算法，自动进行处理，这就是非过程化的程序语言。

综上所述，计算机系统由硬件系统和软件系统两部分组成，软件系统的运行需要建立在硬件系统都正常工作的情况下。

1.2.3 数据存储的概念

计算机中的所有数据都是用二进制表示的。下面介绍关于存储的几个重要概念。

1. 位(b)

位是计算机中存储数据的最小单位，指二进制数中的一位数，其值为“0”或“1”，其英文名为 bit。计算机采用二进制，运算器运算的是二进制数，控制器发出的各种指令也表示成二进制数，存储器中存放的数据和程序也是二进制数，在网络上进行数据通信时发送和接收的还是二进制数。

2. 字节(B)

字节是计算机存储容量的基本单位,计算机存储容量的大小是用字节的多少来衡量的。其英文名为 Byte,通常用 B 表示。采用了二进制数来表示数据中的所有字符(字母、数字以及各种专用符号)。采用 8 位为 1 个字节,即 1 个字节由 8 个二进制数位组成。例如,计算机内存的存储容量、磁盘的存储容量等都是以字节为单位表示的。除用字节为单位表示存储容量外,还可以用千字节 KB、兆字节 MB、GB、TB 等表示存储容量。

例如,中文字符"学"表示为 00110001 00000111。

要注意位与字节的区别:位是计算机中的最小数据单位,字节是计算机中的基本信息单位。

3. 字(word)

字是计算机内部作为一个整体参与运算、处理和传送的一串二进制数,是计算机进行信息交换、处理、存储的基本单元。通常由一个或几个字节组成。

4. 字长

字长是计算机 CPU 一次处理数据的实际位数,是衡量计算机性能的一个重要指标。字长越长,一次可处理的数据二进制位越多,运算能力就越强,计算精度就越高。

5. 存储容量

存储容量是衡量计算机存储能力的重要指标,是用字节(B)来计算和表示的。除此之外,还常用 KB、MB、GB、TB 作为存储容量的单位,其换算关系如下:

1B=8b; 1KB=1024B; 1MB=1024KB; 1GB=1024MB; 1TB=1024GB; 1PB=1024TB。

1.3 微型计算机的硬件组成

微型计算机的组成仍然遵循冯·诺依曼结构,它由微处理器、存储器、系统总线(地址总线、数据总线、控制总线)、输入输出接口及其连接的 I/O 设备组成。由于微型计算机采用了超大规模集成电路器件,使得微型计算机的体积越来越小、成本越来越低,而运算速度却越来越快。微型计算机硬件结构如图 1-10 所示。

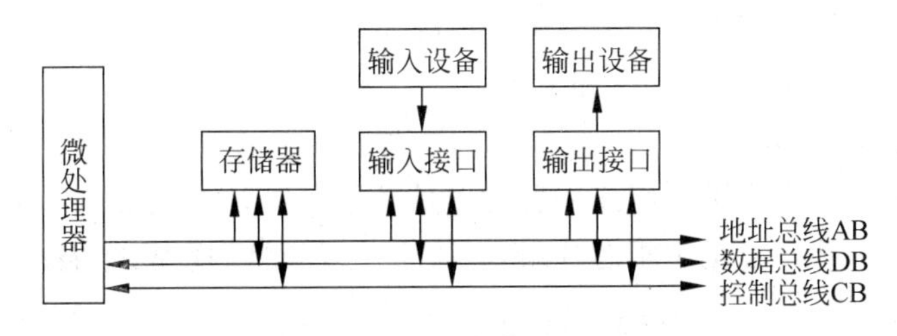

图 1-10 微型计算机硬件结构图

其中,微处理器是指计算机内部对数据进行处理并对处理过程进行控制的部件,伴随着大规模集成电路技术的迅速发展,芯片集成密度越来越高,CPU 可以集成在一个半导体芯片上,这种具有中央处理器功能的大规模集成电路器件,被统称为"微处理器"。微型计算机,又简称"微型机"、"微机",也称"微电脑",是由大规模集成电路组成的体积较小的电子计算机。由微处理机(核心)、存储片、输入和输出片、系统总线等组成。特点是体积小、灵活性大、价格便宜、使用方便。

1.3.1 CPU、内存、接口与总线

1. 中央处理器

中央处理器(CPU)是计算机的核心,是指由运算器和控制器以及内部总线组成的电子器件,简称微处理器。CPU 内部结构大概可以分为控制单元、运算单元、存储单元和时钟等几个主要部分。CPU 的主要功能是控制计算机运行指令的执行顺序和全部的算术运算及逻辑运算操作。其性能的好坏是评价计算机最主要的指标之一。

2. 存储器

存储器是用来存放计算机程序和数据的设备。存储器分类如图 1-11 所示。

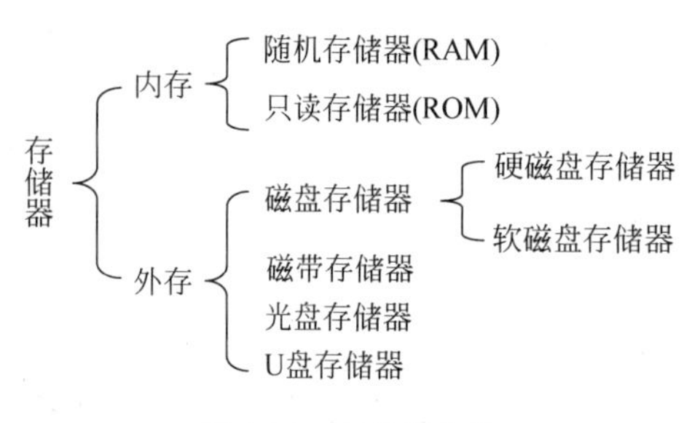

图 1-11 存储器分类

计算机存储器从大类来区分有内存和外存两类。其中随机存储器(RAM)的大小就是人们常说的内存大小,也是衡量计算机性能的主要配置指标之一。RAM 由半导体器件组成,主要存储和 CPU 直接交换的数据,其工作速度能够与 CPU 同步,伴随计算机一同工作,一旦断电或关机,其中存储的内容将会丢失殆尽。计算机主板上的存储器大多是随机存储器。而只读存储器(ROM)通常是保存计算机中固定不变的引导启动程序和监控管理的数据。用户不能向其中写入数据,只能够在开机时由计算机自动读出生产厂家事先写入的引导与监控程序以及系统信息等 BIOS 数据,故也称只读存储器。

另外还有一种很特殊的存储器(EPROM)。EPROM 由以色列工程师 Dov Frohman 发明,是一种断电后仍能保留数据的计算机存储芯片——即非易失性的(非挥发性)。它是一组浮栅晶体管,被一个提供比电子电路中常用电压更高电压的电子器件分别编程。一旦编程完成后,EPROM 只能用强紫外线照射来擦除。通过封装顶部能看见硅片的透明窗口,很容易识别 EPROM,这个窗口同时用来进行紫外线擦除。将 EPROM 的玻璃窗对准阳光直射一段时间就可以擦除。EPROM 主要用于系统底层程序开发。

计算机外存主要是指硬盘、光盘和 U 盘。

3. 主板与主板芯片组

计算机主板上设计集成了多组连接各种器件的信号线,统称总线,主板的配置将决定计算机的性能和档次。其核心是主板芯片组,它决定总线类型、规模、功能、工作速度等各项综合指标。

主板芯片组一般包含南桥芯片和北桥芯片。北桥芯片主要决定主板的规格、对硬件的支持及系统性能,它连接着 CPU、内存、AGP 总线。因此决定了使用何种 CPU、AGP 多少倍速显卡以及内存工作频率等指标。南桥主要决定主板的功能,主板上的各种接口(串、并、U 口等)、PCI 总线(如接驳显示卡、视频卡、声卡)、IDE(接硬盘、光驱)及主板上的其他芯片都由南桥控制。南桥芯片通常裸露在 PCI 插槽旁边,体积较大。南北桥进行数据传递时需要一条通道,称为南北桥总线。南北桥总线越宽,数据传送越快。

4. 系统总线

总线(Bus)是微型计算机内部件之间、设备之间传输信息的公用信号线。总线的特点在于其公用性。可以形象地比作是从 CPU 出发的高速公路。

系统总线包括集成在 CPU 内部的内部总线和外部总线。外部总线包括以下几种。

(1) 数据总线(Data Bus,DB)是 CPU 与输入输出设备交换数据的双向总线,如 64 位字长的计算机,其数据总线就有 64 根数据线。

(2) 地址总线(Address Bus,AB)是 CPU 发出的指定存储器地址的单向总线。

(3) 控制总线(Control Bus,AB)是 CPU 向存储器或外设发出的控制信息的信号线,也可能是存储器或某外设向 CPU 发出的响应信号线,是双向总线。

计算机系统总线的详细发展历程,包括早期的 PC 总线和 ISA 总线、PCI/AGP 总线、PCI-X 总线以及主流的 PCIExpress、HyperTransport 高速串行总线。从 PC 总线到 ISA、PCI 总线,再由 PCI 进入 PCIExpress 和 HyperTransport 体系,计算机在这三次大转折中也完成三次飞跃式的提升。与这个过程相对应,计算机的处理速度、实现的功能和软件平台都在进行同样的进化,显然,没有总线技术的进步作为基础,计算机的快速发展就无从谈起。

在计算机系统中,各个功能部件都是通过系统总线交换数据,总线的速度对系统性能有着极大的影响。而也正因为如此,总线被誉为是计算机系统的神经中枢。但相比于 CPU、显示、内存、硬盘等功能部件,总线技术的提升步伐要缓慢得多。在 PC 发展的二十余年历史中,总线只进行三次更新换代,但它的每次变革都令计算机的面貌焕然一新。

5. 输入输出接口

输入输出接口又称 I/O 接口。目前主板上大都集成了 COM 串行接口,如 RS-232 接口、并行接口、LPT 打印机接口、PS2 鼠标接口、USB 外设接口等。少数计算机集成了 IEEE1394 接口、高清视频接口等。

1) USB 接口

USB(Universal Serial Bus)接口是 1994 年推出的一种计算机连接外部设备的通用热插拔接口。早期的 1.0 版读写速度稍慢,现在大多数已经是 3.0 版的 USB 接口,达到 480MB/S,读写速度明显提高。其主要的特点是热插拔技术,即允许所有的外设可以直接带电连接,如键盘、鼠标、打印机、显示器、家用数码设备等,大大提高了工作效率。

现在所有计算机的主板上都集成了两个以上的 USB 3.0 接口,有的多达 10 个。

2) 串行接口

串行接口简称串口,也称串行通信接口或串行通信接口(通常指 COM 接口),是采用串行通信方式的扩展接口。典型的串行接口有如下几种。

(1) IEEE1394 接口

IEEE1394 接口是一种串行接口,也是一种标准的外部总线接口标准,可以通过该接口把各种外部设备连接到计算机上。这种接口有比 USB 更强的性能,传输速率更高,主要用于主机与硬盘、打印机、扫描仪、数码摄像机和视频电话等高数据通信量的设备连接。目前少数的计算机上集成安装了 IEEE1394 接口。

(2) RS-232 接口

RS-232 接口符合美国电子工业联盟(EIA)制定的串行数据通信的接口标准,原始编号全称是 EIA-RS-232(简称 232 或 RS-232)。它被广泛用于计算机串行接口外设连接。连接电缆和机械、电气特性、信号功能及传送过程。

3）并行接口

并行接口是指采用并行传输方式来传输数据的接口标准。从最简单的一个并行数据寄存器或专用接口集成电路芯片如8255、6820等，到较复杂的SCSI或IDE并行接口，种类有数十种。一个并行接口的接口特性可以从两个方面加以描述：(1)以并行方式传输的数据通道的宽度，也称接口传输的位数；(2)用于协调并行数据传输的额外接口控制线或称交互信号的特性。数据的宽度可以为1～128位或者更宽，最常用的是8位，可通过接口一次传送8个数据位。在计算机领域最常用的并行接口是通常所说的LPT接口。

1.3.2 常用外部设备

计算机输入与输出设备是指人与计算机之间进行信息交流的重要部件。输入设备是指能够把各种信息输入到计算机中的部件，如键盘、鼠标、扫描仪、麦克风等。输出设备是指能够把计算机内运算的结果输出并显示（打印）出来的设备，如显示器、打印机、音箱等。

1. 鼠标

鼠标是一种快速屏幕定位操作的输入设备。常用来替代键盘进行屏幕上图标和菜单方式的快速操作。主要有5种操作方式，即移动、拖动、单击左键、双击左键，单击右键。其随动性好，操作直观准确。

2. 键盘

操作者通过按键将指令或数据输入到计算机中的外部设备，其接口大多数是USB 2.0接口。键位大都是标准键盘。分为4个功能区，即主键盘区、功能键区、编辑键区和小数字键盘区。

3. 显示器与显示卡(适配器)

显示器（屏幕）是用来显示字符和图形图像信息的输出设备，主要包括CRT荧光屏显示器和LCD、LED液晶显示器。显示器的主要指标有分辨率（即屏幕上像素点的多少及像素点之间的距离大小）、对比度、响应时间、屏幕宽度等。现在大多数计算机采用LCD和LED液晶显示器作为输出屏幕，具有很高的性价比。显示卡是CPU与显示器连接的通道，显示卡的好坏直接影响屏幕输出图像的整体效果。常用带宽、显存大小、图像解码处理器等指标来衡量显示卡的好坏。

4. 移动硬盘和U盘

移动硬盘是指可通过USB接口或者IEEE1394接口连接的可以随身携带的硬盘，可极大地扩展计算机的数据存储容量及更加方便的交换信息。其性能指标和固定硬盘一样。U盘是通过USB接口连接到计算机上可以携带的存储设备，其体形小巧、容量较大、性价比高，逐渐成为移动存储的主流。

5. 光盘与光盘驱动器

光盘驱动器（简称光驱）是通过激光束聚焦对光盘表面光刻进行读写数据的设备，分为只读型光驱和可读写型光驱（刻录机）。目前光驱的主要指标是读写速度，一般是32～52倍速（即4.8 ～ 7.5MB/s）。

光盘是一种记录密度高、存储容量大、抗干扰能力强的新型存储介质。光盘有只读光盘（CD-ROM）、追记型光盘（CD-R）和可改写光盘（CD-R/W）三种类型。光盘容量可达到

650MB之多，光盘中的数据可保存100年之久。DVD光盘比CD-ROM光盘具有更高的密度，容量可达4.7GB，也分为只读、追记和可改写三种类型。

6. 普通打印机

普通打印机是一种在纸上打印输出计算机信息的外部设备。其设备构造可以分为击打式和非击打式两种。击打式打印机的典型方式是靠打印针头通过墨带印刷在纸上，其速度慢、噪音大、打印质量低，但耗材便宜。非击打式打印机主要有激光打印机、喷墨打印机、热转印机等，其速度快、质量高、噪音低，但相对耗材较贵。

7. 3D打印机(3D Printers)

3D打印机是一位名为恩里科·迪尼(Enrico Dini)的发明家设计的一种神奇的打印机，它不仅可以“打印”出一幢完整的建筑，甚至可以在航天飞船中给宇航员打印任何所需的物品的形状。3D打印机，即快速成形技术的一种机器，它以一个数字模型文件为基础，运用粉末状金属或塑料等可粘合材料，通过逐层打印的方式来构造物体的技术。过去其常在模具制造、工业设计等领域被用于制造模型，现正逐渐用于一些产品的直接制造，这意味着这项技术正在普及。3D打印机的应用对象可以是任何行业，只要这些行业需要模型和原型。

8. 扫描仪

扫描仪是一种能够把纸质或胶片上的信息通过扫描的方式转换并输入到计算机中的外部设备。有些扫描仪还带有图文自动识别处理的能力，完全代替了手工键盘方式输入文字，用户可以方便地对扫描输入后的文字或图形进行编辑。

9. 三维扫描仪

三维扫描仪(3D Scanner)是一种科学仪器，用来侦测并分析现实世界中物体或环境的形状(几何构造)与外观数据(如颜色、表面反照率等性质)。搜集到的数据常被用来进行三维重建计算，在虚拟世界中创建实际物体的数字模型。这些模型具有相当广泛的用途，例如工业设计、瑕疵检测、逆向工程、机器人导引、地貌测量、医学信息、生物信息、刑事鉴定、数字文物典藏、电影制片、游戏创作素材等领域中都可见其应用。

10. 投影仪

投影仪是在幻灯机的基础上发展起来的一种光学放大器。投影仪的基本结构与幻灯机相似，但改进了光源和聚光镜，新增了新月镜和反射镜，从而使投影器不需要严格的遮光就可白天在教室内使用；放映物也由竖直倒放改为水平正方，使用更加方便。

1.3.3 微型计算机的主要性能指标及配置

一台微型计算机功能的强弱或性能的好坏，不是由某项指标来决定的，而是由它的系统结构、指令系统、硬件组成、软件配置等多方面的因素综合决定的。对于大多数普通用户来说，可以从以下几个指标来评价计算机的性能。

1. 运算速度

运算速度是衡量CPU工作快慢的指标，一般以每秒完成多少次运算来度量。当今计算机的运算速度可达每秒万亿次。计算机的运算速度与主频有关，还与内存、硬盘等的工作速度及字长有关。

2. 字长

字长是CPU一次可以处理的二进制位数，字长主要影响计算机的精度和速度。字长有8位、16位、32位和64位等。字长越长，表示一次读写和处理的数的范围越大，处理数据的速度越快，计算精度越高。

3. 主存储器容量

主存储器(Main Memory)简称主存，是计算机硬件的一个重要部件，其作用是存放指令和数据，并能由中央处理器(CPU)直接随机存取。主存容量是衡量计算机记忆能力的指标。容量大，能存入的有效字数就多，能直接接纳和存储的程序就长，计算机的解题能力和规模就大。

4. 输入输出数据传输速率

输入输出数据传输速率决定了可用的外设和与外设交换数据的速度。提高计算机的输入输出传输速率可以提高计算机的整体速度。

5. 可靠性

可靠性是指计算机连续无故障运行时间的长短。可靠性好，表示无故障运行时间长。

6. 兼容性

任何一种计算机中，高档机总是低档机发展的结果。如果原来为低档机开发的软件不加修改便可以在它的高档机上运行和使用，则称此高档机为向下兼容。

1.4 信息编码

要理解计算机怎样接收并处理各种数据、文字和多媒体信息，首先需要了解计算机自己的语言，即二进制机器语言，进而掌握计算机语言和人类自然语言之间的对应与转换方法。

1.4.1 数值在计算机中的表示形式

1. 信息和数据的概念

有两类数据：

(1) 数值数据：如+15、−17.6；

(2) 非数值数据：如字母(A、B……)、符号(+、&……)、汉字，也叫字符数据。

存储在计算机中的信息都采用二进制编码形式。

2. 计算机采用二进制的原因

(1) 是由计算机电路所采用的器件所决定的；

(2) 采用二进制的优点：运算简单、电路实现方便、成本低廉。

二进制数是计算机表示信息的基础。本节首先引入二进制数的概念，再介绍数值型数据在计算机内的表示方式以及字符(包含英文字符和汉字)在计算机内的表示与编码方式。

3. 计算机中常用的进制与转换

1) 十进制数

人类其实习惯使用十进制表示数。十进制有0～9十个数字，两个十进制数运算时遵循“逢十进一”的计算规律。在进位数制中所用数值的个数称为该进位数制的基数，那么十进数的基数是10。

人类发展的实践过程中，还创造出许多不同的进位数制用于表达各种不同的事物，例如十二进制，表示一年有12个月；二十四进制，表示一天有24小时；60进制，表示一分钟有60秒；七进制，表示一星期有7天等。因此只要人们习惯了这些日常所用的数制，反而会觉得使用起来很方便。不同进位数制之间的区别在于它们的基数和标记符号不同、进位规则不同而已。二进制是伴随计算机而生的一种计算机标记符号，也称计算机语言，即用0和1来表示，遵循逢2进1的运算规则。

2）二进制数

二进制数只有0和1两个计数符号，其进位的基数是2，遵循“逢2进1”的进位规则。在计算机中采用二进制数表示数据的原因如下。

(1) 由于计算机是使用电子器件制造的，其电子器件的逻辑状态是二值性的，如电压的高/低、开关的通/断、磁场的高/低、电流的大/小等特性正好可以用二进制数值来表述。

(2) 计算机科学理论已经证明：计算机中使用e进制（$e \approx 2.71828$）最合理，取整数，可以使用二进制。

(3) 运算方法简单。$0+0=0, 0+1=1, 1+0=1, 1+1=10$。数值量与逻辑量共存，便于使用逻辑器件实现算术运算。

(4) 二进制的基数为2，标记符号只有1和0两个数字。运算规则简单实用，并且快速。

例如：

$$\begin{array}{r} 1100110100 \\ +\quad 1111100000 \\ \hline 11100010100 \end{array}$$

3）二进制数与十进制数的转换

十进制数毕竟是人们最熟悉的数制。在计算机操作中人们希望直接使用十进制数，而计算机内部仅能够接受二进制数，因此就必须找到一种十进制数与二进制数之间相互转换的方法。其实这个方法是非常简单的，并可以由计算机自动进行的。

(1) 二进制数向十进制数转换的方法。

一个二进制数按其位权（用十进制表示）展开求和，即可得到相应的十进制数。如：

$$\begin{aligned}(110.101)_2 &= (1\times 2^2+1\times 2^1+0\times 2^0+1\times 2^{-1}+0\times 2^{-2}+1\times 2^{-3})_{10} \\ &= (4+2+0.5+0.125)_{10} = (6.625)_{10}\end{aligned}$$

(2) 十进制数向二进制数转换的方法。

十进制整数部分转换成二进制数，采用“除2取余”的方法；十进制小数部分的转换采用“乘2取整”的方法转换。

1.4.2 字符编码

1. 字符编码

字符编码（Character Encoding）是把字符集中的字符编码为指定集合中的某一对象（例如比特模式、自然数串行、8位组或者电脉冲），以便文本在计算机中存储和通过通信网络传递。常见的例子包括将拉丁字母表编码成摩斯电码和ASCII。其中，ASCII将字母、数字和其他符号编号，并用7b的二进制来表示这个整数。通常会额外使用一个扩充的比特，以便于以1个字节的方式存储。在计算机技术发展的早期，ASCII（1963年）和EBCDIC（1964

年)这样的字符集逐渐成为标准。

2. 汉字编码

汉字编码(Chinese Character Encoding)是为汉字设计的一种便于输入计算机的代码。由于电子计算机现有的输入键盘与英文打字机键盘完全兼容,因而如何输入非拉丁字母的文字(包括汉字)便成了多年来人们研究的课题。汉字信息处理系统一般包括编码、输入、存储、编辑、输出和传输。编码是关键。不解决这个问题,汉字就不能进入计算机。

汉字进入计算机的三种途径分别如下。

(1) 机器自动识别汉字:计算机通过“视觉”装置(光学字符阅读器或其他),用光电扫描等方法识别汉字。

(2) 通过语音识别输入:计算机利用人们给它配备的“听觉器官”,自动辨别汉语语音要素,从不同的音节中找出不同的汉字,或从相同音节中判断出不同汉字。

(3) 通过汉字编码输入:根据一定的编码方法,由人借助输入设备将汉字输入计算机。机器自动识别汉字和汉语语音识别,国内外都在研究,虽然取得了不少进展,但由于难度大,预计还要经过相当一段时间才能得到解决。在现阶段,比较现实的就是通过汉字编码方法使汉字进入计算机。

本章小结

通过本章的学习,旨在使学生全面了解和掌握计算机技术和信息技术应用的基本概念,简要了解计算机系统、信息系统的历史、现状及未来发展趋势、计算机技术在生命科学领域中的应用;理解与掌握现代信息技术应用基本概念与知识;熟悉计算机分类与应用。计算机的特点,数值的表示,病毒的特征、分类和检测;为读者树立明确的计算机技术和信息技术的应用方向,为其打造科学、坚实、系统的 IT 知识结构,培养其分析解决实际问题的能力。

【注释】

(1) 电子管:一种最早期的电信号放大器件。被封闭在玻璃容器(一般为玻璃管)中的阴极电子发射部分、控制栅极、加速栅极、阳极(屏极)引线被焊在管基上。利用电场对真空中的控制栅极注入电子调制信号,并在阳极获得对信号放大或反馈振荡后的不同参数信号数据。

(2) 晶体管(Transistor):一种固体半导体器件,具有检波、整流、放大、开关、稳压、信号调制等多种功能。晶体管作为一种可变电流开关,能够基于输入电压控制输出电流。与普通机械开关(如 Relay、Switch)不同,晶体管利用电信号来控制自身的开合,而且开关速度可以非常快,实验室中的切换速度可达 100GHz 以上。

(3) 中央处理器(Central Processing Unit,CPU):一块超大规模的集成电路,是一台计算机的运算核心(Core)和控制核心(Control Unit)。它的功能主要是解释计算机指令以及处理计算机软件中的数据。中央处理器主要包括运算器(算术逻辑运算单元,Arithmetic Logic Unit,ALU)和高速缓冲存储器(Cache)及实现它们之间联系的数据(Data)、控制及状态的总线(Bus)。它与内部存储器(Memory)和输入/输出(I/O)设备合称为电子计算机三大核心部件。

(4) 浮点运算：就是实数运算，因为计算机只能存储整数，所以实数都是约数，这样浮点运算是很慢的，而且会有误差。

(5) 磁芯：是指由各种氧化铁混合物组成的一种烧结磁性金属氧化物。例如，锰-锌铁氧体和镍-锌铁氧体是典型的磁芯体材料。锰-锌铁氧体具有高磁导率和高磁通密度的特点，且在低于1MHz的频率时，具有较低损耗的特性。镍-锌铁氧体具有极高的阻抗率、不到几百的低磁导率，及在高于1MHz的频率仍产生较低损耗等特性。铁氧体磁芯用于各种电子设备的线圈和变压器中。

(6) 睿频加速技术：是新一代CPU的趋势，使得CPU更智能。我们经常在进行多任务处理，例如编辑照片、发送电子邮件、观看视频以及保持iPods与mdash的同步运行，我们希望所有任务能同时顺畅进行。专为实现智能多任务处理而打造的英特尔处理器可带来事半功倍的效果。英特尔超线程(HT)技术支持处理器的每枚内核同时处理两项应用。CPU会确定其当前工作功率、电流和温度是否已达到最高极限，如仍有多余空间，CPU会逐渐提高活动内核的频率，以进一步提高当前任务的处理速度，当程序只用到其中的某些核心时，CPU会自动关闭其他未使用的核心，睿频加速技术无须用户干预，自动实现。

(7) 带宽：带宽应用的领域非常多，可以用来标识信号传输的数据传输能力、标识单位时间内通过链路的数据量、标识显示器的显示能力。在模拟信号系统中又叫频宽，是指在固定的时间可传输的资料数量，即在传输管道中可以传递数据的能力。通常以每秒传送周期或赫兹(Hz)来表示。在数字设备中，带宽指单位时间能通过链路的数据量，通常以bps来表示，即每秒可传输的位数。

(8) 人机接口：是指人与计算机之间建立联系、交换信息的输入/输出设备的接口，这些设备包括键盘、显示器、打印机、鼠标器等。

(9) 传感(Telesthesia)：非感觉器官的一种正常感觉活动，臆测为从一段距离外接收到与感觉印象相似的一种印象。

(10) 视频编码方式：是指通过特定的压缩技术，将某个视频格式的文件转换成另一种视频格式文件的方式。视频流传输中最为重要的编解码标准有国际电联的H.261、H.263、H.264，运动静止图像专家组的M-JPEG和国际标准化组织运动图像专家组的MPEG系列标准，此外在互联网上被广泛应用的还有Real-Networks的RealVideo、微软公司的WMV以及Apple公司的QuickTime等。

(11) 内核：是操作系统最基本的部分。它是为众多应用程序提供对计算机硬件的安全访问的一部分软件，这种访问是有限的，并且内核决定一个程序在什么时候对某部分硬件操作多长时间。内核的分类可分为单内核和双内核以及微内核。严格地说，内核并不是计算机系统中必要的组成部分。

(12) 软件工程：是一门研究用工程化方法构建和维护有效的、实用的和高质量的软件的学科。它涉及程序设计语言、数据库、软件开发工具、系统平台、标准、设计模式等方面。

第2章 操作系统

【内容与要求】

操作系统(Operating System,OS)是控制和管理计算机系统的硬件及软件资源、并为用户提供一个良好工作环境和友好接口的大型系统软件。同时操作系统已经进入了社会生活的各个方面,涉及大型计算机、个人计算机、移动便携设备、其他自动化设备等各个层次的应用领域。操作系统是学习、使用计算机的基础。

操作系统概述:了解操作系统的发展历史,基础知识与概念;熟悉操作系统的主要功能;掌握操作系统的组成与分类。

典型操作系统:了解 Windows、UNIX、Linux、Mac OS X、iOS、Android 等典型操作系统的特点及其应用领域;掌握典型操作系统特点;了解典型操作系统的应用领域。

【重点、难点】

本章的重点是操作系统的组成和分类;典型操作系统特点和应用领域。本章的难点是 UNIX、Linux、Mac OS X、iOS 和 Android 的系统架构及内核解读。

操作系统是计算机系统的基本组成部分。操作系统是控制和管理计算机系统全部硬件和软件资源,合理地组织计算机各部分协调工作,为用户提供操作界面和各种服务的程序集合。操作系统是最重要的系统软件,其他所有软件都是建立在操作系统之上的。随着计算机技术的飞速发展和日益广泛的应用,使得操作系统的类型、作用、计算环境等均发生了较大的变化。同时,操作系统的稳定性、方便性、功能性与高效性也在不断地提高与发展。

2.1 操作系统概述

2.1.1 操作系统发展历史

操作系统是最基本、最重要的系统软件,其他所有软件都建立在操作系统之上,如图 2-1 所示。操作系统是计算机所有软、硬件系统的组织者和管理者,能合理地组织计算机的工作流程,控制用户程序的运行,为用户提供各种服务。

用户通过操作系统来使用计算机,操作系统是沟通用户和计算机之间的“桥梁”,是人机交互的界面,也是用户与计算机硬件之间的接口。操作系统如同一个行动中心,控制着计算机系统的软、硬件和数据资源利用。

操作系统的发展历史和计算机硬件的发展密切相关。计算机硬件的发展加速了操作系统的形成和发展。最初的计算机并没有操作系统，人们通过各种操作按钮来控制计算机。随后为了提高效率而出现了汇编语言，操作人员通过有孔的纸带将程序输入计算机进行编译。由于早期计算机只能由操作人员自己编写程序来运行，不利于设备、程序的共用。为解决这一问题，就出现了现代的操作系统。

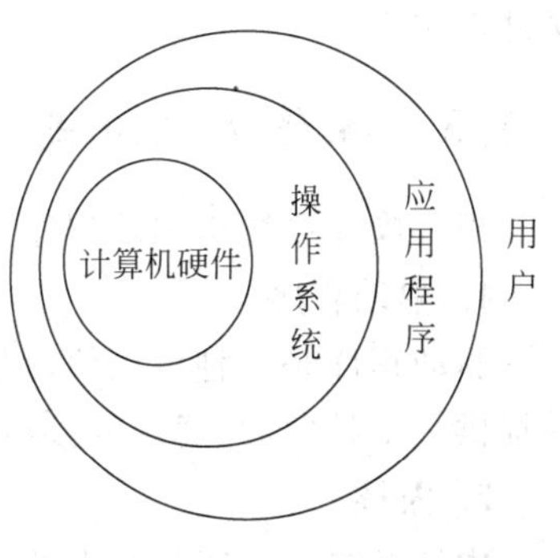

图 2-1　操作系统作用示意图

计算机操作系统的发展经历了两个阶段。第一个阶段为单用户、单任务的操作系统，是指一台计算机同时只能被一个用户使用，并且该用户每次只能提交一个作业并独自享用系统的全部硬件和软件资源，如 MS-DOS 操作系统。随着社会的发展，早期的单用户操作系统已经远远不能满足用户的要求，于是出现了各种新型的现代操作系统，现代操作系统是计算机操作系统发展的第二个阶段，它是以多用户多作业和分时为特征的系统，如 Linux 等操作系统。

2.1.2　操作系统主要功能

从资源管理角度看，操作系统具有以下 5 大功能。

1. 进程管理

进程管理又称处理器管理，其主要任务是对处理器的时间进行合理分配、对处理器的运行实施有效的管理。

2. 存储器管理

存储器管理负责主存储器的存储分配与释放、地址交换、分区保护和存储空间的扩充等工作。

3. 设备管理

设备管理根据确定的设备分配原则对设备进行分配，使设备与主机能够并行工作，为用户提供良好的设备使用界面。

4. 文件管理

文件管理有效地管理文件的存储空间，合理地组织和管理文件系统，为文件访问和文件保护提供有效的方法及手段。

5. 用户接口

用户接口是为方便用户使用计算机资源所建立的用户和计算机之间的联系。通过用户接口，用户只需进行简单操作，就能实现复杂的应用处理。用户接口有以下三种类型。

(1) 命令接口：命令接口是用户利用操作系统命令来组织和控制作业的执行或管理计算机系统。

(2) 程序接口：程序接口由一组系统调用命令组成，是操作系统提供给编程人员的接口。用户通过在程序中使用系统调用命令来请求操作系统提供服务。程序接口也称为应用程序编程接口(Application Programming Interface，API)。

(3) 图形接口：图形用户接口采用图形化的操作界面，用容易识别的图标将系统各项功能、各种应用程序和文件直观地表示出来。用户可通过鼠标、菜单和对话框等完成程序和文件操作。

2.1.3 操作系统组成

现代操作系统由驱动程序、内核、接口库与外围4大部分组成。

1. 驱动程序

驱动程序是一种可以使计算机和设备通信的特殊程序，其职责是隐藏硬件的具体细节，并提供一个抽象的、通用的接口。操作系统只有通过这个接口，才能控制硬件设备的工作。

2. 内核

内核是操作系统最基本的部分，主要负责管理系统资源，为应用程序提供对计算机硬件的安全访问。

3. 接口库

接口库是一系列特殊的程序库，其职责是把系统提供的基本服务包装成应用程序所能够使用的编程接口，是最靠近应用程序的部分。

4. 外围

外围是指操作系统中除以上三类以外的所有其他部分，通常是用于提供特定高级服务的部件。

并不是所有的操作系统都严格包括这4大部分。例如，在早期的微软视窗操作系统中，各部分耦合程度很深，难以区分。

2.1.4 操作系统分类

早期的操作系统按用户使用的操作环境和功能特征的不同，可分为批处理系统、分时系统和实时系统三种基本类型。随着计算机体系结构的发展，又出现了嵌入式操作系统、分布式操作系统、个人计算机操作系统和网络操作系统。

1. 批处理系统

批处理系统(Batch Processing System)，又名批处理操作系统。批处理是指用户将一批作业提交给操作系统后就不再干预，由操作系统控制它们自动运行。这种采用批量处理作业技术的操作系统称为批处理操作系统。

批处理系统把提高系统处理能力作为主要设计目标。其主要特点是：(1)用户脱机使用计算机，操作方便；(2)将作业成批处理，提高了CPU利用率。它的缺点是不具备交互性，即用户一旦将程序提交给系统后就失去了对它的控制能力。

2. 分时系统

分时系统(Time-Sharing System)，又名分时操作系统。分时是指多个用户分享使用同一台计算机或多个程序分时共享硬件和软件资源。分时操作系统是指在一台主机上连接多个终端，同时允许多个用户通过终端共享一台主机，以交互方式使用计算机，共享主机中的资源。分时操作系统是一个多用户交互式操作系统，其特点是允许多个用户同时运行多个程序；每个程序都是独立操作、独立运行、互不干涉的。例如，UNIX是一个典型的分时操作系统。

3. 实时操作系统

实时操作系统(Real Time Operating System)是实时控制系统和实时处理系统的统称。

实时是指系统能够及时响应外部条件的要求，在规定的时间内完成处理，并控制所有实时设备和实时任务协调一致地运行。实时操作系统是保证在一定时间限制内完成特定功能的操作系统，其特点是及时响应和高可靠性。

4. 嵌入式操作系统

嵌入式操作系统(Embedded Operating System)是指用于嵌入式系统的操作系统。嵌入式操作系统是一种用途广泛的系统软件，通常包括与硬件相关的底层驱动软件、系统内核、设备驱动接口、通信协议、图形界面、标准化浏览器等，能够负责全部软、硬件资源的分配，任务调度，控制、协调并发活动。

嵌入式操作系统在系统实时高效性、硬件的相关依赖性、软件固态化以及应用的专用性等方面具有较为突出的特点。制造工业、过程控制、通信、仪器、仪表、汽车、船舶、航空、航天、军事装备、消费类产品等均是嵌入式操作系统的应用领域。例如，应用在智能手机和平板电脑上的 Android、iOS 等都属于嵌入式操作系统。

5. 个人计算机操作系统

个人计算机操作系统(Personal Computer Operating System)是电子计算机系统中负责支撑应用程序运行环境以及用户操作环境的系统软件。现代个人计算机操作系统采用图形界面“人-机”交互方式操作，操作界面友好，用户无须学习专业理论知识，就可以掌握对计算机的操作。典型的个人计算机操作系统是 Windows。

6. 网络操作系统

网络操作系统(Network Operating System)是基于计算机网络的操作系统，它的功能包括网络管理、通信、安全、资源共享和各种网络应用。网络操作系统的目标是用户可以突破地理条件的限制，方便地使用远程计算机资源，实现网络环境下计算机之间的通信和资源共享。例如，Novell NetWare 和 Windows NT 就是网络操作系统。

7. 分布式操作系统

分布式操作系统(Distributed Operating System)是指通过网络将大量计算机连接在一起，以获取极高的运算能力、广泛的数据共享以及实现分散资源管理等功能为目的一种操作系统。

操作系统种类繁多，但根本目的只有一个：即要实现在不同环境下为不同应用目的提供不同形式和效率的资源管理，以满足用户的操作需要。在现代操作系统中，往往是将上述多种类型操作系统的功能集成为一体，以提高操作系统的功能和应用范围。例如，在 Windows NT、UNIX、Linux 等操作系统中，就融合了批处理、分时、网络等功能。

2.2 典型操作系统

当今世界上主流的操作系统一般包括 Windows、UNIX、Linux、Mac OS X、iOS、Android 等几种，下面做简要介绍。

2.2.1 Windows

1. Windows 概述

Windows 是美国 Microsoft(微软)公司开发的个人计算机操作系统，以其优异的图形用户界面、强大的网络、多媒体技术支持、可靠的安全措施、便捷的操作方法，成为历史上最成功的桌面操作系统，奠定了微软在个人计算机操作系统领域的霸主地位。

微软于 1983 年开始研制 Windows 操作系统，自 20 世纪 80 年代初问世以来，Windows 操作系统版本不断更新，从昔日的 Windows 1.0、Windows 3.x 系列、Windows 9x 系列、Windows 2000、Windows XP、Windows Vista、Windows 7、Windows 8 发展到今天的 Windows 10(如图 2-2 所示)。这些版本在用户视觉感受、操作灵活性、使用快捷等方面不断提高。其中，最新版的 Windows 10 恢复了“开始”菜单，新增了虚拟桌面的功能，任务栏中添加了全新的“查看任务”按键，并拥有全新的 Microsoft Edge 浏览器。

(a) Windows 98开机界面　(b) Windows 2000开机界面　(c) Windows XP开机界面

(d) Windows Vista开机界面　(e) Windows 7开机界面　(f) Windows 10开机界面

图 2-2　Windows 发展历程

Windows 10 的新特性如下。

(1) 采用了多桌面、多任务、多窗口人机交互界面。

Windows 10 增强了多窗口分屏功能，可以在屏幕中同时摆放四个窗口，还可以在单独的窗口内显示正在运行的其他应用程序。Windows 10 还可以根据不同的目的和需要来创建多个虚拟桌面。

(2) 提供了全新的命令提示符功能。

Windows 10 命令提示符的功能得到了加强，不仅直接支持拖曳选择，还可以直接操作剪贴板，可以使用快捷键 Ctrl+V 进行粘贴操作。

(3) 提供了完整触控功能。

在老版本 Windows 操作系统使用键盘、鼠标习惯的基础上，Windows 10 提供了完整触控功能。

2. Windows 资源管理

Windows 的核心操作包括文件系统管理、磁盘管理和系统环境管理三大部分。

1) Windows 的文件系统管理

操作系统中负责管理和存储文件信息的软件机构称为文件管理系统，简称文件系统。

文件是计算机内有名称的一组相关信息集合，如计算机中的一篇文章、一组数据、一段声音、一张图片等都是文件，任何程序和数据都以文件的形式存放在计算机的外存储器(如磁盘等)上。磁盘上的文件具有自己的名字，称为文件名，文件名是存取文件的依据。文件的属性包括文件的名字、大小、类型、创建和修改时间等。

Windows 把文件按一定准则存放在不同的“文件夹”中，文件夹中除了可以包含文件外还可以包含其他文件夹，被包含的文件夹称为“子文件夹”。文件夹由文件夹图标和文件夹名称组成。在 Windows 中，用户可以逐层进入文件夹。

有关 Windows 文件夹和文件的详细操作请参考相关书籍，这里不再赘述。

2）Windows 的磁盘管理

磁盘管理主要是显示磁盘属性、格式化磁盘、磁盘复制、磁盘维护等。

3）Windows 的系统环境管理

Windows 在系统安装、配置、维护和管理方面提供了快捷方法。以 Windows 10 为例，单击“开始”菜单，选择“设置”命令，就打开了“设置”窗口(该窗口对应 Windows 早期版本中的“控制面板”功能)，如图 2-3 所示。使用“设置”窗口，用户可以设置诸如显示、蓝牙、打印机、WI-FI、屏幕保护程序、账户、时间和语言等功能。

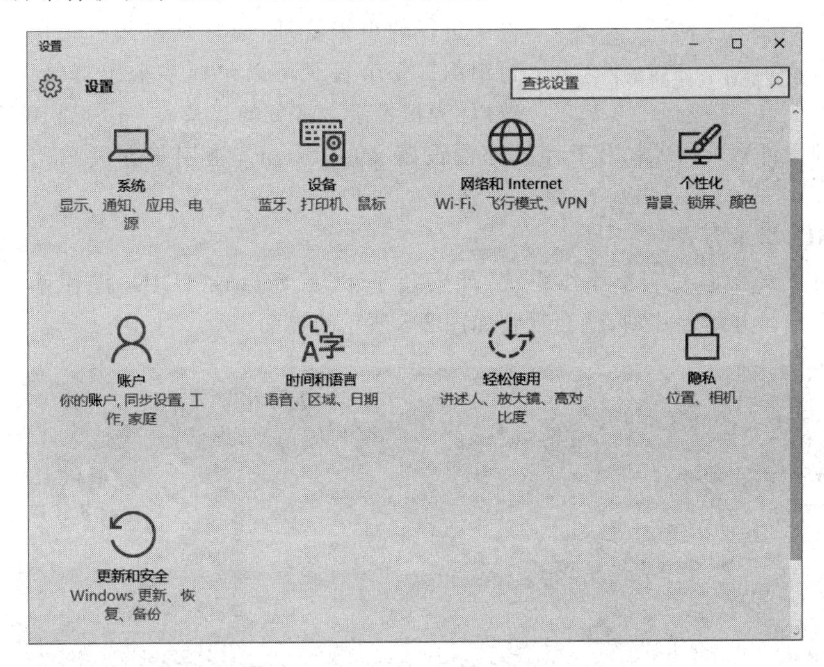

图 2-3　Windows 10 的“设置”窗口

2.2.2　UNIX

1. UNIX 概述

UNIX 操作系统是在美国麻省理工学院 1965 年开发的分时操作系统 Multics 的基础上演变而来的，该系统原是 MIT 和贝尔实验室为美国国防部研制的。

UNIX 操作系统于 1969 年在 Bell 实验室诞生，是美国贝尔实验室的 Ken Thompson 和 Dennis Ritchie 在 DEC PDP-7 小型计算机系统上开发的一种分时操作系统。而后 Dennis

Ritchie 于 1972 年使用 C 语言对 UNIX 操作系统进行了改写，同时 UNIX 操作系统在大学中得到广泛的推广。

UNIX 操作系统目前已经成为大型系统的主流操作系统。UNIX 是一个功能强大、性能全面、多用户、多任务的分时操作系统，在从巨型计算机到普通 PC 等多种不同的平台上，都有着十分广泛的应用。

UNIX 操作系统通常被分成三个主要部分：内核(Kernel)、Shell 和文件系统，如图 2-4 所示。

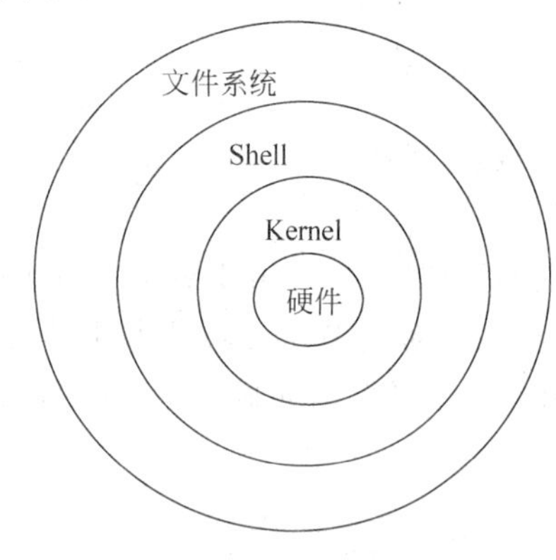

图 2-4 UNIX 操作系统的核心结构

内核是 UNIX 操作系统的核心，直接控制着计算机的各种资源，能有效地管理硬件设备、内存空间和进程等。

Shell 是 UNIX 内核与用户之间的接口，是 UNIX 的命令解释器。目前常见的 Shell 有 Bourne Shell (bsh)、Korn Shell(ksh)、C Shell(csh)、Bourne-again Shell(bash)等。

文件系统是指对存储在存储设备(如硬盘)中的文件所进行的组织管理，通常是按照目录层次的方式进行组织。每个目录可以包括多个子目录以及文件，系统以/为根目录。常见的目录有/etc (常用于存放系统配置及管理文件)、/dev (常用于存放外围设备文件)、/usr (常用于存放与用户相关的文件)等。

2. UNIX 登录方式

在本机上安装了 UNIX 操作系统，如安装了 SUN-Solaris(UNIX 操作系统的衍生版本)后，启动系统并稍等片刻，就会看到如图 2-5 所示的界面。

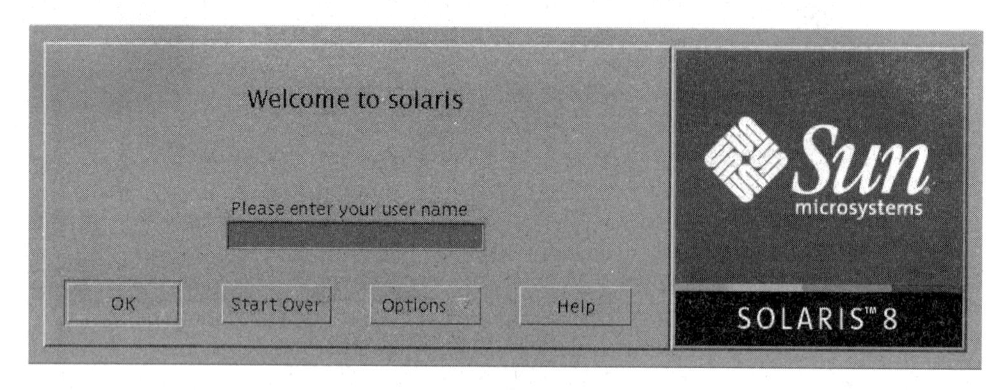

图 2-5 UNIX 登录界面

单击并按住 Options 按钮，会出现选项菜单，如图 2-6 所示。

单击 Command Line Login 选项，出现的界面如图 2-7 所示。

这时，就可以使用命令行来操作 UNIX 操作系统了。默认情况下可以使用用户名为 root、口令为空进入系统。

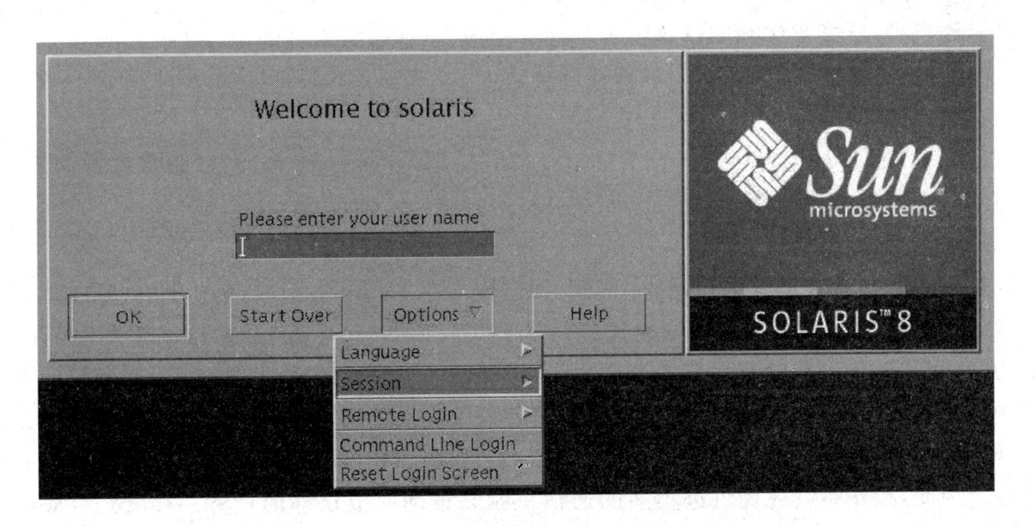

图 2-6　UNIX Options 按钮选项界面

```
solaris console login:
*****************************************************************************
*
* Starting Desktop Login on display :0...
*
* Wait for the Desktop Login screen before logging in.
*
*****************************************************************************

*****************************************************************************
*
* Suspending Desktop Login...
*
* If currently logged out, press [Enter] for a console login prompt.
*
* Desktop Login will resume shortly after you exit console session.
*
*****************************************************************************
_
```

图 2-7　UNIX 命令界面

2.2.3　Linux

1. Linux 概述

Linux 操作系统于 1991 年诞生，是源代码开放的自由软件，目前已经成为主流的操作系统之一。其版本从开始的 0.01 版本到目前的 2.6.28.4 版本经历了二十多年的发展，已经在服务器、嵌入式系统和个人计算机等多个领域得到了广泛应用。

Linux 系统由内核、Shell、文件系统和应用程序 4 个主要部分组成。内核、Shell 和文件系统一起形成了基本的操作系统结构，可以运行程序、管理文件并使用系统，系统架构如图 2-8 所示。

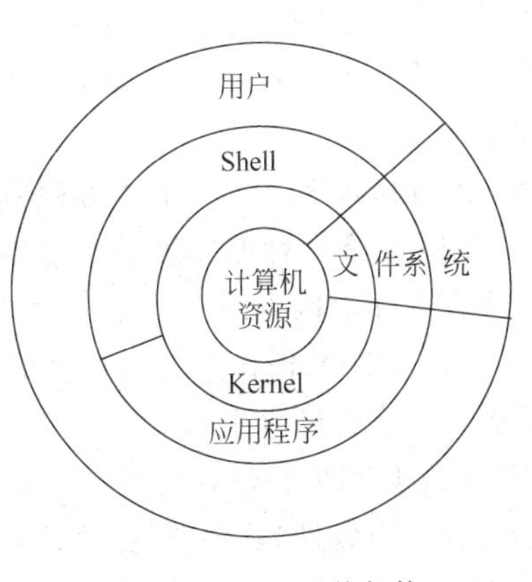

图 2-8　Linux 系统架构

2. Linux 内核

内核是操作系统的核心，由内存管理、进程管理、文件系统、设备驱动程序和网络接口等几部分组成，负责管理系统的进程、内存、设备驱动程序、文件和网络系统，决定着系统的性能和稳定性。

1）内存管理

Linux 为满足应用程序对内存大量需求这一问题，采用了“虚拟内存”内存管理方式，将内存划分为容易处理的“内存页”，以便充分利用有限的物理内存。

2）进程管理

进程实际是某特定应用程序的一个运行实体。在 Linux 系统中，能够同时运行多个进程，Linux 通过在短的时间间隔内轮流运行这些进程而实现“多任务”。这一短的时间间隔称为“时间片”，让进程轮流运行的方法称为“进程调度”，完成调度的程序称为调度程序。以这种方式避免了进程之间的互相干扰以及“坏”程序对系统可能造成的危害。为了完成某特定任务，有时需要综合两个程序的功能，例如一个程序输出文本，而另一个程序对文本进行排序。为此，操作系统还提供进程间的通信机制来帮助完成这样的任务。Linux 中常见的进程间通信机制有信号、管道、共享内存、信号量和套接字等。

3）文件系统

Linux 只有一个文件树，整个文件系统是以一个根“/”为起点的，所有的文件和外部设备都以文件的形式挂在这个文件树上，包括硬盘、软盘、光驱、调制解调器等，从而让不同的文件系统结合成为一个整体，这和以驱动器盘符为基础的 Windows 有很大的不同，也是 Linux 被公认为是一个简洁清晰的操作系统的重要原因。Linux 文件系统的结构如图 2-9 所示。

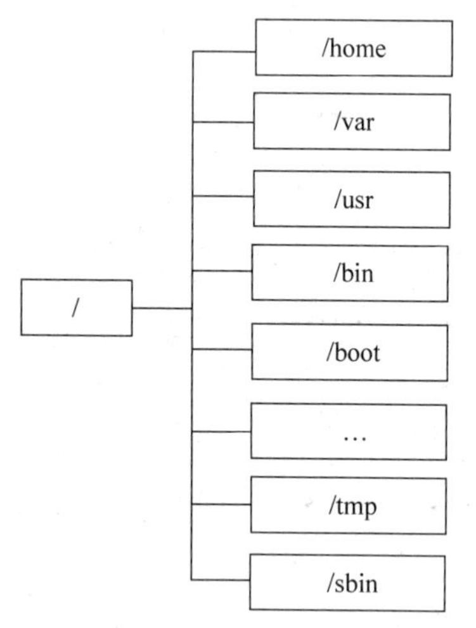

图 2-9　Linux 文件系统结构

4）设备驱动程序

设备驱动程序是 Linux 内核的主要部分。和操作系统的其他部分类似，设备驱动程序可以直接对硬件进行操作，其缺点是任何一个设备驱动程序的错误都可能导致操作系统崩溃。

5）网络接口

网络接口提供了对各种网络标准的存取和各种网络硬件的支持。网络接口可分为网络协议和网络驱动程序。Linux 内核的网络部分由 BSD 套接字、网络协议层和网络设备驱动程序组成。网络设备驱动程序负责与硬件设备通信，每一种硬件设备都有相应的设备驱动程序。

3．Linux 和 UNIX 的主要区别

Linux 是一种 UNIX 的克隆系统，采用了几乎一致的系统 API 接口。Linux 和 UNIX 主要存在如下区别。

（1）UNIX 操作系统大多数是与硬件配套的，操作系统与硬件进行了绑定；而 Linux 则可运行在多种硬件平台上。

（2）UNIX 操作系统是一种商业软件（授权费大约为 5 万美元）；而 Linux 操作系统则是一种自由软件，是免费的，并且公开源代码。

(3) UNIX 的历史要比 Linux 悠久，但是 Linux 操作系统由于吸取了其他操作系统的经验，其设计思想虽然源于 UNIX 但是要优于 UNIX。

(4) Linux 操作系统的内核是免费的；而 UNIX 的内核并不公开。

(5) 在对硬件的要求上，Linux 操作系统要比 UNIX 要求低；在对系统的安装难易度上，Linux 比 UNIX 容易得多；在使用上，Linux 相对没有 UNIX 那么复杂。

总体来说，Linux 操作系统无论在外观上还是在性能上都与 UNIX 相同或者比 UNIX 更好。在功能上，Linux 仿制了 UNIX 的一部分，与 UNIX 的 System V 和 BSD UNIX 相兼容。在 UNIX 上可以运行的源代码，一般情况下在 Linux 上重新进行编译后就可以运行，甚至 BSD UNIX 的执行文件可以在 Linux 操作系统上直接运行。

2.2.4 Mac OS X

Mac OS 是一套运行于苹果 Macintosh 系列计算机上的操作系统。Mac OS 是首个在商用领域成功的图形用户界面操作系统。

Mac 系统是基于 UNIX 内核的图形化操作系统，一般情况下在普通 PC 上无法安装该操作系统，该操作系统的最新版本为 OS 10，代号为 MAC OS X，如图 2-10 所示。

MAC OS X 操作系统界面非常独特，突出了形象的图标和人机对话方式，并且由于 MAC 的架构与 Windows 不同，所以很少受到病毒的袭击。

1. Mac OS 系统架构

Mac OS X 架构采用系统软件和接口的分层结构，其中一层依赖于它的下一层。并且 Mac OS X 需要把不同的技术继承到一起，并将这套统一整合后的技术建立在一个高级内核环境的基础上，如图 2-11 所示。

图 2-10 Mac OS X 桌面

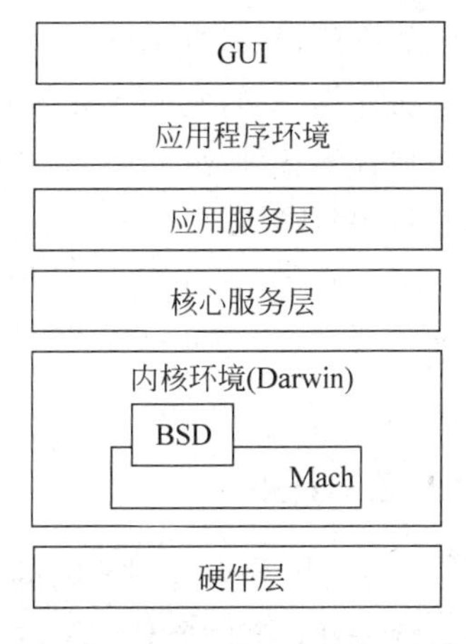

图 2-11 Mac OS X 系统架构

1) 内核环境

内核环境(Core Operating System)为 Mac OS X 提供基础层。Mac OS X 的核心基于 UNIX 操作系统，由 Mach 和 BSD 组成。同时，Mac OS X 也包括网络协议栈、网络服务、文件系统和设备驱动程序。

2）核心服务层

核心服务层(Frameworks and UI)包含了与编程相关的基本抽象概念，例如字符串、运行循环和集合。在核心服务中，也有用来管理进程、线程、资源、虚拟内存和用来与文件系统进行交互的API。

3）应用服务层

应用服务层(Graphics and Media)包含了与图形用户界面有关的系统服务，对所有的应用程序环境开放。应用服务层包括Quartz、QuickDraw、OpenGL和一些基础的系统管理器。这个环境负责处理屏幕渲染、打印、事件处理、低级别的视窗和指针管理，并且包含了用来实现图形用户界面的库、框架和后台服务器。

4）应用程序环境

应用程序环境(Applications)由框架、库和相关的API组成，并为使用API开发的程序提供了必要的环境支持。应用程序环境依赖于系统软件的所有基础层。

2. Mac OS X的优势

1）全屏模式

全屏模式即一切应用程序均可以在全屏模式下运行。这种用户界面减少了系统运行时多个窗口带来的困扰，使用户获得与iPhone、iPod touch和iPad用户相同的体验。其优点在于以用户感兴趣的当前任务为中心，减少了多个窗口带来的困扰，并为全触摸计算铺平了道路。

2）任务控制

任务控制整合了Dock和控制面板，可以采用窗口和全屏模式查看各种应用。

3）快速启动面板

快速启动面板的工作方式与iPad完全相同，以类似于iPad的用户界面显示计算机中安装的应用，并通过App Store进行管理。用户可滑动鼠标，在多个应用图标界面间切换。与网格计算一样，它的计算体验以任务本身为中心。快速启动面板简化了操作，用户可以很容易地找到各种应用。

4）应用商店

Mac App Store的工作方式与iOS系统的App Store完全相同。它们具有相同的导航栏和管理方式。当用户从该商店购买一个应用后，Mac电脑会自动将它安装到快速启动面板中。

2.2.5 iOS

iOS是由苹果公司开发的移动操作系统，如图2-12所示。iOS与苹果的Mac OS X操作系统一样，属于类UNIX的商业操作系统。原本这个系统名为iPhone OS，因为iPad、iPhone、iPod touch都使用iPhone OS操作系统，所以在2010年的苹果全球开发者大会(WWDC)上宣布改名为iOS。

2016年1月，随着iOS操作系统9.2.1版本的发布，苹果修复了一个存在了三年的漏洞。该漏洞在iPhone或iPad用户访问网络时，使用的嵌入浏览器会将未加密的Cookie分享给Safari浏览器。利用这种分享的资源，黑客可以创建自主的虚假强制门户，并将其关联至WiFi网络，从而窃取设备上保存的任何未加密信息。

1. iOS 的系统架构

iOS 的系统架构分为核心操作系统层(Core OS Layer)、核心服务层(Core Services Layer)、媒体层(Media Layer)和可触摸层(Cocoa Touch Layer)四个层次,如图 2-13 所示。

图 2-12　苹果 IOS 9.2 界面

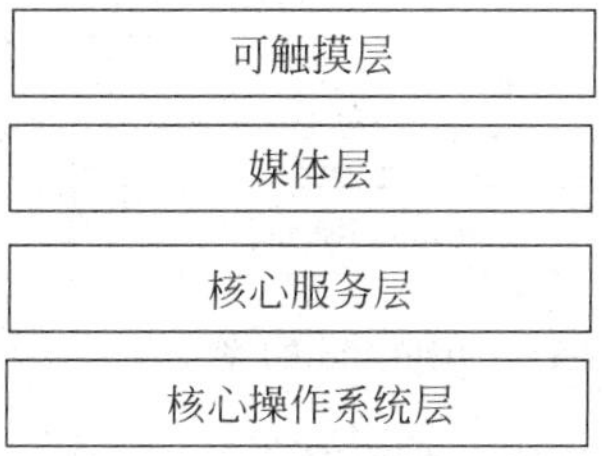

可触摸层

媒体层

核心服务层

核心操作系统层

图 2-13　iOS 的系统架构

1) 核心操作系统层

核心操作系统层包含核心部分、文件系统、网络基础、安全特性、能量管理和一些设备驱动,还有一些系统级别的 API。

2) 核心服务层

核心服务层提供诸如字符串处理函数、集合管理、网络管理、URL 处理工具、联系人维护、偏好设置等核心服务。

3) 媒体层

媒体层的框架和服务依赖核心服务层,向可触摸层提供画图和声音、图片、视频等多媒体服务。

4) 可触摸层

可触摸层提供如触摸事件、照相机管理等服务。

2. iOS 系统优点

(1) iOS 系统与硬件的整合度高于 Android 系统;

(2) iOS 拥有最直观的用户体验;

(3) iOS 提供了强大的数据安全性保护能力;

(4) App Store 提供海量应用程序供用户选择使用。

2.2.6　Android

Android 一词的本义是“机器人”,是 Google 于 2007 年基于 Linux 平台开发的开源手机操作系统名称,如图 2-14 所示。

图 2-14　Android 经典图标

Android 是基于 Linux 内核的操作系统,采用了软件堆层(Software Stack,又名软件叠层)架构,主要分为三部分。底层 Linux 内核提供基本功能;其他的应用软件则由各公司自行开发,部分程序以 Java 语言编写。目前 Android 已经跃居全球最受欢迎的智能手机平台,该系统不但应用于智能手机,也在平板电脑市场急速扩张。

1. Android的系统架构

Android采用了分层架构，结构清晰，分工明确，由Linux Kernel、Android Runtime、Libraries、Application Framework、Applications 5部分组成，如图2-15所示。

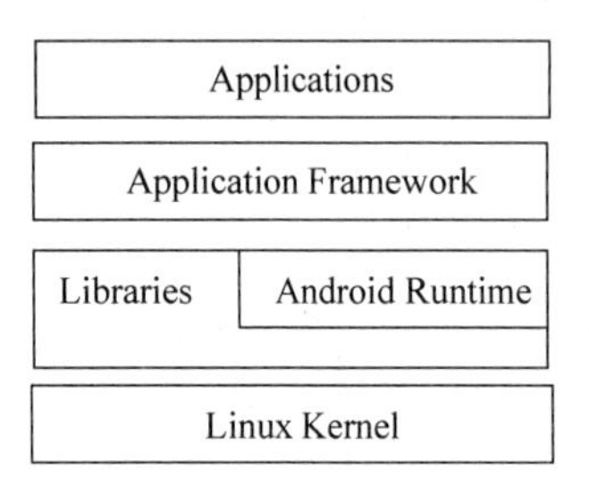

图2-15　Android的系统架构

1）Linux Kernel

Android基于Linux 2.6提供诸如安全、内存管理、进程管理、网络堆栈、驱动模型核心等系统服务。其中Linux Kernel作为硬件和软件之间的抽象层，隐藏了具体硬件细节并为上层提供统一的服务。

2）Android Runtime

Android Runtime提供Java编程语言核心类库中大部分可以使用的功能。每一个Android应用程序都是Dalvik虚拟机中的实例。Dalvik虚拟机在一个设备上可以高效地运行多个虚拟机，可执行文件格式是.dex，适合内存和处理器速度有限的系统。

3）Libraries

Android Libraries包含一个C/C++库的集合，供Android系统的各个组件使用。这些功能通过Android的应用程序框架（Application Framework）提供给开发者。

4）Application Framework

Android Application Framework即Android应用开发框架层，该层使用Java语言实现和开发。开发者使用框架层提供的API便可以非常方便地访问设备硬件、获取位置信息、向状态栏添加通知消息、设置闹铃等，而不必关心底层具体的实现机制和硬件实现方式。该层简化了Android应用程序开发的架构设计，使开发者能够快速开发新的应用程序。

5）Applications

Android提供了包括电子邮件客户端、SMS程序、日历、地图、浏览器、联系人和其他设置的核心应用程序集合。

2. Android平台的五大特色优势

1）开放性

Android平台显著的开放性可以使每一个应用程序调用其内部的任何核心应用源码，更多的开发者可以根据自己的需要自行定制基于Android操作系统的移动端产品。对于用户来说也可以获得更丰富的软件资源。

2）开放的移动运营

在Android平台上，手机可以使用各种方式接入不同的网络，不再依赖运营商的控制，用户可以更加方便地连接网络。

3）支持丰富的硬件

与Android平台的开放性相关，Android平台支持丰富的硬件。众多厂商推出多种移动产品的差异和特色，对数据同步与软件的兼容性不会产生影响。

4）应用程序平等

在Android平台中，其内部的核心应用与第三方应用之间的关系完全平等。用户能根据自己的喜好定制手机服务系统。Android的应用程序框架支持组件的重用与替换，程序员也可以平等地调用其内部核心程序或第三方应用程序。

5）无缝连接的Google应用

Android平台手机将无缝结合诸如Google地图、邮件、搜索等优秀的Google服务。

随着Android系统的不断发展，未来的Android应用将会让人们的工作与生活更加方便、快捷。

下面对当下主流的6种操作系统的优缺点进行总结，如表2-1所示。

表2-1　主流操作系统及其优缺点比较

操作系统	优　点	缺　点
Windows	(1)图形界面良好，拥有良好的集成开发环境，操作简单；(2)整合常见应用软件，简单，快捷，方便	(1)系统更新落后，漏洞较多，不稳定，易受病毒和木马的攻击；(2)软件和程序预装在C盘，加重系统负担，即使卸载，仍有残余大量垃圾碎片文件，拖慢系统速度
UNIX	(1)附带源代码供用户分析；(2)文件系统小巧，简单；(3)将所有的设备用文件表示，结构清晰；(4)可移植性好	(1)I/O接口调用复杂；(2)内核可扩充性差；(3)版权收费
Linux	(1)安全、易维护、稳定；(2)软件自由且开源；(3)开发低成本；(4)内核结构透明公开	(1)缺乏应用软件；(2)缺少硬件支持；(3)帮助服务功能比较弱
Mac OS X	(1)安装快速稳定；(2)系统资源占用少；(3)外部驱动退出稳妥	系统封闭，自定义程度不高，不能对系统进行深层次改造
iOS	(1)操作流畅；(2)操作界面优秀；(3)应用程序质量高	(1)系统闭源，用户不能更改系统设置；(2)数据导入导出烦琐
Android	(1)开放性强、开发束缚少；(2)具有丰富的硬件选择	(1)个人隐私难得到保护；(2)系统自带广告多；(3)过分依赖开发商，缺少标准配置

本章小结

操作系统是用户和计算机之间进行信息交流的媒介，用户通过操作系统管理计算机的硬件资源、软件资源。掌握操作系统的使用方法是学习其他软件的基础和前提。微软的Windows操作系统是基于图形的操作系统，它是当今世界上使用最广泛的个人计算机操作系统。以iOS、Android为代表的移动终端操作系统如今也是方兴未艾，必然具有巨大的应用前景。

【注释】

(1) MS-DOS操作系统：美国微软公司提供的磁盘操作系统，一般使用命令行界面来接收用户的指令。

(2) 命令提示符：在操作系统中，提示进行命令输入的一种工作提示符。在不同的操作系统环境下，命令提示符各不相同。

(3) Shell：在计算机科学中，Shell俗称壳(用来区别于核)，是指“提供使用者使用界面”的软件(命令解析器)。它类似于DOS下的command和后来的cmd.exe。它接收用户命令，然后调用相应的应用程序。

(4) Solaris：Sun公司研发的计算机操作系统，它被认为是UNIX操作系统的衍生版本之一。

(5) SCO：Santa Cruz Operation公司的简称。SCO公司是世界领先的基于Intel处理器PC的UNIX系统和Windows/UNIX集成产品供应商。

(6) 虚拟内存：计算机系统内存管理的一种技术。它使得应用程序认为它拥有连续的可用的内存(一个连续完整的地址空间)，实际上，它通常是被分隔成多个物理内存碎片，还有部分暂时存储在外部磁盘存储器上，在需要时进行数据交换。

(7) 网络接口：网络设备的各种接口，现今使用的网络接口大多为以太网接口。

(8) 进程间通信：一组编程接口，让程序员能够协调不同的程序进程，使之能在一个操作系统里同时运行。

(9) Macintosh：苹果计算机中的个人计算机系列，Macintosh首次将图形用户界面广泛应用到个人计算机之上。

(10) Mach：Mach是一个由卡内基梅隆大学开发的用于支持操作系统研究的操作系统内核。

(11) BSD：BSD (Berkeley Software Distribution，伯克利软件套件)是UNIX的衍生系统，类UNIX操作系统中的一个分支的总称。

(12) I/O Kit：是Mac OS X平台上创建设备驱动程序所需的系统框架、库、工具以及其他资源的集合。

(13) Quartz：一种强大的绘图系统，能产生丰富的图像模型、高速渲染、抗锯齿和制作PostScript图形。

(14) QuickDraw：一种构建、处理和显示二维图形、图片和文本的传统技术。

(15) OpenGL：定义了一个跨编程语言、跨平台的编程接口规格的专业的图形程序接口。它用于三维图像(二维的亦可)，是一个功能强大、调用方便的底层图形库。

(16) API：API(Application Programming Interface，应用程序编程接口)是一些预先定义的函数，目的是提供应用程序与开发人员基于某软件或硬件得以访问一组例程的能力，而又无须访问源码，或理解内部工作机制的细节。

(17) Dock：在Mac OS X中Dock可用来存放操作系统中任意的程序和文件，而且存放数目不受限制，可以动态更改其大小，并在鼠标靠近时自动放大。

(18) App Store：苹果应用程序商店，允许用户浏览和下载一些为Mac开发的应用程序。

(19) Cookie：某些网站为了辨别用户身份，存储在用户本地终端上的数据(通常经过加密)。

(20) Google：一家美国的跨国科技企业，致力于互联网搜索、云计算、广告技术等领域，开发并提供大量基于互联网的产品与服务，其主要来自于AdWords等广告服务。

第3章 网络技术与应用

【内容与要求】

本章主要介绍了计算机网络的基本概念,并阐述了局域网、互联网、“互联网+”和物联网的基本概念、基础知识及应用。

计算机网络基础:了解网络的基本概念;掌握网络的组成与拓扑结构;掌握局域网、广域网、城域网的概念和区别;七层OSI参考模型的名称和作用;了解网络安全的威胁有哪些,以及网络的安全策略。

局域网概述:了解局域网的概念;了解网络硬件和网络软件;掌握局域网常用的传输介质;掌握网络连接部件:网卡、交换机和路由器;共享驱动器或文件夹、共享打印机的方法;了解无线局域网概念和接入方式。

互联网概述:了解Internet的起源与发展;掌握超文本标记语言、超文本、WWW、TCP/IP网络协议、域名地址、SMTP和POP3的基本概念和作用;了解Intranet基本概念、结构和特点;了解“互联网+”的基本概念、六大特征和发展趋势;了解互联网发展趋势。

物联网概述:掌握物联网的基本概念;了解物联网的技术与架构;了解物联网在中国的发展;了解物联网技术的运用与案例。

【重点、难点】

本章的重点是网络、局域网、“互联网+”、物联网的基本概念,网络的组成与拓扑结构,局域网、广域网、城域网的概念和区别,局域网的传输介质和连接部件,文本标记语言、超文本、WWW、TCP/IP网络协议、IP地址、域名地址、SMTP、POP3和统一资源定位器的基本概念和作用。

本章的难点是七层OSI参考模型的名称和作用、物联网的技术与架构。

人类社会的生活方式与劳动方式从根本上说具有群体性、交互性、分布性与协作性。在今天的信息时代,计算机网络的出现使人类这一本质特征得到了充分的体现。计算机网络的应用可以大大缩短人与人之间的时间与空间距离,更进一步扩大了人类社会群体之间的交互与协作范围,因此人们一定会很快地接受在计算机网络环境中的工作方式,同时计算机网络也会对社会的进步产生不可估量的影响。计算机网络的应用技能是信息时代各个领域人才获取、表达和发布信息知识的重要手段之一。

3.1 计算机网络基础

随着计算机网络应用功能的不断拓展，计算机网络的概念在不断的发展之中。计算机网络是计算机技术与通信技术紧密结合的产物，它是计算机系统结构发展的一个重要方向。

3.1.1 网络的基本概念

早期，人们将分散的计算机、终端及其附属设备，利用通信介质连接起来，能够实现相互通信的系统称为网络。1970 年，在美国信息处理协会召开的春季计算机联合会议上，计算机网络被定义为“以能够共享资源(硬件、软件和数据等)的方式连接起来，并且各自具备独立功能的计算机系统之集合”。现在，对计算机网络比较通用的定义是：计算机网络是利用通信设备和通信线路，将地理位置分散的、具有独立功能的多个计算机系统互联起来，通过网络软件实现网络中资源共享和数据通信的系统。

在理解计算机网络的概念时要注意以下 4 点。

(1) 计算机网络中包含两台以上的地理位置不同具有“自主”功能的计算机。所谓“自主”的含义，是指这些计算机不依赖于网络也能独立工作。通常，将具有“自主”功能的计算机称为主机(Host)，在网络中也称为结点(Node)。网络中的结点不仅仅是计算机，还可以是其他通信设备，如 HUB、路由器等。

(2) 网络中各结点之间的连接需要有一条通道，即由传输介质实现物理互联。这条物理通道可以是双绞线、同轴电缆或光纤等有线传输介质，也可以是激光、微波或卫星等“无线”传输介质。

(3) 网络中各结点之间互相通信或交换信息，需要有某些约定和规则，这些约定和规则的集合就是协议，其功能是实现各结点的逻辑互联。例如，Internet 上使用的通信协议是 TCP/IP 协议簇。

(4) 计算机网络是以实现数据通信和网络资源(包括硬件资源和软件资源)共享为目的。要实现这一目的，网络中需配备功能完善的网络软件，包括网络通信协议(例如 TCP/IP、IPX/SPX)和网络操作系统(例如 Netware UNIX、Solaris、Windows Server、Linux 等)。

计算机网络是计算机技术和通信技术相结合的产物，这主要体现在两个方面：一方面，通信技术为计算机之间的数据传递和交换提供了必要的手段；另一方面，计算机技术的发展渗透到通信技术中，又提高了通信网络的各种性能。

3.1.2 OSI 参考模型

OSI(Open System Interconnect)参考模型，即开放式系统互联，是 ISO 组织(国际标准化组织)在 1985 年研究的网络互联模型。该体系结构标准定义了网络互联的七层框架(物理层、数据链路层、网络层、传输层、会话层、表示层和应用层)，即 ISO 开放系统互联参考模型，如图 3-1 所示。在这一框架下进一步详细规定了每一层的功能，以实现开放系统环境中的互联性、互

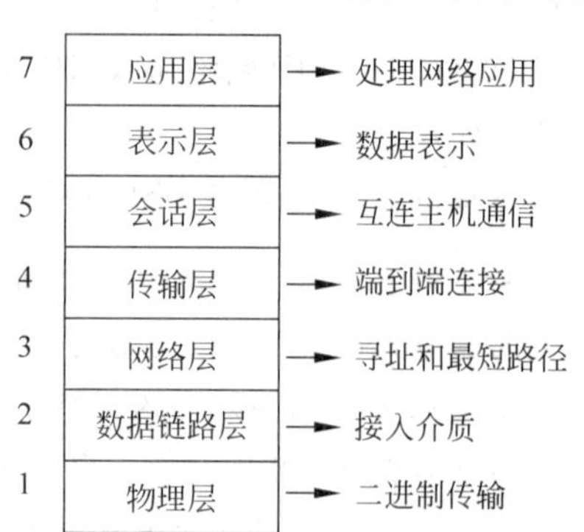

图 3-1 七层 OSI 参考模型

操作性和应用的可移植性。

1）物理层(Physical)

这是整个OSI参考模型的最底层，它的任务就是提供网络的物理连接。所以，物理层是建立在物理介质上(而不是逻辑上的协议和会话)，它提供的是机械和电气接口，主要包括电缆、物理端口和附属设备，如双绞线、同轴电缆、接线设备(如网卡等)、RJ-45接口等。

物理层提供的服务包括物理连接、物理服务数据单元顺序化(接收物理实体收到的比特顺序，与发送物理实体所发送的比特顺序相同)和数据电路标识等。

2）数据链路层(DataLink)

数据链路层建立在物理传输能力的基础上，以帧为单位传输数据，它的主要任务就是进行数据封装和数据链接的建立。封装的数据信息中，地址段含有发送结点和接收结点的地址，控制段用来表示数据连接帧的类型，数据段包含实际要传输的数据，差错控制段用来检测传输中帧出现的错误。

数据链路层的功能包括数据链路连接的建立与释放、构成数据链路数据单元、数据链路连接的分裂、定界与同步、顺序和流量控制和差错的检测和恢复等方面。

3）网络层(Network)

网络层属于OSI中的较高层次了，从它的名字可以看出，它解决的是网络与网络之间，即网际的通信问题，而不是同一网段内部的事。

网络层的主要功能是提供路由，即选择到达目标主机的最佳路径，并沿该路径传送数据包。除此之外，网络层还要能够消除网络拥挤，具有流量控制和拥挤控制的能力。网络边界中的路由器就工作在这个层次上，现在较高档的交换机也可直接工作在这个层次上，因此它们也提供了路由功能，俗称“第三层交换机”。

4）传输层(Transport)

传输层解决的是数据在网络之间的传输质量问题，它属于较高层次。传输层用于提高网络层服务质量，提供可靠的端到端的数据传输。这一层主要涉及的是网络传输协议，它提供的是一套网络数据传输标准，如TCP协议。

传输层的功能包括映像传输地址到网络地址、多路复用与分隔、传输连接的建立与释放、分段与重新组装、组块与分块。

5）会话层(Senssion)

会话层利用传输层来提供会话服务，会话可能是一个用户通过网络登录到一个主机，或一个正在建立的用于传输文件的会话。

会话层的功能包括会话连接到传输连接的映射、数据传送、会话连接的恢复和释放、会话管理、令牌管理和活动管理。

6）表示层(Presentation)

表示层用于数据管理的表示方式，如用于文本文件的ASCII和EBCDIC，用于表示数字的1S或2S补码表示形式。如果通信双方用不同的数据表示方法，他们就不能互相理解。表示层就是用于屏蔽这种不同之处。

表示层的功能包括数据转换、语法表示、表示连接管理、数据加密和数据压缩。

7）应用层(Application)

这是OSI参考模型的最高层，它解决的也是最高层次，即程序应用过程中的问题，它直接面对用户的具体应用。

应用层的功能包括用户应用程序执行通信任务所需要的协议和功能，如电子邮件和文件传输等，在这一层中，TCP/IP 协议中的 FTP、SMTP、POP 等协议得到了充分应用。

3.1.3 网络的组成与拓扑结构

1. 网络的组成

计算机网络首先是一个通信网络，各计算机之间通过通信媒体、通信设备进行数字通信。在此基础上各计算机可以通过网络软件共享其他计算机上的硬件资源、软件资源和数据资源。为了简化计算机网络的分析与设计，有利于网络的硬件和软件配置，按照计算机网络的系统功能，网络可分为“资源子网”和“通信子网”两大部分，如图 3-2 所示。

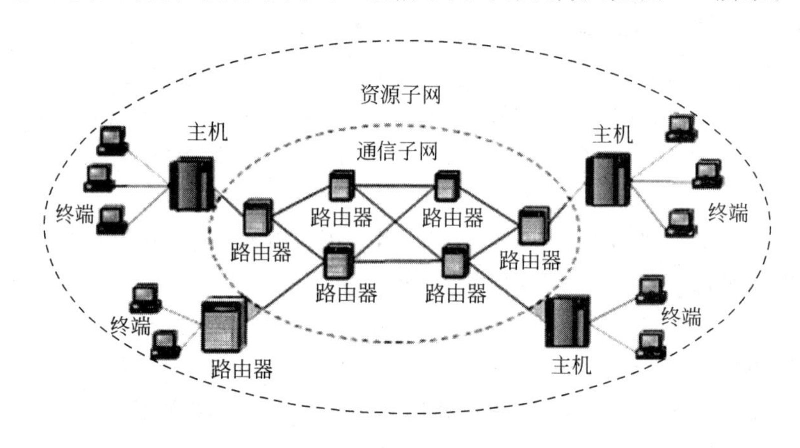

图 3-2 资源子网与通信子网

(1) 资源子网

资源子网由网络中所有的计算机系统、存储设备和存储控制器、软件和可共享的数据库组成等。主要负责整个网络面向应用的信息处理，为网络用户提供网络服务和资源共享功能等。

(2) 通信子网

通信子网的主要任务是将各种计算机互联起来，完成数据交换和通信处理。它主要包括通信控制处理机、通信线路(即传输介质)和其他通信设备组成，完成网络数据传输、转发等通信处理任务。

2. 网络的拓扑结构

网络拓扑结构主要有总线型、星型、环型、树型和网状型拓扑结构等。

(1) 总线型拓扑结构

总线型拓扑结构采用单根数据传输线作为通信介质，所有的站点都通过相应的硬件接口直接连接到通信介质，而且能被所有其他的站点接收，如图 3-3 所示。

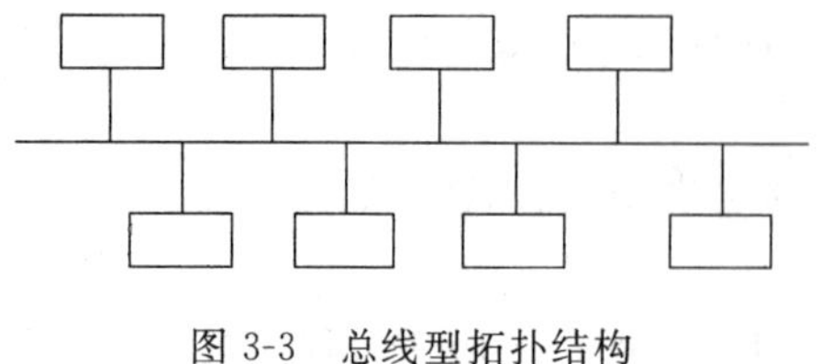

图 3-3 总线型拓扑结构

(2) 星型拓扑结构

星型拓扑结构由中央结点和通过点到点链路连接到中央结点的各结点组成。一旦建立了通道连接,可以没有延迟地在连通的两个结点之间传送数据。工作站到中央结点的线路是专用的,不会出现拥挤的瓶颈现象,如图 3-4 所示。

(3) 环型拓扑结构

环型拓扑结构是一个像环一样的闭合链路,在链路上有许多中继器和通过中继器连接到链路上的结点。也就是说,环型拓扑结构网络是由一些中继器和连接到中继器的点到点链路组成的一个闭合环。在环型网络中,所有的通信共享一条物理通道,即连接网中所有结点的点到点链路,如图 3-5 所示。

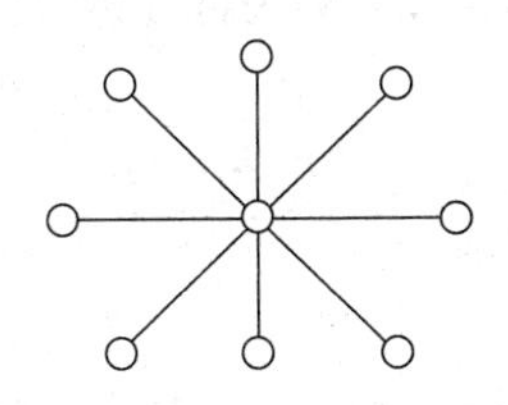

图 3-4　星型拓扑结构

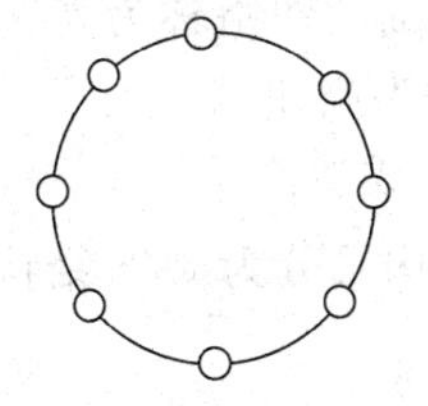

图 3-5　环型拓扑结构

(4) 树型拓扑结构

树型拓扑由总线型拓扑演变而来,其结构图看上去像一颗倒挂的树,如图 3-6 所示。树最上段的结点叫根结点,一个结点发送信息时,根结点接收该信息并向全树广播。

(5) 网状型拓扑结构

网状型网络拓扑结构又称为无规则型。在网状型拓扑结构中,结点之间的连接是任意的,没有规律,如图 3-7 所示。

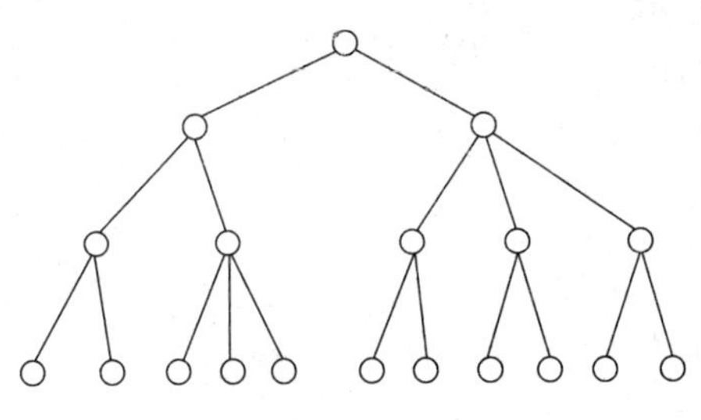

图 3-6　树型拓扑结构

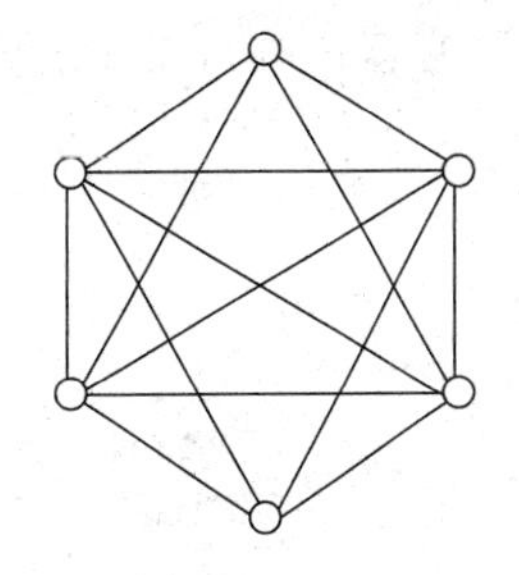

图 3-7　网状型拓扑结构

3.1.4　计算机网络的分类

计算机网络的分类方式有很多种,可以按地理范围、拓扑结构、传输速率、传输介质和访问结构等分类。

1) 按地理范围分类

(1) 局域网(Local Area Network,LAN):范围一般几百米到 10km 之内,属于小范围内的网络。

(2) 城域网(Metropolitan Area Network,MAN):城域网地理范围可从几十千米到上百千米,可覆盖一个城市或地区,是一种中等形式的网络。

(3) 广域网(Wide Area Network,WAN):广域网地理范围一般在几千千米左右,属于大范围网络,如几个城市、一个或几个国家。广域网是网络系统中最大型的网络,能实现大范围的资源共享，如国际性的 Internet 网络。

2）按传输介质分类

传输介质是指数据传输系统中发送装置和接收装置间的物理媒体，按其物理形态可以划分为有线和无线两大类。

3）按传输速率分类

网络的传输速率有快有慢，传输速率快的称高速网，传输速率慢的称低速网。传输速率的单位是 b/s（每秒比特数，bps）。一般将传输速率在 kb/s～Mb/s 范围的网络称为低速网，在 Mb/s～Gb/s 范围的网络称为高速网。也可以将 kb/s 网称为低速网，将 Mb/s 网称为中速网，将 Gb/s 网称为高速网。

4）按访问结构分类

网络按访问结构可分为 C/S 结构和 B/S 结构。

（1）C/S 结构

C/S，即 Client/Server，是指客户端和服务器，在客户端必须装客户端软件及相应环境后，才能访问服务器（胖客户端）。传统的 C/S 体系结构虽然采用的是开放模式，但这只是系统开发一级的开放性，在特定的应用中无论是 Client 端还是 Server 端都还需要特定的软件支持。由于没能提供用户真正期望的开放环境，C/S 结构的软件需要针对不同的操作系统开发不同版本的软件，加之产品的更新换代十分快，已经很难适应百台计算机以上局域网用户同时使用，而且代价高、效率低。

（2）B/S 结构

B/S，即 Browser/Server，是指浏览器和服务器，在客户端不用装专门的软件，只要一个浏览器即可（瘦客户端），B/S 结构如图 3-8 所示。

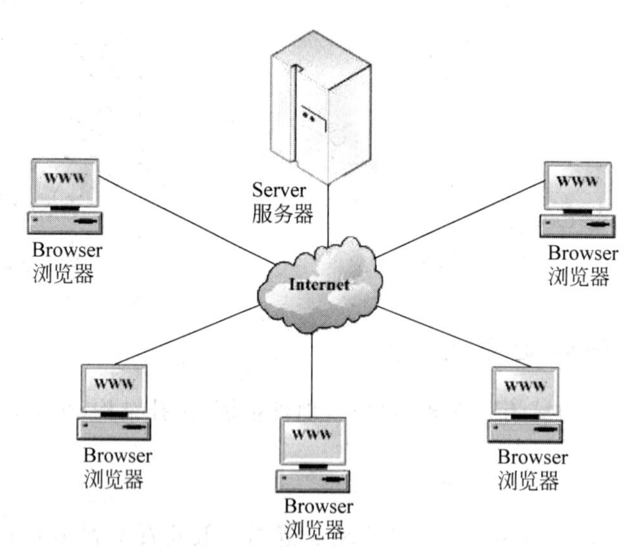

图 3-8　B/S 结构示意图

B/S 结构是 Web 兴起后的一种网络结构模式，Web 浏览器是客户端最主要的应用软件。这种模式统一了客户端，将系统功能实现的核心部分集中到服务器上，简化了系统的开发、维护和使用。客户机上只要安装一个浏览器（Browser），如 Internet Explorer 或 360 安全浏览器等，服务器安装 Oracle、Sybase、Informix 或 SQL Server 等数据库。B/S 结构主要是利用了不断成熟的 WWW 浏览器技术，通过浏览器就实现了原来需要复杂专用软件才能实现的强大功能，并节约了开发成本，是一种全新的软件系统构造技术，这种结构成为当今应用软件的首选体系结构。

C/S 结构和 B/S 结构优缺点的比较如表 3-1 所示。

表 3-1　C/S 结构和 B/S 结构优缺点的比较

访问结构	优　　点	缺　　点
C/S 结构	能充分发挥客户端 PC 的处理能力；客户端响应速度快；操作界面美观、形式多样，可以充分满足客户自身的个性化要求	需要专门的客户端安装程序，分布功能弱；兼容性差；开发成本较高
B/S 结构	客户端不用维护，适用于用户群庞大的场景；业务扩展简单方便；维护简单方便，只需要改变网页，即可实现所有用户的同步更新	无法实现具有个性化的功能要求；无法满足快速操作的要求；响应速度明显降低

5）按拓扑结构分类

网络按拓扑结构可分为集中式网络和分布式网络。

（1）集中式网络

集中式网络是星型或树型拓扑结构的网络，其中所有的信息都要经过中心结点交换机，各类链路都从中心结点交换机发源。集中式管理是借助现代网络通信技术，通过集中式管理系统建立企业决策完善的数据体系和信息共享机制，集中式管理系统集中安装在一台服务器上，每个系统的用户通过广域网来登录使用系统，实现共同操作同一套系统，使用和共享同一套数据库，通过严密的权限管理和安全机制来统一实现符合现有组织架构的数据管理权限。

（2）分布式网络

分布式网络是网状型拓扑结构的网络，分布式网络又称网型网。分布式网络是由分布在不同地点且具有多个终端的结点机互联而成的，如图 3-9 所示。

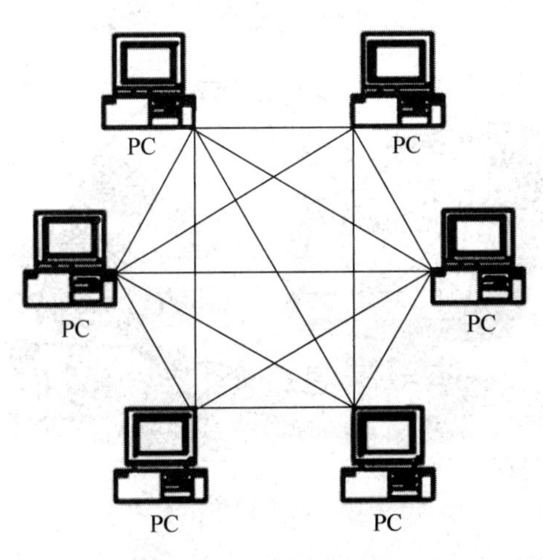

图 3-9　分布式网络示意图

分布式网络中任一点均至少与两条线路相连，当任意一条线路发生故障时，通信可转经其他链路完成，具有较高的可靠性。同时，网络易于扩充，较有代表性的网状网就是全连通网络。在实际应用中一般不选择全连通网络，而是在保证可靠性的前提下，尽量减少链路的冗余和降低造价。

集中式网络和分布式网络优缺点的比较如表 3-2 所示。

表 3-2　集中式网络和分布式网络优缺点的比较

网络类型	优　　点	缺　　点
集中式网络	便于集中管理	管理信息集中汇总到管理结点上，信息流拥挤；管理结点发生故障会影响全网的工作
分布式网络	没有中心，因而不会因为中心遭到破坏而造成整体的崩溃；结点之间互相连接，数据可以选择多条路径传输	不利于集中管理；安全性不好控制

3.1.5　网络安全

安全性是互联网技术中最关键也最容易被忽视的问题。随着计算机网络的广泛使用和网络之间数据传输量的急剧增长，网络安全的重要性越来越突出。

1. 网络安全的威胁

归结起来，针对网络安全的威胁主要有以下几种。

(1) 人为失误：安全配置不当造成的安全漏洞，安全意识不强，口令选择不慎，账号随意转借或与别人共享等都会对网络安全带来威胁。

(2) 恶意攻击：这是计算机网络所面临的最大威胁，黑客的攻击和计算机犯罪就属于这一类。例如网络钓鱼(Phishing)是近年来兴起的一种新型网络攻击手段，如图 3-10 所示，黑客建立一个网站，通过模仿银行、购物网站、炒股网站、彩票网站等，诱骗用户访问。此类攻击又可以分为以下两种：一种是主动攻击，它以各种方式有选择地破坏信息的有效性和完整性；另一类是被动攻击，它是在不影响网络正常工作的情况下，进行截获、窃取、破译以获得重要机密信息。

图 3-10　网络钓鱼示意图

(3) 网络软件的漏洞和"后门"：网络软件本身存在缺陷和漏洞，这些漏洞和缺陷恰恰是黑客进行攻击的首选目标。软件的"后门"都是软件公司的设计编程人员为了方便自己而设置的，一般不为外人所知，一旦“后门”泄漏，将会造成严重后果。

2. 网络的安全策略

在了解网络中不安全的主要因素后，就可以制定相应的安全策略来加强网络的安全防御。网络的安全策略一般有以下几种。

(1) 物理安全策略

物理安全策略的目的是保护计算机系统、网络服务器、打印机等硬件实体和通信链路免受自然灾害、人为破坏和恶意攻击；确保计算机系统有良好的电磁兼容工作环境；建立完备的安全管理制度。

(2) 访问控制策略

访问控制是网络安全防范和保护的主要策略，它的主要任务是保证网络资源不被非法使用和非法访问。它也是维护网络系统安全、保护网络资源的重要手段。控制哪些用户能够登录到服务器并获取网络资源；控制网络用户和用户组可以访问哪些目录、子目录、文件和其他资源；指定网络用户对目录、文件、设备的访问的权限；指定文件、目录访问属性，保护重要的目录和文件不被用户误删除、修改、显示；实时对网络进行监控；引入防火墙控制等。

(3) 信息加密策略

信息加密的目的是保护网内的数据、文件、口令和控制信息，保护网上传输的数据。

(4) 网络安全管理策略

在网络安全中，加强网络的安全管理，制定有关规章制度，对于确保网络安全、可靠地运行，将起到十分有效的作用。

3.2 局域网概述

局域网是由一组计算机及相关设备通过共用的通信线路或无线连接的方式组合在一起的系统，它们在有限的地理范围内进行资源共享和信息交换。局域网有着较高的数据传输速率，但是对传输距离有一定的限制。

3.2.1 局域网的组成

局域网由网络硬件和网络软件两部分组成。网络硬件主要有服务器、工作站(终端)、传输介质和网络连接部件(交换机)等。网络软件包括网络操作系统、控制信息传输的网络协议及相应的协议软件、网络应用软件等。图 3-11 是一种比较常见的局域网结构。

3.2.2 局域网传输介质

局域网常用的传输介质有同轴电缆、双绞线和光缆，以及在无线局域网情况下使用的辐射媒体。

1. 同轴电缆

同轴电缆由内、外两个导体组成，内导体可以由单股或多股线组成，外导体一般由金属编织网组成。内、外导体之间有绝缘材料，其阻抗为 50Ω。

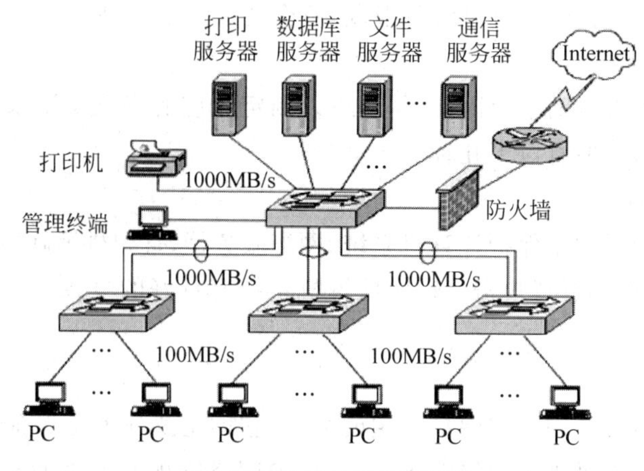

图 3-11　常见的局域网结构

2. 双绞线

双绞线(Twisted Pairwire,TP)是布线工程中最常用的一种传输介质。双绞线是由相互按一定扭距绞合在一起的类似于电话线的传输媒体,每根线加绝缘层并用色标来标记,如图 3-12 所示,图 3-12(a)为示意图,图 3-12(b)为实物图。

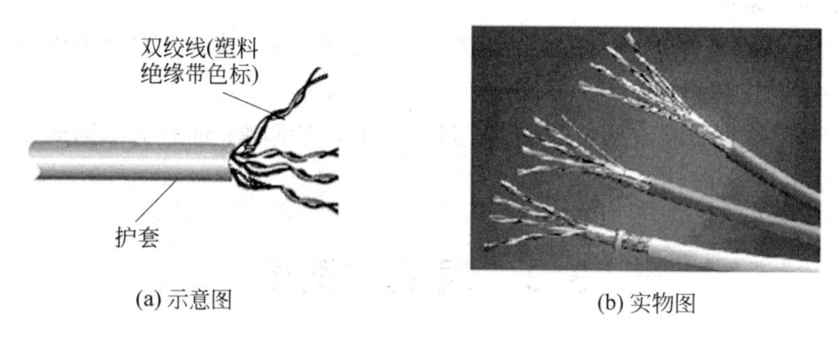

(a) 示意图　　(b) 实物图

图 3-12　双绞线

使用双绞线组网,双绞线和其他网络设备(例如网卡)连接必须是 RJ45 接头(也叫水晶头)。图 3-13 中是 RJ45 接头,图 3-13(a)为示意图,图 3-13(b)为实物图。

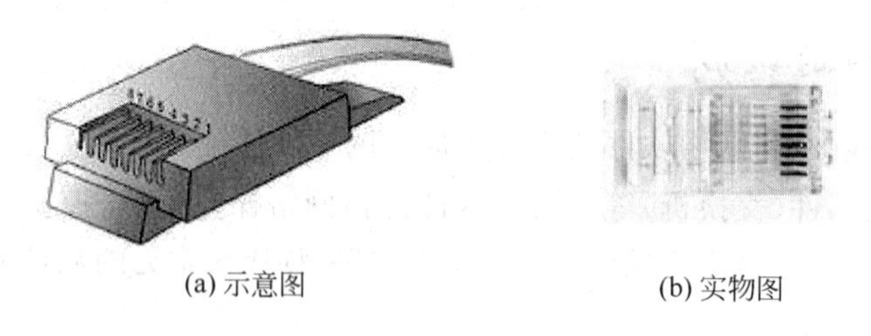

(a) 示意图　　(b) 实物图

图 3-13　RJ45 接头

3. 光缆

光缆不仅是目前可用的媒体,而且是今后若干年后将会继续使用的媒体,其主要原因是这种媒体具有很大的带宽。光缆由许多细如发丝的塑胶或玻璃纤维外加绝缘护套组成,光束在玻璃纤维内传输,防磁防电,传输稳定,质量高,适于高速网络和骨干网。光纤与电导体构成的传输媒体最基本的差别是:它的传输信息是光束,而非电气信号。因此,光纤传输的信号不受电磁的干扰。图 3-14 为光缆示意图。

4. 无线媒体

上述三种传输媒体有一个共同的缺点，那便是都需要一根线缆连接计算机，这在很多场合下是不方便的。无线媒体不使用电子或光学导体。大多数情况下地球的大气便是数据的物理性通路。从理论上讲，无线媒体最好应用于难以布线的场合或远程通信。无线媒体有三种主要类型：无线电波、微波及红外线。

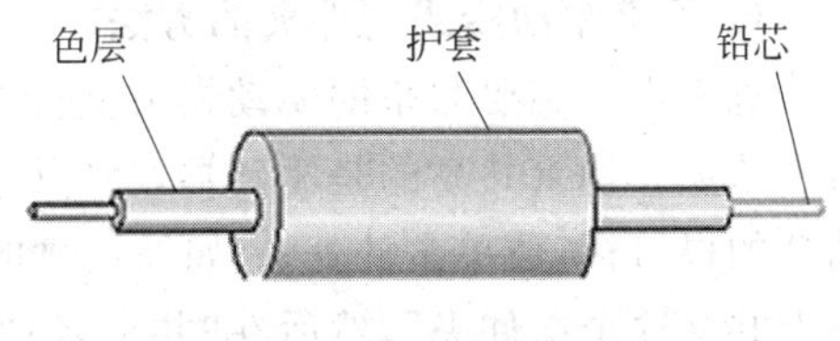

图 3-14　光缆示意图

(1) 无线电波可以穿透墙壁，也可以到达普通网络线缆无法到达的地方。针对无线电链路连接的网络，现在已有相当坚实的工业基础，在业界也得到迅速发展。

(2) 微波是指频率为 300MHz～300GHz 的电磁波，是无线电波中一个有限频带的简称，即波长在 1mm～1m 之间的电磁波，是分米波、厘米波、毫米波的统称。微波频率比一般的无线电波频率高，通常也称为"超高频电磁波"。微波作为一种电磁波也具有波粒二象性。微波的基本性质通常呈现为穿透、反射、吸收三个特性。对于玻璃、塑料和瓷器，微波几乎全穿越而不被吸收；而水和食物等就会吸收微波而使自身发热，而金属类的东西则会反射微波。

(3) 红外线是波长介于微波与可见光之间的电磁波，波长在 760nm～1mm 之间，是比红光波长长的非可见光。高于绝对零度(－273.15℃)的物质都可以产生红外线。

3.2.3　局域网络连接部件

网络连接部件主要包括网卡、交换机和路由器等，如图 3-15 所示。

(a) 网卡　(b) 交换机　(c) 路由器

图 3-15　典型的网络连接部件

网卡是工作站与网络的接口部件。它除了作为工作站连接入网的物理接口外，还控制数据帧的发送和接收(相当于物理层和数据链路层功能)。

交换机(Switcher)采用交换方式进行工作，能够将多条线路的端点集中连接在一起，并支持端口工作站之间的多个并发连接，实现多个工作站之间数据的并发传输，可以增加局域网带宽，改善局域网的性能和服务质量。

路由器(Router)是一种网络设备，它能够利用一种或几种网络协议将本地或远程的一些独立的网络连接起来，每个网络都有自己的逻辑标识。所谓"路由"，是指把数据从一个地方传送到另一个地方的行为和动作，而路由器，正是执行这种行为动作的机器。

3.2.4　局域网资源的共享

局域网很便利的一个特色就是资源共享。在局域网中启动文件和打印机共享后，就可以进行共享操作。

1. 共享驱动器或文件夹的方法

首先定位到要共享的驱动器或文件夹，然后右击该驱动器或文件夹，选择“共享和安全”命令选项。如果共享的是驱动器，在“共享”选项卡上，单击“如果您知道风险，但还要共享驱动器的根目标，请单击此处”；如果共享的是文件夹，在“共享”选项卡上，选中复选框“在网络上共享这个文件夹”，然后在“共享名”框中输入共享文件夹的名称。

2. 共享打印机的方法

双击控制面板中的“打印机和传真”图标，或者右击要共享的打印机，在“共享”选项卡上，选中复选框“共享这台打印机”，然后在“共享名”框中输入共享打印机的名称。

3.2.5 无线局域网基础

1. 无线局域网概念

无线局域网(Wireless Local Area Network，WLAN)就是在不采用传统电缆线的同时，提供传统有线局域网的所有功能。无线局域网中两个站点间的距离目前可达到 50km，距离数千米的建筑物中的网络可以集成为同一个局域网。

无线局域网的基础是传统的有线局域网，是有线局域网的扩展和替换。它只是在有线局域网的基础上通过无线 HUB、无线访问结点、无线网桥、无线网卡等设备使无线通信得以实现。与有线网络一样，无线局域网同样也需要传输介质。只是无线局域网采用的传输媒体不是双绞线或者光纤，而是无线电波、微波及红外线，以无线电波使用居多。如图 3-16 所示为无线局域网。

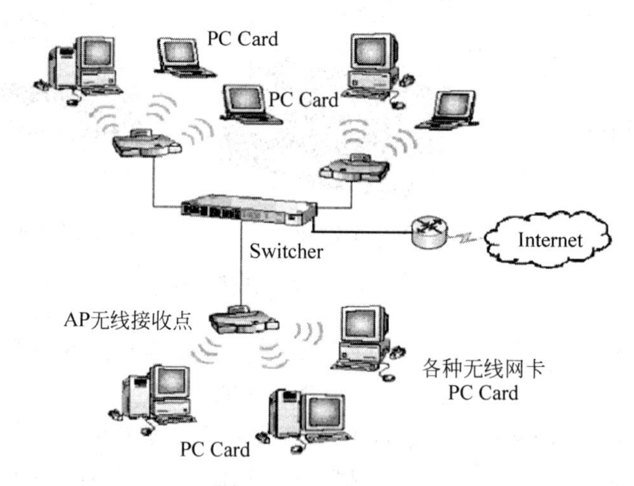

图 3-16 无线局域网

2. 无线局域网接入方法

无线接入分 WiFi 和移动接入两种。

1) WiFi 接入方式

即 Wireless Fidelity，又称 802.11b 标准，它的最大优点就是传输速度较高，可以达到 11Mbps，另外它的有效距离也很长，同时也与已有的各种 802.11 DSSS 设备兼容。WiFi 可以作为高速有线接入技术的补充，例如有线宽带网络到户后，连接到无线路由器或 AP 上，就可以使用具有无线网卡的计算机上网。当前很多公共场所都提供免费的 WiFi 服务，如机场、图书馆、咖啡厅、酒吧、茶馆等，如图 3-17 所示。WiFi 技术的优势在于不需要布线，符合移动办公用户的需要，国外许多发达国家城市里到处覆盖着由政府提供的 WiFi 信号，我国许多城市也开始实施以该技术为核心的“无线城市”。

2）移动接入

采用无线上网卡接入互联网，无线上网卡指的是无线广域网卡，连接到无线广域网，如中国移动 TD-SCDMA、GPRS、中国电信的 CDMA2000、CDMA 1X 以及中国联通的 WCDMA 网络等。无线上网卡的作用、功能相当于有线的调制解调器。它可以在拥有无线手机信号覆盖的任何地方，利用 USIM 卡或 SIM 卡连接到互联网上。通过智能手机或上网卡接入笔记本，即可使用移动运营商的无线 GPRS、CDMA、3G、4G 服务接入互联网。目前采用移动上网卡接入，用户需要向移动运营商缴纳昂贵的包月或流量费用。

图 3-17　WiFi 信号标志

3.3　互联网概述

Internet 即通常所说的互联网或网际网，它是全球最大的计算机互联网络，连接了几乎所有的国家和地区，不计其数的计算机连接到 Internet 上。Internet 的发展不断改变人们的生活方式和思想观念，已经成为现代社会工作、学习、生活的重要组成部分。

3.3.1　Internet 的起源与发展

1969 年，美国国防部高级研究计划管理局（Advanced Research Projects Agency，ARPA）开始建立一个名为 ARPAnet 的网络，把美国的几个军事及研究用计算机主机连接起来。当初，ARPAnet 只连接 4 台主机。

1983 年，ARPA 和美国国防部通信局成功研制了用于异构网络的 TCP/IP 协议，美国加利福尼亚伯克莱分校把该协议作为其 BSD UNIX 的一部分，使得该协议得以在社会上流行起来，从而诞生了真正的 Internet。

手机互联网在最近几年里发展得很快。手机互联网可定义为用手机登录互联网，完成只有用计算机才可以完成的操作。越来越多的人希望在移动的过程中高速地接入互联网，获取急需的信息、实现想做的事情。目前，手机互联网正逐渐渗透到人们生活、工作的各个领域，例如短信、移动音乐、手机游戏、视频应用、手机支付和位置服务等。目前，国内几大知名的运营商与移动信息化厂商，如中国移动、中国电信等在积极地拓展手机互联网。有专家预测，截至 2016 年，手机互联网的用户数将会超越传统互联网。

Internet 在我国的发展相对晚一些，大致可划分为三个阶段：

第一阶段为 1987 年—1993 年，是研究试验阶段。在此期间我国一些科研部门和高等院校开始研究因特网技术，通过拨号上网的形式实现了与 Internet 电子邮件转发系统的连接，并在小范围内为国内的一些重点院校、研究所提供了国际 Internet 电子邮件的服务。

我国于 1994 年 4 月正式连入 Internet，中国的网络建设进入了大规模发展阶段，到

1996 年初，中国的 Internet 已形成了四大主流体系，如图 3-18 所示。

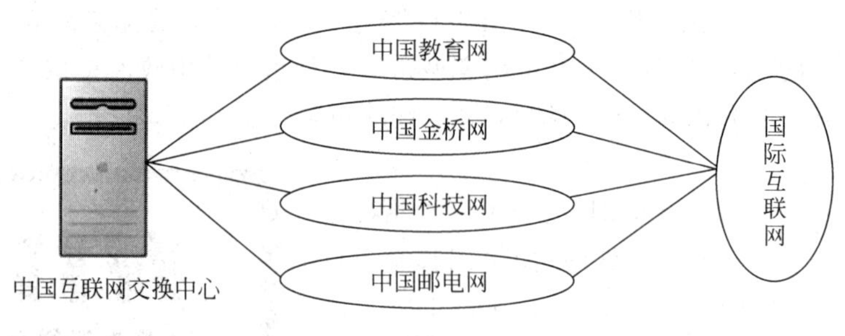

图 3-18 中国互联网四大体系

第二阶段为 1994 年—1996 年，同样是起步阶段。1994 年 4 月，中关村地区教育与科研示范网络工程进入因特网，从此我国被国际上正式承认为有因特网的国家。之后，Chinanet、CERnet、CSTnet、Chinagbnet 等多个因特网项目在全国范围内相继启动，因特网开始进入公众生活，并在我国得到了迅速的发展。至 1996 年底，我国因特网用户数已达 20 万，利用因特网开展的业务与应用逐步增多。

第三阶段从 1997 年至今，是因特网在我国发展最为快速的阶段。我国因特网用户数自 1997 年以后基本保持每半年翻一番的增长速度。

3.3.2 Internet 基础知识

Internet 就是由许多小的网络构成的国际性大网络，在各个小网络内部使用不同的通信机制，各个小网络之间是通过 TCP/IP 协议进行通信的。TCP/IP 协议是 Internet 的核心，它实现计算机之间和局域网之间的信息交换，它的诞生使得 Internet 的全球互联成为可能。

1. 超文本标记语言

超文本标记语言（Hyper Text Mark-up Language，HTML）是一种文档结构的标记语言，它使用一些约定的标记对页面上的各种信息（包括文字、声音、图形、图像、视频等）、格式以及超级链接进行描述。当用户浏览网页上的信息时，浏览器会自动解释这些标记的含义，并将其显示为用户在屏幕上所看到的网页，这种用 HTML 编写的网页又称为 HTML 文档。

2. 文本与超文本

1）文本

所谓文本（Text），就是可见字符（字母、数字、汉字、符号等）的有序组合，也就是普通文本。

2）超文本

所谓超文本（Hypertext），包含文本信息、图形图像、视频和语音等多媒体信息，其中的文字包括可以链接到其他文档的超文本链接，允许从当前正在阅读的文本的某个位置切换到超文本链接所指向的另一个文本的某个位置，而这一切换跳转可能是在一个机器之间进行，也可能是在远隔千山万水的不同机器之间进行。

3. WWW

WWW 是 World Wide Web 的简称，译为万维网，是一个基于超文本方式的信息查询方式。WWW 提供了一个友好的图形化界面，它是具有开放性、交互性、动态性等特征并可在交叉平台上运行的基于因特网的在全球范围内分布的多媒体信息系统。

4. TCP/IP 协议

TCP/IP 协议分成两个主要部分，即 IP 和 TCP。

IP(网际协议)是 Internet 上使用的一个关键的底层协议，其目的就是在全球范围内唯一标识一块网卡地址及实现不同类型、不同操作系统的计算机之间的网络通信。

TCP(传输控制协议)位于 IP 协议的上层，是为了解决 IP 数据包在传输过程中可能出现的丢失或顺序错乱等问题的一种端对端协议，提供可靠的、无差错的通信服务。

5. IP 地址

目前 Internet 使用的地址都是 IPv4 地址，由 32 位二进制数组成。IPv4 地址在 IP 协议中用来唯一标识一台计算机的网络地址。将 32 位 IPv4 地址按 8 位一组分成 4 组，每组数值用十进制数表示，组与组之间用小数点隔开，每组的数值范围是 0～255。例如 210.47.247.10 就是网络上一台计算机的 IP 地址。

目前全球 IPv4 地址资源即将全部耗尽，全球互联网市场极力倡导使用 IPv6。IPv6 地址的长度为 128 位，也就是说可以有 2^{128} 个 IP 地址，相当于 10 的后面有 38 个零。如此庞大的地址空间，足以保证地球上每个人拥有一个或多个 IP 地址。

6. 域名地址

尽管 IP 地址能够唯一地标识网络上的计算机，但 IP 地址是数字型的，用户记忆这类数字十分不方便，于是人们又发明了另一套字符型的地址方案，即所谓的域名地址。IP 地址和域名是一一对应的，例如中国医科大学网站的主服务器 IPv4 地址是 202.118.40.5，对应域名地址为 www.cmu.edu.cn。这个域名地址的信息存放在一个叫域名服务器(Domain Name Server，DNS)的主机内，使用者只需了解易记的域名地址，对应转换工作就留给了域名服务器。DNS 就是提供 IP 地址和域名之间转换服务的服务器。

域名地址最右边的部分为顶层域，最左边的则是这台主机的机器名称。一般域名地址可表示为主机机器名.单位名.网络名.顶层域名，如 computer.cmu.edu.cn。这里的 compter 是中国医科大学计算机中心服务器机器名，cmu 代表中国医科大学，edu 代表中国教育科研网，cn 代表中国，顶层域一般是网络机构或所在国家地区的名称缩写。

域名由两种基本类型组成：以机构性质命名的域和以国家地区代码命名的域。常见的以机构性质命名的域，一般由三个字符组成，如表示商业机构的 com、表示教育机构的 edu 等。以机构性质或类别命名的域如表 3-3 所示。

7. SMTP

SMTP(Simple Mail Transfer Protocol，简单邮件传输协议)是一组用于由源地址到目的地址传送邮件的规则，它可以帮助计算机在发送或中转信件时找到下一个目的地，通过 SMTP 协议所指定的服务器，就可以把 E-mail 寄到收信人的服务器上。

表 3-3 常见的域名及其含义

域名	含　义	域名	含　义
com	商业机构	net	网络组织
edu	教育机构	int	国际机构(主要指北约)
gov	政府部门	org	其他非盈利组织
mil	军事机构		

8. POP3

POP3(Post Office Protocol 3,邮局协议的第 3 个版本)是规定个人计算机连接到互联网上的邮件服务器进行收发邮件的协议。POP3 协议允许用户从服务器上把邮件存储到本地主机(即自己的计算机)上,同时根据客户端的操作删除或保存在邮件服务器上的邮件,而 POP3 服务器则是遵循 POP3 协议的接收邮件服务器,用于接收电子邮件。

9. 统一资源定位器

统一资源定位器(Uniform Resource Locator,URL)是专为标识 Internet 网上资源位置而设的一种编址方式,我们平时所说的网页地址指的就是 URL,它一般由三部分组成:

传输协议://主机 IP 地址或域名地址/资源所在路径和文件名。

3.3.3 Intranet 基本概念

Intranet 称为企业内部网,或称内部网、内联网、内网,是一个使用与因特网同样技术的计算机网络,它通常建立在一个企业或组织的内部并为其成员提供信息的共享和交流等服务,例如万维网、文件传输、电子邮件等,是 Internet 技术在企业内部的应用。Intranet 的基本思想是:在内部网络上采用 TCP/IP 作为通信协议,利用 Internet 的 Web 模型作为标准信息平台,同时建立防火墙把内部网和 Internet 分开。当然 Intranet 并非一定要和 Internet 连接在一起,它完全可以自成一体作为一个独立的网络。

1. Intranet 的产生背景

随着现代企业的发展越来越集团化,企业的分布也越来越广,遍布全国各地甚至跨越国界的公司越来越多,以后的公司将是集团化的大规模、专业性强的公司。如何保证每个人都拥有最新最正确的版本?如何保证公司成员及时了解公司的策略?如何确定其他信息是否有改变?利用过去的技术,这些问题都难以解决。市场竞争激烈、变化快,企业必须经常进行调整和改变,而一些内部印发的资料甚至还未到员工手中就已过时了。浪费的不只是人力和物力,还浪费非常宝贵的时间。

解决这些问题的方法就是建立企业的信息系统。已有的方法可以解决一些问题,如利用 E-mail 在公司内部发送邮件,建立信息管理系统。Internet 技术正是解决这些问题的有效方法。利用 Internet 各个方面的技术解决企业的不同问题,就这样企业内部网 Intranet 诞生了。

2. Intranet 与 Internet 的区别

Intranet 与 Internet 相比,可以说 Internet 是面向全球的网络,而 Intranet 则是 Internet 技术在企业机构内部的实现,它能够以极少的成本和时间将一个企业内部的大量信息资源高效合理地传递到每个人。Intranet 为企业提供了一种能充分利用通信线路、经济而有效地建立企业内联网的方案，应用 Intranet，企业可以有效地进行财务管理、供应链管理、进销存管理、客户关系管理等。

过去，只有少数大公司才拥有自己的企业专用网，而现在不同了，借助于 Intranet 技术，各个中小型企业都有机会建立起适合自己规模的"内联网"或"企业内部网"，企业关注 Intranet 的原因是，它只为一个企业内部专有，外部用户不能通过 Internet 对它进行访问。

3. Intranet 的结构

Intranet 通常是指一组沿用 Intranet 协议的、采用客户/服务器结构的内部网络。服务器端是一组 Web 服务器，用以存放 Intranet 上共享的 HTML 标准格式信息以及应用；客户端则为配置浏览器的工作站，用户通过浏览器以 HTTP 协议提出存取请求，Web 服务器则将结果回送到原始客户。

Intranet 通常可包含多个 Web 服务器，一个大型国际企业集团的 Intranet 常常会有多达数百个 Web 服务器及数千个客户工作站。这些服务器有的与机构组织的全局信息及应用有关，有的仅与某个具体部门有关，这些分布组织方式不仅有利于降低系统的复杂度，也便于开发和维护管理。由于 Intranet 采用标准的 Intranet 协议，某些内部使用的信息必要时能随时方便地发布到公共的 Intranet 上去。

考虑到安全性，可以使用防火墙将 Intranet 与 Internet 隔离开来。这样，既可提供对公共 Internet 的访问，又可防止机构内部机密的泄露。如图 3-19 所示为 XX 电力公司企业内部 Intranet 网络结构。

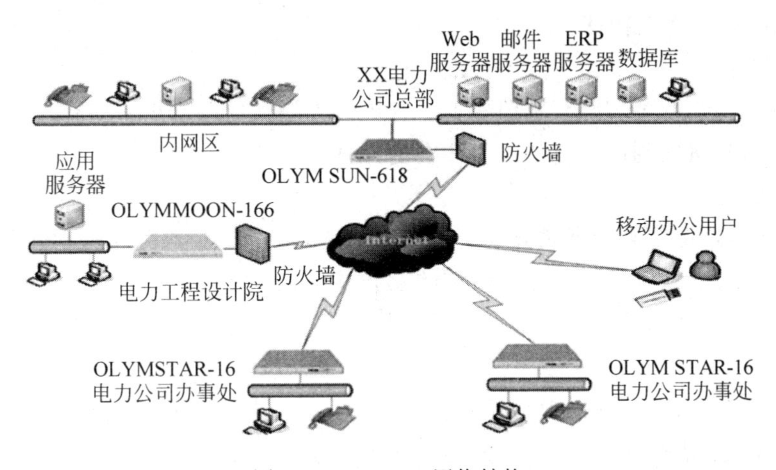

图 3-19 Intranet 网络结构

3.3.4 "互联网+"基本概念

通俗来说，"互联网+"就是"互联网+各个传统行业"，如图 3-20 所示，例如滴滴打车，就是互联网和传统的出租车行业相结合诞生的新型出租车行业。但这并不是简单的两者相加，而是利用信息通信技术以及互联网平台，让互联网与传统行业进行深度融合，创造新的发展生态。它代表一种新的社会形态，即充分发挥互联网在社会资源配置中的优化和集成作用，将互联网的创新成果深度融合于经济、社会等各个领域之中，提升全社会的创新力和生产力，形成更广泛的以互联网为基础设施和实现工具的经济发展新形态。

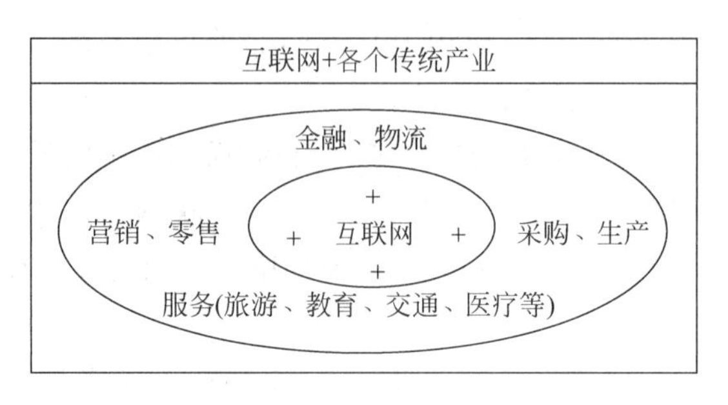

图 3-20 “互联网＋”概念

1. 概念提出

国内“互联网＋”理念的提出，最早可以追溯到 2012 年 11 月于扬在易观第五届移动互联网博览会的发言。易观国际董事长兼首席执行官于扬首次提出“互联网＋”的理念。他认为“在未来，‘互联网＋’公式应该是我们所在的行业的产品和服务，在与我们未来看到的多屏全网跨平台用户场景结合之后产生的这样一种化学公式。我们可以按照这样一个思路找到若干这样的想法。而怎么找到你所在行业的‘互联网＋’，则是企业需要思考的问题。”

2015 年 3 月 5 日上午十二届全国人大三次会议上，李克强总理在政府工作报告中首次提出“互联网＋”行动计划。李克强在政府工作报告中提出，“制定‘互联网＋’行动计划，推动移动互联网、云计算、大数据、物联网等与现代制造业结合，促进电子商务、工业互联网和互联网金融健康发展，引导互联网企业拓展国际市场。”

2. “互联网＋”六大特征

1）跨界融合

“＋”是指跨界、变革、开放、重塑融合。跨界代表创新的基础更坚实；融合协同了，群体智能才会实现，从研发到产业化的路径才会更垂直。

2）多元化

中国粗放的资源驱动型增长方式早就难以为继，必须转变到创新驱动发展这条正确的道路上来。这正是互联网的特质，用所谓的互联网思维来求变、自我革命，也更能发挥创新的力量。

3）重塑结构

信息革命、全球化、互联网业已打破了原有的社会结构、经济结构、地缘结构、文化结构。权力、议事规则、话语权不断在发生变化。互联网＋社会治理、虚拟社会治理会是很大的不同。

4）尊重人性

人性的光辉是推动科技进步、经济增长、社会进步、文化繁荣的最根本的力量，互联网的力量之强大最根本地也来源于对人性的最大限度的尊重、对人体验的敬畏、对人的创造性发挥的重视。例如 UGC，卷入式营销，分享经济。

5）开放生态

关于“互联网＋”，生态是非常重要的特征，而生态的本身就是开放的。推进“互联网＋”，其中一个重要的方向就是把过去制约创新的环节化解，把孤岛式创新连接起来，研发由人性决定的市场驱动，让创业并努力者有机会实现价值。

6）连接一切

连接是有层次的，可连接性是有差异的，连接的价值是相差很大的，但是连接一切是“互联网＋”的目标。

3. “互联网＋”发展趋势

与传统企业相反的是，在“全民创业”的常态下，企业与互联网相结合的项目越来越多，诞生之初便具有“互联网＋”的形态，因此它们不需要再像传统企业一样转型与升级。“互联网＋”正是要促进更多互联网创业项目的诞生，从而无须再耗费人力、物力及财力去研究与实施行业转型。“互联网＋”的发展趋势则是大量“互联网＋”模式的爆发以及传统企业的“破与立”。

（1）从以服务为主走向与制造和实体相结合。

2016年“互联网＋”的政策红利仍将持续。随着各行各业纷纷互联网化，互联网与实体经济找到了优势互补的契合点，并引发全行业的广泛创新和变革。互联网行业将从以服务为主走向与制造业等实体经济融合发展，通过创新实现产业结构优化和全面升级。

（2）促进较大规模的公司谋求多元发展，推进农村经济互联网化。

互联网在我国经过长期的发展，出现了一批体量较大的公司。在激烈的竞争下，越来越多的行业性乃至综合性较大规模的公司开始谋求多元发展，并且将目光投向更具增长潜力的农村市场，由城市为点向周边城镇乡村辐射，或推动农村电商、金融等行业的互联化。

（3）跨界融合潮流反映了危机意识，构造新的平台系统势在必行。

往前推十年，跨界合作可能是很少的现象，如今已然成为企业寻求合作、开拓市场以及构建新生态的潮流。越来越多的互联网企业和基因互补的传统企业展开合作。互联网与互联网企业间的跨界合作更加常见，在互联网金融领域尤其明显，金融天然的消费属性促进了其与旅游、购物等消费领域的合作。

（4）生态战略或成主流。

不论滴滴快车、京东、乐视、小米、海尔还是苹果、亚马逊、Facebook等，都不遗余力地构建多元性的生态系统，以开放、包容的态度创新，创造更具价值和影响力的体系。规模经济或者不经济并不以平台的大小来衡量，在复杂的市场环境和激烈的竞争下，以战略性的眼光进行多样性的生态布局则不失为提升竞争力的良策。类似于投资中的交易策略，以多元化的方式分散风险，增强抗风险能力。

（5）“互联网＋”金融将产生更多新兴业态。

过去一年，金融和经济领域可谓喜忧参半。既有“互联网＋”宏观政策下的大众创业、万众创新热潮，又有股市反复无常的间歇性震荡，还有投资市场过热、流动资产过剩、经济下行压力持续和资产泡沫化的担忧。同时，央行数次降准、降息的货币政策，刺激经济复苏和发展的态度显而易见。金融作为国家经济发展的命脉，担负着为经济发展提供血液和资产活力的重任。在“互联网＋”政策的鼓励下，互联网金融创业创新遍地开花，“互联网＋金融”示意图如图3-21所示。2016年互联网金融改革将持续深化，传统和新兴金融行业将以创新为支点走向平衡。

（6）新兴国家市场氛围活跃，中国或将向引领世界未来的阶段再向前迈进一步。

近年互联网创新浪潮席卷全球，中国、印度等新兴国家市场在国际市场上的影响力越来

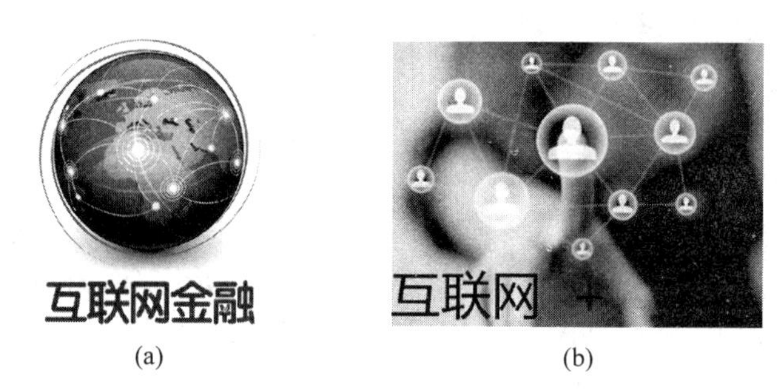

(a)　　(b)

图 3-21　“互联网＋金融”示意图

越大。在经济新常态下，中国活跃的创新氛围已经引起世界的关注，在科技、金融、零售、投资、工业、制造业等领域的创新逐渐与国际接轨，中国或将向引领世界未来的阶段再向前迈进一步。在这一机遇过程中，更优秀更敏锐的中国企业将有一系列特殊战略机会。

3.4　物联网概述

物联网在国际上又称为传感网，这是继计算机、互联网与移动通信网之后的又一次信息产业浪潮。世界上的万事万物，小到钥匙、手表，大到楼房、汽车，只要嵌入一个微型感应芯片，就能把它变得智能化，这个物体就可以“自动开口说话”。再借助无线网络技术，人们就可以和物体“对话”，物体和物体之间也能“交流”，这就是物联网。

3.4.1　物联网基础

1. 物联网基本概念

物联网，也叫传感网，是通过射频识别(Radio Frequency Identification，RFID)、红外感应器、全球定位系统、激光扫描器等信息传感设备，按约定的协议，把任何物品与互联网相连接，进行通信和信息交换，以实现智能化识别、跟踪、定位、监控和管理的一种网络概念，物联网示意图如图 3-22 所示。

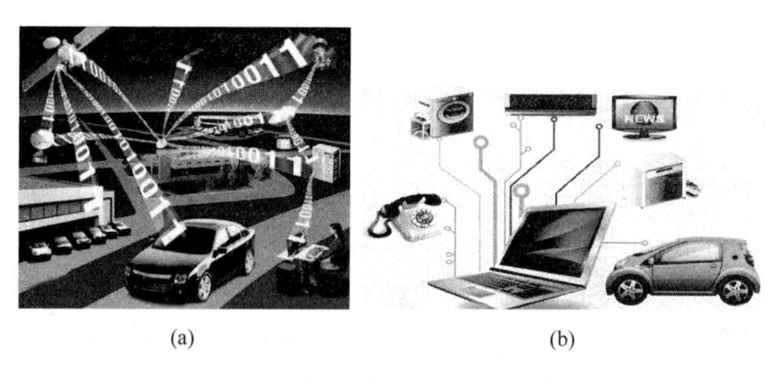

(a)　　(b)

图 3-22　物联网示意图

物联网是互联网的应用拓展，与其说物联网是网络，不如说物联网是业务和应用，它主要解决物品与物品(Thing to Thing，T2T)、人与物品(Human to Thing，H2T)、人与人(Human to Human，H2H)之间的互联。但是与传统互联网不同的是，H2T 是指人利用通用装置与物品之间的连接，从而使得物品连接更加简化，而 H2H 是指人之间不依赖于 PC 而进行的互联。

2. 物联网的起源

1990 年物联网的实践最早可以追溯到 1990 年施乐公司的网络可乐贩售机——Networked Coke Machine。

1991 年美国麻省理工学院的 Kevin Ash-ton 教授首次提出物联网的概念。

1995 年比尔·盖茨在《未来之路》一书中也曾提及物联网，但未引起广泛重视。

1999 年美国麻省理工学院建立了“自动识别中心(Auto-ID)”，提出“万物皆可通过网络互联”，阐明了物联网的基本含义。

3.4.2 物联网技术与架构

1. 关键技术

在物联网应用中有三大关键技术。

(1) 传感器技术：这也是计算机应用中的关键技术，如图 3-23 所示。到目前为止绝大部分计算机处理的都是数字信号。自从有计算机以来，就需要传感器把模拟信号转换成数字信号，计算机才能处理。

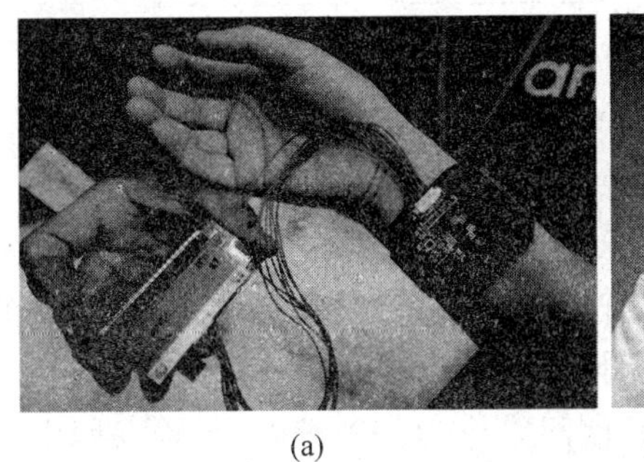

(a)

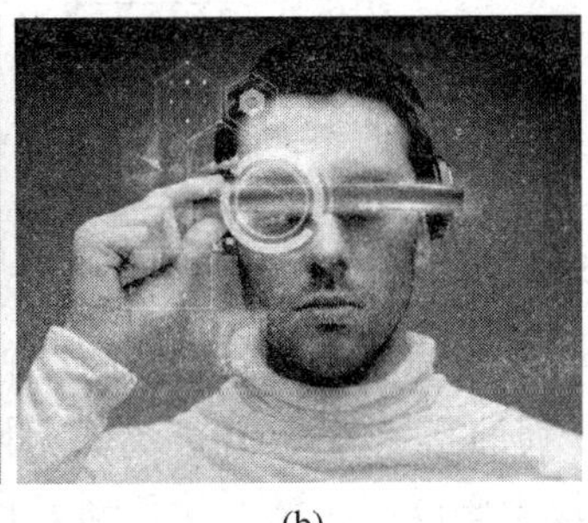

(b)

图 3-23 传感器技术示意图

(2) RFID 标签：也是一种传感器技术，RFID 技术是融合了无线射频技术和嵌入式技术为一体的综合技术，RFID 在自动识别、物品物流管理领域有着广阔的应用前景。

(3) 嵌入式系统技术：是综合了计算机软硬件、传感器技术、电子应用技术、集成电路技术为一体的复杂技术。经过几十年的演变，以嵌入式系统为特征的智能终端产品随处可见；小到人们身边的 MP3，大到航天航空的卫星系统。嵌入式系统正在改变着人们的生活，推动着工业生产以及国防工业的发展。如果把物联网用人体做一个简单比喻，传感器相当于人的眼睛、鼻子、皮肤等感官，网络就是用来传递信息的神经系统，嵌入式系统则是人的大脑，在接收到信息后要进行分类处理。这个例子很形象地描述了传感器、嵌入式系统在物联网中的位置与作用。

2. 应用模式

根据其实质用途可以归结为两种基本应用模式。

(1) 对象的智能标签。通过 RFID、二维码、NFC 等技术标识特定的对象，用于区分对象个体，例如在生活中我们使用的各种智能卡、条码标签的基本用途就是获得对象的识别信息；此外通过智能标签还可以获得对象物品所包含的扩展信息，例如智能卡上的金额余额、二维码中所包含的网址和名称等。

(2) 对象的智能控制。物联网基于云计算平台和智能网络，可以依据传感器网络用获取的数据进行决策，改变对象的行为进行控制和反馈。例如根据光线的强弱调整路灯的亮度，根据车辆的流量自动调整红绿灯间隔等。

3. 体系架构

物联网典型体系架构分为三层，自下而上分别是感知层、网络层和应用层，如图 3-24 所示。

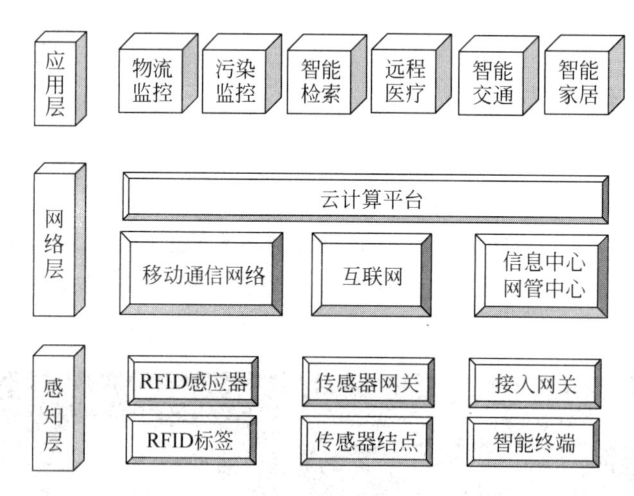

图 3-24　物联网典型体系架构

(1) 感知层实现物联网全面感知的核心能力，是物联网中的关键技术，它的关键在于具备更精确、更全面的感知能力，并解决低功耗、小型化和低成本问题；

(2) 网络层主要以广泛覆盖的移动通信网络作为基础设施，是物联网中标准化程度最高、产业化能力最强、最成熟的部分，它的关键在于为物联网应用特征进行优化改造，形成系统感知的网络；

(3) 应用层提供丰富的应用，将物联网技术与行业信息化需求相结合，实现广泛智能化的应用解决方案，它的关键在于行业融合、信息资源的开发利用、低成本高质量的解决方案、信息安全的保障及有效商业模式的开发。

3.4.3　物联网在中国的发展

物联网在中国迅速崛起得益于我国在物联网方面的几大优势。

(1) 我国早在 1999 年就启动了物联网核心传感网技术研究，研发水平处于世界前列；

(2) 在世界传感网领域，我国是标准主导国之一，专利拥有量高；

(3) 我国是能够实现物联网完整产业链的国家之一；

(4) 我国无线通信网络和宽带覆盖率高，为物联网的发展提供了坚实的基础设施支持；

(5) 我国已经成为世界第二大经济体，有较为雄厚的经济实力支持物联网发展。

2009 年 8 月，温家宝"感知中国"的讲话把我国物联网领域的研究和应用开发推向了高潮，无锡市率先建立了"感知中国"研究中心，中国科学院、运营商、多所大学在无锡建立了物联网研究院，无锡市江南大学还建立了全国首家实体物联网工厂学院。自温总理提出“感知中国”以来，物联网被正式列为国家五大新兴战略性产业之一写入“政府工作报告”，物联网在中国受到了全社会极大的关注，其受关注程度是在美国、欧盟，以及其他各国不可比拟的。

物联网作为一个新经济增长点的战略新兴产业，具有良好的市场效益，《2014-2018 年中国物联网行业应用领域市场需求与投资预测分析报告》数据表明，2010 年物联网在安防、交通、电力和物流领域的市场规模分别为 600 亿元、300 亿元、280 亿元和 150 亿元。2011 年中国物联网产业市场规模达到 2600 多亿元。

3.4.4 物联网技术的运用领域与案例

1. 医学

医学物联网就是将物联网技术应用于医疗、健康管理、老年健康照护等领域。医学物联网中的“物”，就是各种与医学服务活动相关的事物，如健康人、亚健康人、医生、护士、病人、检查设备、医疗器械、药品等。医学物联网中的“联”，即信息交互连接，把上述“事物”产生的相关信息交互、传输和共享。医学物联网中的“网”是通过把“物”有机地连成一张“网”，就可感知医学服务对象、各种数据的交换和无缝连接，达到对医疗卫生保健服务的实时动态监控、连续跟踪管理和精准的医疗健康决策。

那么什么是“感”、“知”、“行”呢？“感”就是数据采集和信息获得，例如连续监测高血压患者的人体特征参数、周边环境信息、感知设备和人员情况等，如图 3-25 所示。“知”特指数据分析，例如测到高血压患者连续的血压值之后，计算机会自动分析出他的血压状况是否正常，如果不正常，就会生成警报信号，通知医生知晓情况，调整用药，加以处理，这就是“行”。

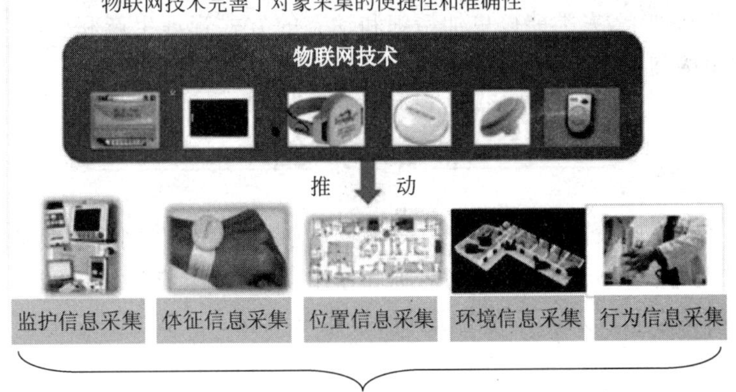

图 3-25　物联网技术在医学上的应用

2. 安防

无锡传感网中心的传感器产品已经成功应用在上海世博会和上海浦东国际机场。首批 1500 万元的传感安全防护设备销售成功，设备由 10 万个微小传感器组成，散布在墙头墙角及路面的传感器能根据声音、图像、震动频率等信息分析判断，可以防止人员的翻越、偷渡、恐怖袭击等攻击性入侵。

国家民航总局正式发文要求，全国民用机场都要采用国产传感网防入侵系统。浦东机场直接采购的传感网产品金额为4000多万元，加上配件5000多万元。若全国近200家民用机场都采用防入侵系统，将产生上百亿的市场规模。

3. 污水处理行业

基于物联网、云计算的城市污水处理综合运营管理平台为污水运营企业安全管理、生产运行、水质化验、设备管理、日常办公等关键业务提供统一业务信息管理平台，对企业实时生产数据、视频监控数据、工艺设计、日常管理等相关数据进行集中管理、统计分析、数据挖掘等，为不同层面的生产运行管理者提供即时、丰富的生产运行信息，为企业规范管理、节能降耗和精细化管理提供强大的技术支持，从而形成完善的城市污水处理信息化综合管理解决方案。

例如，武汉市污水处理综合运营管理平台，依托云计算技术构建、利用互联网将各种广域异构计算资源整合，再通过互联网向用户按需提供计算能力、存储能力、软件平台和应用软件等服务。该系统可以对污水处理企业的进、产、排三个主要环节进行监控，将下属提升泵站和污水处理厂的水量、水位、水质、电耗、药耗、设备状态等信息通过云计算平台进行收集、整合、分析和处理，建立各个环节的相互规约模型，分析生产环节水、电、药的消耗与处理水排水、生产、排放之间的隐含关系，找出污水处理厂的优化生产过程管理方案，实现对污水处理企业生产过程的实时控制与精细化管理。

4. 其他

物联网把新一代IT技术充分运用在各行各业之中，具体地说，就是把感应器嵌入和装备到电网、桥梁、隧道、铁路、公路、建筑、供水系统、大坝、油气管道等各种物体中，然后将“物联网”与现有的互联网整合起来，实现人类社会与物理系统的整合，在这个整合的网络当中，存在能力超级强大的中心计算机群，能够对整合网络内的人员、设备和基础设施实施实时的管理和控制，在此基础上，人类能以更加精细和动态的方式管理生产和生活，达到“智慧”状态，提高资源利用率和生产力水平，改善人与自然间的关系。

本章小结

通过本章的学习，要求读者掌握网络、局域网、互联网、“互联网+”、物联网的基本概念和基础知识；掌握七层OSI参考模型的名称和作用、网络的组成与拓扑结构；掌握局域网、广域网、城域网的概念和区别；了解物联网的技术与架构；了解“互联网+”和物联网的发展趋势。

【注释】

(1) IPX/SPX：即Internetwork Packet Exchange/Sequences Packet Exchange，译为Internet分组交换/顺序分组交换，是Novell公司的通信协议集。

(2) 帧：数据在网络上是以很小的称为帧(Frame)的单位传输的，帧由两部分组成，即帧头和帧数据。帧头包括接收方主机物理地址的定位以及其他网络信息。帧数据区含有一个数据体。为确保计算机能够解释数据帧中的数据，两台计算机使用一种公用的通信协议。

(3) 数据包：在包交换网络里，单个消息被划分为多个数据块，这些数据块称为数据包，它包含发送者和接收者的地址信息。这些包沿着不同的路径在一个或多个网络中传输，并且在目的地重新组合。

(4) 第三层交换机：因为工作于 OSI 参考模型的网络层，所以它具有路由功能，它是将 IP 地址信息提供给网络路径选择。当网络规模较大时，可以根据特殊应用需求划分为小而独立的 VLAN 网段，以减小广播所造成的影响。

(5) 端到端：网络要通信，必须建立连接，不管有多远、中间有多少机器，都必须在两头(源和目的)间建立连接，一旦连接建立起来，就可以说是端到端连接了，即端到端是逻辑链路，这条路可能经过了很复杂的物理路线，但两端主机不管，只认为是有两端的连接，而且一旦通信完成，这个连接就释放了，物理线路可能又被别的应用用来建立连接了。

(6) 多路复用：以同一传输媒质(线路)承载多路信号进行通信的方式。各路信号在送往传输媒质以前，需按一定的规则进行调制，以利于各路已调信号在媒质中传输，并不致混淆，从而在传到对方时使信号具有足够能量，且可用反调制的方法加以区分、恢复成原信号。

(7) 令牌：在令牌环网中，有一种专门的帧称为“令牌”，在环路上持续地传输来确定一个结点何时可以发送包。令牌为 24 位长，有三个 8 位的域。

(8) EBCDIC：是 Extended Binary Coded Decimal Interchange Code 的缩写，为国际商用机器公司(IBM)于 1963 年—1964 年间推出的字符编码表，根据早期打孔机式的二进化十进数(Binary Coded Decimal，BCD)排列而成。

(9) 数据转换：即 Data Transfer，是将数据从一种表示形式变为另一种表现形式的过程。例如软件的全面升级，肯定带来数据库的全面升级，每一个软件对其后面的数据库的构架与数据的存储形式都是不相同的，这样就需要数据的转换。

(10) 通信控制处理机：对各主计算机之间、主计算机与远程数据终端之间，以及各远程数据终端之间的数据传输和交换进行控制的装置。不同功能的通信控制处理机能把多台主计算机、通信线路和很多用户终端连接成计算机通信网，使这些用户能同时使用网中的计算机，共享资源。

(11) 胖客户端：即 Rich or Thick Client，是相对于“瘦客户端(Thin Client)”而言的，它是在客户机器上安装配置的一个功能丰富的交互式的用户界面。

(12) 瘦客户端：指的是在客户端-服务器网络体系中的一个基本无须应用程序的计算机终端。它通过一些协议和服务器通信，进而接入局域网。

(13) 主动攻击：包含攻击者访问他所需信息的故意行为。例如远程登录到指定机器的端口找出公司运行的邮件服务器的信息；伪造无效 IP 地址去连接服务器，使接收到错误 IP 地址的系统浪费时间去连接那个非法地址。

(14) 被动攻击：主要是收集信息而不是进行访问，数据的合法用户对这种活动一点也不会觉察。被动攻击包括嗅探、信息收集等攻击方法。

(15) 后门：在信息安全领域，后门是指绕过安全控制而获取对程序或系统访问权的方法。后门的最主要目的就是方便以后再次秘密进入或者控制系统。

(16) 通信链路：网络中两个结点之间的物理通道称为通信链路。通信链路的传输介质主要有双绞线、光纤和微波。

(17) 阻抗：在具有电阻、电感和电容的电路里，对电路中的电流所起的阻碍作用叫做阻抗。阻抗常用 Z 表示，是一个复数，实际称为电阻，虚称为电抗。阻抗的单位是 Ω。

(18) 创新驱动：指那些从个人的创造力、技能和天分中获取发展动力的企业，以及那些通过对知识产权的开发可创造潜在财富和就业机会的活动。也就是说经济增长主要依靠科学技术的创新带来的效益来实现集约的增长方式,用技术变革提高生产要素的产出率。

(19) 多元化:简要定义是“任何在某种程度上相似但有所不同的人员的组合”。在工作场所里,人们通常倾向于将多元化联想到容易识别的特性,如性别或种族。在一个专业环境里保持多元化意味着更多。

(20) 红外感应器:已经在现代化的生产实践中发挥着它的巨大作用,随着探测设备和其他部分的技术的提高,红外感应器能够拥有更多的性能和更好的灵敏度。

(21) 即 NFC:近场通信(Near Field Communication),这个技术由非接触式射频识别(RFID)演变而来,由飞利浦半导体、诺基亚和索尼共同研制开发,其基础是 RFID 及互联技术。

第4章 数据库系统概论

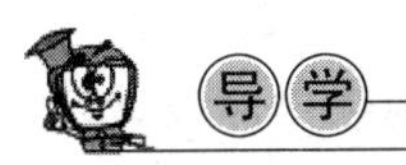

【内容与要求】

本章从数据库的基本概念、基本构成、数据模型以及数据库特点等方面介绍了数据库的相关知识。要求读者对这部分内容有充分的掌握。

其次,本章介绍了数据库系统的发展历程、现状和发展趋势,要求读者了解数据库的历史和现状,并对数据库的发展方向有一定的展望和认识。

最后,本章介绍了三种主流数据库的基本原理、工作模式和应用领域。

【重点、难点】

本章的重点是数据库相关概念、几种主流数据库的特点和数据管理方式。难点是对关系模型、关系运算的理解。

生活中无处不充斥着大量的数据,如何更加高效地整理和利用数据,一直是人类在努力提高和开发的能力。从20世纪60年代以来,借助计算机性能的快速提高,数据库技术出现并迅速得以蓬勃发展。数据库,简单地理解其实就是存储数据的仓库,但是,要想把浩如烟海的海量数据有效地存储和利用起来,就要求数据在数据库中按照一定的规则进行存储。自从数据库技术出现以来,人们一直在致力于改良这项技术,各种不同的数据模型、数据库产品层出不穷,其中结构化关系型数据库从出现至今一直处于主流地位。目前,随着网络技术及计算机硬件的进步以及日常生产、生活的实际需求,数据以井喷式增长,如此海量的数据不仅庞杂且不集中,传统的结构化数据库技术显得力不从心,很多半结构化和非结构化的数据处理解决方案应运而生。

4.1 数据库系统基本概念

数据库系统是为适应数据处理的需要而发展起来的数据处理系统,是存储介质、处理对象和管理系统的集合体,也可以把它理解为包含数据库技术的计算机系统。

4.1.1 数据库系统的基本构成

数据库系统(Database System,DBS)一般由以下4个部分组成。

(1) 数据库(Database,DB):是指长期存储在计算机内,有组织、可共享的数据的集合。数据在数据库中按一定的数据模型组织、描述和存储,而非简单的数据堆积。这样的存储数据的方式可以有效地减少数据冗余，有较高的数据独立性和易扩展性，同时也增加了数据的可共享性。

(2) 硬件：是指构成计算机系统的各种物理设备，是承载参与数据管理的软件部分的载体。硬件的配置必须满足数据库系统的需要。

(3) 软件：包括操作系统、数据库管理系统及应用程序。其中，数据库管理系统(Database Management System，DBMS)是数据库系统的核心软件，是在操作系统的支持下工作的，其在数据库系统中的主要作用是解决如何科学地组织和存储数据、如何高效地获取和维护数据等核心问题。DBMS 的主要功能包括数据定义功能、数据操纵功能、数据库的运行管理和数据库的建立与维护。

(4) 用户：这里所说的用户不仅仅指数据库的最终用户，而是指参与到数据库设计、研发和使用全过程中的所有人员，主要包括以下 4 类。

① 系统分析员和数据库设计人员

系统分析员负责应用系统的需求分析和规范说明，他们和用户及数据库管理员一起确定系统的硬件配置，并参与数据库系统的概要设计。数据库设计人员负责数据库中数据的确定、数据库各级模式的设计。这类人员主要起到对数据库总体规划的作用。

② 应用程序员

应用程序员负责编写使用数据库的应用程序，使用这些应用程序可对数据进行检索、建立、删除或修改。这类人员是使数据库能够工作起来的实际操作者。

③ 最终用户

最终用户可以利用系统的接口或查询语言访问数据库，是数据库的最终使用者。

④ 数据库管理员

数据库管理员(Database Administrator，DBA)负责数据库的总体信息控制。DBA 的具体职责包括：数据库中的信息内容和结构，决定数据库的存储结构和存取策略，定义数据库的安全性要求和完整性约束条件，监控数据库的使用和运行，负责数据库的性能改进、数据库的重组和重构，以提高系统的性能。

4.1.2 数据模型的相关知识

1. 相关概念

1) 实体

所有客观存在并且可以相互区分的事物称为实体，如教师、学生、客户等。也可以是抽象事件，如选课、订购、比赛等。

2) 实体的属性

描述实体的特征称为属性。属性用型(Type)和值(Value)来表征，例如住院号、姓名、出生日期等是属性的类型。而具体的值，如 20167659、刘荣晶、2016-10-10 等则是属性值。

3) 实体型

用实体名及描述它的各属性值来表示。如患者这一实体，就可以将其实体型描述为“患者(住院号，姓名，病情，诊断)”。

4) 实体集

同类型的实体的集合称为实体集。

2. 实体之间的联系

实体间的对应关系称为联系，实体间的联系可以归纳为以下3种类型。

1）一对一联系

实体集A中的一个实体对应实体集B中的一个实体，反之亦然，可记作1∶1联系。例如考察班长和班级两个实体集，一个班级有一个班长，一个班长管理一个班级，因此二者属于1∶1联系。

2）一对多联系

实体集A中的一个实体对应实体集B中的多个实体，反之不然，可记作1∶n联系。例如考察商品和商品类别两个实体集，一种商品类别中包含多种商品，而一种商品只属于一个商品类别，因此二者属于1∶n联系。

3）多对多联系

实体集A中的多个实体对应实体集B中的多个实体，反之亦然，可记作m∶n。例如考察学生和课程两个实体集，一个学生可以选修多门课程，而一门课程可供多个学生选修，因此二者属于m∶n联系。

3. 实体联系的表示方法

E-R图又被称为实体-联系图，它提供了实体、属性和联系的表示方法，用来描述现实世界的概念模型。

构成E-R图的基本要素是实体、属性和联系，其表示方法如下。

(1) 实体：用矩形表示，矩形框内写明实体名；

(2) 属性：用椭圆形表示，椭圆形框内写明属性的名称并用无向边(指没有方向的线段)将其与相应的实体连接起来；

(3) 联系：用菱形表示，菱形框内写明联系名，并用无向边分别与有关实体连接起来，同时在无向边旁标上联系的类型(1∶1，1∶n或m∶n)。

例如，表示商品类别和商品之间联系的E-R图如图4-1所示。

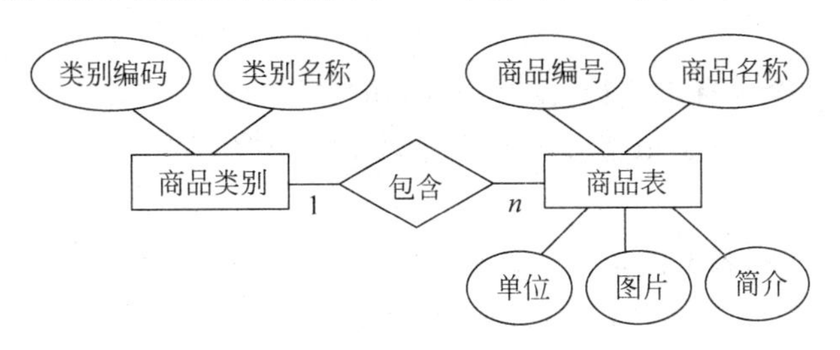

图4-1 商品类别和商品之间联系的E-R图

4.1.3 三类基本数据模型

数据模型是信息模型在数据世界中的表示形式，可将数据模型分为三类，即层次模型、网状模型和关系模型。

1. 层次模型

层次模型是一种用树型结构描述实体及其之间关系的数据模型。在这种结构中，每一个记录类型都用结点表示，记录类型之间的联系则用结点之间的有向线段来表示。每一个双亲结点可以有多个子结点，但是每一个子结点只能有一个双亲结点。层次模型如图4-2所示。

2. 网状模型

网状模型允许一个结点可以同时拥有多个双亲结点和子结点。因此，与层次模型相比，网状结构更具有普遍性，能够直接地描述现实世界的实体。网状模型如图4-3所示。

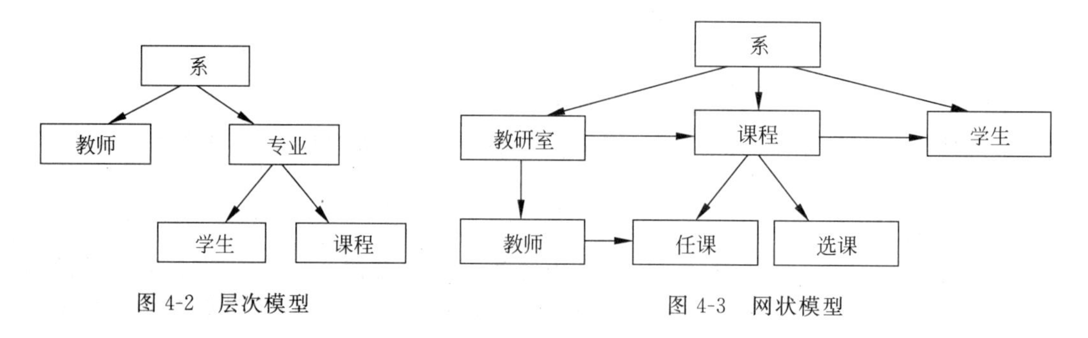

图4-2　层次模型　　　图4-3　网状模型

3. 关系模型

关系模型是采用二维表格结构表达实体类型及实体间联系的数据模型，其基本假定是所有数据都表示为数学上的关系。

表4-1　关系模型(patient)

住院号	姓名	性别	出生日期	住院科室	婚否	病情
20161003	郑蓬蓬	女	03/15/85	骨科	.F.	半月板骨折
20161004	刘青	男	03/15/82	呼吸内科	.T.	慢性支气管炎
20161005	张小丽	女	02/12/68	呼吸内科	.T.	急性肺炎
20163001	刘军	女	09/12/78	口腔科	.T.	舌下腺囊肿

1）关系中的基本概念

(1) 关系

一个关系就是一个没有重复行、没有重复列的二维表格。每个关系都有一个关系名。

例如表4-1所示，表patient就是一个关系，“patient”是它们的关系名。

(2) 元组

在一个关系中，二维表中的每一行被称为元组，也称为记录。

例如在表4-1中，“住院号”为20161003的行就是一个元组，在该表中一共有4个元组。

(3) 属性

在一个关系中，二维表中的每一列被称为属性，也称为字段。每个属性都有一个属性名(字段名)和属性值(字段值)。

例如，表4-1中一共有7个属性，其中“住院号”、“姓名”、“性别”等是属性名，而“郑蓬蓬”则是第一个元组(记录)的“姓名”属性的属性值。

(4) 域

在一个关系中，属性的取值范围称为域，即不同元组在同一属性上的取值范围。域的类型及范围由属性的性质和所表示的意义来确定。

例如，在表4-1中，“性别”属性的域范围是“男”和“女”，“婚否”属性的域范围是“.T.”和

“.F.”。同一属性的不同元组的域范围是相同的。

(5) 关键字

关键字是指在关系中能够用来区分某个元组的属性或属性组合。关键字包括主关键字、候选关键字和外部关键字。

主关键字是关系中能够唯一标识一个元组的属性或属性的组合。例如，在表 4-1 中，“住院号”属性就可以作为关键字，因为住院号不允许相同，它可以唯一地标识一个入院患者。而“姓名”、“性别”等属性则不能作为关键字，因为患者中可能存在重名等现象。

凡在关系中能够唯一区分、确定不同元组的属性或属性组合，称为关键字，选出一个作为主关键字，剩下的就是候选关键字。例如在表 4-1 中增加一个“身份证号”字段，如果把住院号设置成主关键字，则身份证号就可以作为候选关键字。

如果表中的一个字段不是本表的主关键字或候选关键字，而是另一个表的主关键字或候选关键字，则这个字段就称作“外部关键字”。

(6) 关系模式

关系模式即对关系的描述。一个关系模式对应一个关系的数据结构，可表示为：关系名(属性名 1，属性名 2，…，属性名 *n*)。例如，在表 4-1 中，关系模式可以表示为：patient(住院号，姓名，性别，出生日期，住院科室，婚否，病情)。

综上所述，一个关系就是一张二维表，由表结构和表记录组成。表的结构对应关系模式，表中的每一列对应关系模式的一个属性，每一列的数据类型及其取值范围就是该属性的域。所以，定义了表也就定义了对应的关系。

在关系中，数据的逻辑结构是一张二维表。该表满足每一列中的分量是类型相同的数据；列的顺序可以是任意的；行的顺序可以是任意的；表中的分量是不可再分割的最小数据项，即表中不允许有子表；表中的任意两行不能完全相同；表中不能出现相同的属性名。

2) 关系中的基本运算

集合运算主要包括并运算、交运算和差运算。

(1) 并(R∪S)

两个相同结构关系的并运算是由属于这两个关系的元组组成的集合。并运算的结果是一个关系，它包括或者在 R 中、或者在 S 中、或者同时在 R 和 S 的所有元组中。

【例 4-1】 关系 R、S 如表 4-2 和表 4-3 所示，求 R∪S。

表 4-2 关系 R

A	B	C
1	a	c
2	b	a
3	c	b

表 4-3 关系 S

A	B	C
4	b	c
2	b	a
3	a	b

R∪S 如表 4-4 所示。

(2) 差(R-S)

设有两个相同结构的关系 R 和 S，差运算的结果是从 R 中去掉 S 中相同的元组。

【例 4-2】 关系 R、S 如表 4-2 和表 4-3 所示，求 R-S。

R-S 如表 4-5 所示。

(3) 交(R∩S)

两个具有相同结构的关系 R 和 S,交运算的结果是 R 和 S 的共同元组。

【例 4-3】 关系 R、S 如表 4-2 和表 4-3 所示,求 R∩S。

R∩S 如表 4-6 所示。

表 4-4　关系 R∪S

A	B	C
1	a	c
2	b	a
3	c	b
4	b	c
3	a	b

表 4-5　关系 R-S

A	B	C
1	a	c
3	c	b

表 4-6　关系 R∩S

A	B	C
2	b	a

关系运算主要包括选择、投影和连接三种基本运算,下面就这三种基本运算做简单介绍。

(1) 选择:从关系中找出满足给定条件的元组的操作。选择运算是从行的角度进行运算,即从水平方向抽取记录。

如从表 4-1 中查找女性患者的记录,解决这个问题可以使用选择运算来完成,结果如表 4-7 所示。

表 4-7　选择运算结果

住院号	姓名	性别	出生日期	住院科室	婚否	病情
20161003	郑蓬蓬	女	03/15/85	骨科	.F.	半月板骨折
20161005	张小丽	女	02/12/68	呼吸内科	.T.	急性肺炎
20163001	刘军	女	09/12/78	口腔科	.T.	舌下腺囊肿

(2) 投影:从关系模式中指定若干个属性组成新的关系。投影运算是从列的角度进行运算,相当于对关系进行垂直分解。投影运算可以得到一个新的关系,其关系模式所包含的属性个数往往比原关系少,或属性的排列顺序不同。

如从表 4-1 中查找各个患者姓名对应的所属住院科室。解决这个问题可以使用投影运算来完成,结果如表 4-8 所示。

表 4-8　投影运算结果

姓名	住院科室
郑蓬蓬	骨科
刘青	呼吸内科
张小丽	呼吸内科
刘军	口腔科

(3) 连接:连接运算将两个关系模式拼接成一个拥有更多属性的关系模式,生成的新关系中包含满足连接条件的元组。连接包括等值连接和自然连接两种形式。等值连接是指在连接运算中,按照字段值对应相等为条件进行的连接操作。自然连接是指去掉重复属性的等值连接。自然连接是最常见的连接运算。

3) 关系中的完整性约束

关系完整性是为保证数据库中数据的正确性和相容性,对关系模型提出的某种约束条件或规则。完整性通常包括实体完整性、域完整性、参照完整性和用户定义完整性,其中实体完整性、域完整性和参照完整性是关系模型必须满足的完整性约束条件。

(1) 实体完整性

实体完整性规则规定基本关系的所有主关键字对应的主属性都不能取空值，例如，在学生选课的关系——选课(学号，课程号，成绩)中，学号和课程号两个属性合成为主关键字，则学号和课程号两个属性都不能为空。因为没有学号的成绩或没有课程号的成绩是不存在的。

对于实体完整性，规则有如下两点：一个基本关系表通常对应一个实体集；现实世界中的实体是可以区分的，它们具有一种唯一性质的标识。

(2) 域完整性

域完整性指字段值域的完整性，如数据类型、格式、值域范围、是否允许空值等。

域完整性限制了某些属性中出现的值，把属性限制在一个有限的集合中。例如，如果属性类型是整数，那么它就不能是 123.5 或者任何其他非整数。

(3) 参照完整性

参照完整性则是相关联的两个表之间的约束。具体地说，就是子表中每条记录的外部关键字的值必须是父表中存在的，因此，如果在两个表之间建立了关联关系，则对一个表进行的操作会影响到另一个表中的记录。

例如，如果在学生表和选修课之间用学号建立关联，学生表是父表，选修课是子表，那么，在向子表中插入一条新记录时，系统要检查新记录的学号是否在父表中已存在，如果存在，则允许执行插入操作，否则拒绝插入，这就是参照完整性。

修改父表中主关键字的值，则子表中相应记录的外部关键字也随之被修改，将此称为级联更新。

4.1.4 数据库系统的特点

根据数据库的基本构成、数据模型和工作原理，与之前的人工管理阶段和文件管理阶段相比，数据库系统有一些自身的特点，也要满足一些必要的要求。

1. 数据库系统具有的特点

(1) 数据库系统一般都会采用特定的数据模型；

(2) 具有较高的数据独立性，包括数据的逻辑独立性和物理独立性；

(3) 数据共享；

(4) 减少数据冗余；

(5) 可以实现统一的数据控制。

2. 数据库系统应满足的基本要求

(1) 能够保证数据的独立性。数据和程序相互独立有利于加快软件开发速度，节省开发费用；

(2) 冗余数据少，数据共享程度高；

(3) 系统的用户接口简单，用户容易掌握，使用方便；

(4) 能够确保系统运行可靠，出现故障时能迅速排除；

(5) 能够防止错误数据的产生，一旦产生也能及时发现；

(6) 有重新组织数据的能力，能改变数据的存储结构或数据存储位置，以适应用户操作特性的变化，改善由于频繁插入、删除操作造成的数据组织零乱和时空性能变差的状况；

(7) 具有可修改性和可扩充性；

(8) 能够充分描述数据间的内在联系。

4.2 数据库系统的发展

数据管理技术是指人们对数据进行的一系列收集、组织、存储、加工、传播和利用等活动。数据无处不在，所以人类对数据处理方法的改进由来已久。从最初的人工管理到文件管理，再到20世纪60年代出现的数据库管理，数据管理的方法共经历了三个主要阶段。而数据库技术在这几十年里也不断地经历着改变。在这一节中将主要讲述这部分的内容，以及数据管理技术将面临的新挑战和应对策略。

4.2.1 数据库系统的发展历程

数据库系统出现以前，在文件管理阶段，各种不同的应用都拥有自己的专有数据，这些数据一般都会被存放在专用文件中，而一个应用中的数据往往会与其他应用中的数据有大量的重复，这就造成了资源与人力的浪费。于是人们就想到将数据集中存储、统一管理，这就是数据库技术的雏形。下面具体地说明数据库系统的发展历程。

1. 萌芽阶段

数据库(DataBase)这一名词首先出现是20世纪60年代，是在美国海军基地研制数据时引用的。1963年，C・W・Bachman设计开发的集成数据存储系统(Integrate Data Store, IDS)开始投入运行，它可以为多个程序共享数据库；1968年，网状数据库系统TOTAL等开始出现；1969年，IBM公司Mc Gee等人开发的层次式数据库系统的IMS系统发表，并实现了多个程序共享数据库；1969年10月，CODASYL数据库研制者提出了网络模型数据库系统规范报告DBTG，使数据库系统开始走向规范化和标准化。

2. 发展阶段

20世纪七八十年代大量商品化的关系数据库系统问世并被广泛地推广使用，既有适应大型计算机系统的，也有适用于中、小型和微型计算机系统的。

1970年，IBM公司San Jose研究所的E・F・Code发表了题为《大型共享数据库的数据关系模型》的论文，开创了数据库的关系方法和关系规范化的理论研究。关系方法由于其理论上的完美和结构上的简单，对数据库技术的发展起了至关重要的作用，成功地奠定了关系数据理论的基石。

1971年，美国数据系统语言协会在正式发表的DBTG报告中提出了三级抽象模式，即对应用程序所需的部分数据结构描述的外模式、对整个系统数据结构描述的概念模式和对数据存储结构描述的内模式，解决了数据独立性的问题。

1974年，IBM公司San Jose研究所成功研制了关系数据库管理系统System R，并且投放到软件市场。

1976年，美籍华人陈平山提出了数据库逻辑设计的实际(体)联系方法。

1978年，新奥尔良发表了DBDWD报告，他把数据库系统的设计过程划分为4个阶段，即需求分析、信息分析与定义、逻辑设计和物理设计。

1980 年，J·D·Ulman 所著的《数据库系统原理》一书正式出版。

1981 年 E·F·Code 获得了计算机科学的最高奖 ACM 图灵奖。

1984 年，David Marer 所著的《关系数据库理论》一书，标志着数据库在理论上的成熟。

3. 成熟阶段

自 20 世纪 80 年代至今，数据库理论和应用进入成熟发展时期，关系数据模型在数据管理中占主导地位。一些大公司，如 Oracle、IBM、Microsoft 和 Sybase 的关系型数据库产品牢牢占据国内外数据库软件市场霸主地位，所拥有的市场份额超过 90%。在下一节中，本书将向读者介绍几款主流的数据库产品。

4.2.2 数据库系统的现状及发展趋势

数据库系统经过几十年的进化、演变历程，现在已经发展成为一门内容丰富、涉猎广泛的学科。尽管原有的数据库管理系统已经较为完善，但是，面对当今大数据的巨大浪潮，以传统的数据管理方式显然是无法实现的。现阶段，大数据必然是数据管理面临的最大挑战。然而，数据管理还有很多其他问题需要解决。

众所周知，关系型数据库已经出现了近 40 年，并且在很长一段时间里一直是数据库领域当之无愧的王者。如今，新型的数据管理方式，包括 NoSQL 以及 NewSQL 两种主要类型，作为后起之秀正在进入越来越多的应用领域。

随着"大数据时代"的到来，在高并发、大数据量、分布式以及实时性的要求下，传统的关系型数据库，因为其数据模型以及预定义的操作模式，在很多情况下不能很好地满足以上需求，所以很多新型的数据库正在挑战传统关系型数据库的主导地位。相信未来随着大数据的发展，新型数据库将会颠覆现行的数据管理模式。

数据库发展初期，数据库技术的进展主要体现在数据库的模型设计上。进入 20 世纪 90 年代，计算机领域中其他新兴技术的发展对数据库技术产生了重大影响，如网络通信技术、人工智能技术、多媒体技术等。数据库技术与其相互渗透、相互结合，使数据库技术出现了很多新内容，数据类型的变化也使得数据量激增。数据库的许多概念、某些原理以及应用领域都发生了重大的发展和变化，形成了数据库领域的很多研究分支和课题，并因此产生了一系列新型数据库。怎样解决海量数据的存储管理以及如何从这些海量数据中挖掘出有价值的信息，已成为目前亟待解决的问题。所以，数据库技术除了核心问题的研究外，市场的需求导致了以下几种数据库的发展及一些研究热点。

1. 分布式数据库

分布式数据库是指利用高速计算机网络将物理上分散的多个数据存储单元连接起来组成一个逻辑上统一的数据库。分布式数据库的基本思想是将原来集中式数据库中的数据分散存储到多个通过网络连接的数据存储结点上，以获取更大的存储容量和更高的并发访问量。近年来，随着数据量的高速增长，分布式数据库技术也得到了快速的发展，传统的关系型数据库开始从集中式模型向分布式架构发展，基于关系型的分布式数据库在保留了传统数据库的数据模型和基本特征下，从集中式存储走向分布式存储，从集中式计算走向分布式计算。

从另一方面来看，在应对如此海量的数据量方面，关系型数据库开始暴露出一些难以克服的缺点，以 NoSQL 为代表的非结构化数据库和半结构化数据库，以其高可扩展性、高并发性等优势得到了快速发展，日渐成为大数据时代下分布式数据库领域的主力。

2. 主动数据库

主动数据库是相对于传统数据库的被动性而言的。许多实际的应用领域，如计算机集成制造系统、管理信息系统、办公室自动化系统中常常希望数据库系统在紧急情况下能根据数据库的当前状态，主动适时地做出反应，执行某些操作，向用户提供有关信息。传统数据库系统是被动的系统，在使用过程中只能被动地按照用户给出的明确请求执行相应的数据库操作，很难做到充分适应这些应用的主动要求，因此在传统数据库基础上，结合人工智能技术和面向对象等技术手段，提出了主动数据库的概念。主动数据库的主要目标是提供对紧急情况及时反应的能力，同时提高数据库管理系统的模块化程度。主动数据库通常采用的方法是在传统数据库系统中嵌入"事件-条件-动作"规则，即在某一事件发生时引发数据库管理系统去检测数据库当前状态，看是否满足设定的条件，当条件满足时，便触发规定动作的执行。

3. 微型数据库

在未来十年中，将有数以亿万计的微型信息设备连接到网络上，每个微型信息设备都可能配置一个体量非常小的数据库，我们称其为微型数据库。微型数据库系统在两个方面与传统数据库不同：一是微型数据库必须具有自调节和自适应能力，这就必须做到全部取消需要用户自行设置的系统参数，使它在没有程序员、毫无干预的情况下，具有自动调节能力；二是随时保持与网络的连接通畅，做到随时可以快速、准确地从网络上获取大量信息。

为了适应越来越复杂的数据管理需求，各种各样数据库技术应运而生。这里有一些将会逐渐发展壮大，成为未来数据管理领域的主流方向，而有一些也可能在未来的发展中被渐渐淘汰或是被其他更新、更有效的数据管理技术所取代。

4.3 主流数据库

目前，主流的数据库仍然以关系型数据库为主，但基于其他数据模型的数据库也占有一定的市场份额，如IBM公司基于层次模型的IMS数据库。本节将为读者介绍几个占据市场份额比较大的主流数据库。

4.3.1 Oracle

Oracle Database，又名Oracle RDBMS，简称Oracle，是甲骨文公司的一款关系数据库管理系统，在几十年里一直处于数据库领域的领先地位。甲骨文公司，全称甲骨文软件系统有限公司，是全球最大的企业级软件公司，总部位于美国加利福尼亚州的红木滩，1989年正式进入中国市场。Oracle数据库系统是目前世界上最重要，也是最为流行的关系数据库管理系统，它集聚了众多领先性于一身，在集群技术、可用性、商业智能、安全性及系统管理等方面都在业界内处于领跑地位，具有可移植性好、使用方便、功能强等特点，适用于各类大型、中型、小型和微型的系统环境。

1. Oracle的特点

1) Oracle具备完整的数据管理功能

(1) 数据的大量性；

(2) 数据保存的持久性;

(3) 数据的共享性;

(4) 数据的可靠性。

2) Oracle 具备分布式处理功能

从版本 5 起,Oracle 数据库开始提供分布式处理能力,当发展到第 7 版时,Oracle 的分布式处理能力就比较完善了。

3) Oracle 能轻松地实现数据仓库的操作

2. Oracle 支持多种平台

支持多种应用平台一直是 Oracle 所追求的。近些年,甲骨文公司进一步加强了对更多操作系统平台的支持度。目前,甲骨文公司的 Oracle 10g/11g/12c 能够支持的操作系统和硬件如下所示:

(1) AppleMac OS X Server: PowerPC;

(2) HPHP-UX: PA-RISC,Itanium;

(3) HPTru64 UNIX: Alpha;

(4) HPOpenVMS: Alpha,Itanium;

(5) IBMAIX5L: IBM POWER;

(6) IBMz/OS: zSeries;

(7) Linux: x86,x86-64,PowerPC,zSeries,Itanium;

(8) MicrosoftWindows: x86,x86-64,Itanium;

(9) SunSolaris: SPARC,x86,x86-64[2]。

3. Oracle 的逻辑结构

它由至少一个表空间和数据库模式对象组成。模式对象包括如表、视图、序列、存储过程、同义词、索引、簇和数据库链等结构。逻辑存储结构包括表空间、段和范围,用于描述怎样使用数据库的物理空间。

总之,逻辑结构由逻辑存储结构(表空间、段、范围、块)和逻辑数据结构(即上面提到的模式对象)组成,而其中的模式对象和关系形成了数据库的关系设计。

Oracle 数据库的逻辑结构如图 4-4 所示。

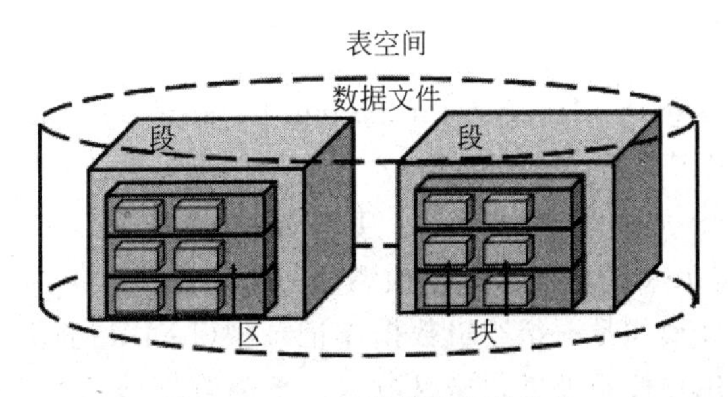

图 4-4 Oracle 数据库逻辑结构

1) 表空间

Oracle 数据库被划分成称作表空间(Table Spaces)的逻辑区域,并以表空间的形式构成 Oracle 数据库的逻辑结构。一个 Oracle 数据库能够有一个或多个表空间,而一个表空间则对应着一个或多个物理的数据库文件。表空间是Oracle数据库恢复的最小单位，容纳着许多如表、视图、索引、聚簇、回退段和临时段等模式对象。

2）段

段(Segment)是表空间中一个指定类型的逻辑存储结构，它由一个或多个范围组成，段将占用并增长存储空间。其中包括数据段(用来存放表数据)，索引段(用来存放表索引)，临时段(用来存放中间结果)，回滚段(用于出现异常时恢复事务)。

3）范围

范围(Extent)是数据库存储空间分配的逻辑单位，一个范围由许多连续的数据块组成，范围是由段依次分配的，分配的第一个范围称为初始范围，以后分配的范围称为增量范围。

4）数据块

数据块(Block)是数据库进行I/O操作的最小单位，它与操作系统的块不是一个概念。Oracle数据库不是以操作系统的块为单位来请求数据，而是以多个Oracle数据库块为单位。

4. Oracle的文件结构

数据库的物理存储结构由多种物理文件组成，主要有控制文件、数据文件、重做日志文件、归档日志文件、参数文件、口令文件、警告文件等。

(1) 控制文件：存储实例、数据文件及日志文件等信息的二进制文件。

(2) 数据文件：存储数据，以.dbf做后缀。一个表空间中有多个数据文件，一个数据文件只属于一个表空间。

(3) 日志文件：记录数据库修改信息。

(4) 参数文件：记录基本参数。

(5) 警告文件：警告文件也被称为警告日志，它是一个特殊的跟踪文件，记录了数据库中DBA级别的管理操作以及实例内部的错误信息。

(6) 跟踪文件：每个服务进程和后台进程在运行过程中都可以将一些特殊的信息写入对应的操作系统文件中，这个操作系统文件称为跟踪文件。每个服务进程和后台进程都具有一个对应的跟踪文件，当进程发现一个内部错误时，它会将相应的错误信息记录在它的跟踪文件中，DBA可以对跟踪文件进行检查，以便找出故障所在。

4.3.2 IMS

IMS数据库(Information Management System Database)是IBM公司开发的两种数据库类型之一，是层次数据库的代表产品。IMS是最早的大型数据库管理系统。IMS的数据定义包括数据库模式定义和外模式定义，其中数据库模式是多个物理数据库记录型(PDBR)的集合，每个PDBR对应层次数据模型的一个层次模式；各个用户所需数据的逻辑结构称为外模式，每个外模式是一组逻辑数据库记录型(LDBR)的集合，LDBR是应用程序所需的局部逻辑结构，用户按照外模式操纵数据。下面分别介绍数据库模式定义和外模式定义。

1. 数据库模式定义

IMS的数据库模式是一组物理数据库记录型(PDBR型)，每个PDBR型是由若干相关联的片段型组成的一棵层次树结构。它的一个根片段值及其后裔片段值构成了该PDBR

型的一个值，即数据库记录或实例。每个PDBR型通过一个DBD语句群定义其逻辑结构及其存储结构映像，IMS数据库模式的定义是一组DBD定义的排列。在DBD定义过程中各片段型出现的次序决定了数据库各片段值的存储次序，从而会影响到某些语句的执行结果。要求这种次序与片段型在PDBR型树的层次顺序(自顶向下、自左向右)保持一致。

2. 外模式定义

外模式是各个用户所需数据的局部逻辑结构，是应用程序的数据视图，一般只涉及数据库的一部分，故需在PDBR型的基础上分别定义。一个数据库模式有若干外模式，允许多个应用程序共享一个外模式，但每个程序只能启动一个外模式。一个外模式是一组逻辑数据库记录型(LDBR型)的集合，记为PSB。一个LDBR型是某个PDBR型的子树，由一个PCB定义。

4.3.3 DB2

DB2是美国IBM公司开发的一套关系型数据库管理系统，它主要的运行环境为UNIX、IBM的AIX、Linux、IBM i(旧称OS/400)、z/OS，以及Windows服务器版本。

DB2主要应用于大型应用系统，具有较好的可伸缩性，可支持从大型机到单用户环境，应用于所有常见的服务器操作系统平台下。DB2提供了高层次的数据利用性、完整性、安全性、可恢复性，以及小规模到大规模应用程序的执行能力，具有与平台无关的基本功能和SQL命令。DB2采用了数据分级技术，能够使大型机数据很方便地下载到LAN数据库服务器，使得客户机/服务器用户和基于LAN的应用程序可以访问大型机数据，并使数据库本地化及远程连接透明化。DB2以拥有一个非常完备的查询优化器而著称，其外部连接改善了查询性能，并支持多任务并行查询。同时，DB2还具有良好的网络支持能力，每个子系统可以连接十几万个分布式用户，可同时激活上千个活动线程，对大型分布式应用系统尤为适用。

DB2不仅拥有支持主流的大规模的OS/390和VM操作系统，以及中等规模的AS/400系统的数据库产品，IBM还提供了跨平台，包括基于UNIX、Linux、HP-UX、SunSolaris、SCOUNIXWare以及用于个人计算机的OS/2操作系统、微软的Windows操作系统等的DB2产品。DB2数据库可以通过使用微软的开放数据库连接(Open Database Connectivity，ODBC)接口、Java数据库连接(Java Database Connectivity，JDBC)接口，或者CORBA接口代理被任何应用程序访问。

本章小结

本章介绍了数据库、数据库系统等相关概念和数据库系统的构成，其间介绍了三种基本数据模型，其中关系模型是这部分的重点，这里着重介绍了关系中的基本概念、基本运算和完整性约束等。本章回顾了数据库技术的发展历程，并前瞻性地远眺了数据库技术的未来。最后，介绍了三种主流数据库(Oracle、IMS和DB2)的特点和基本原理。

【注释】

(1) 双亲结点：也叫父亲结点，相对于当前的结点而言，就是其上层的结点。

(2) 数据相容性：数据相容性指的是表示同一事实的两个数据应相同，否则就不相容或者满足某一约束关系的一组数据不应该发生互斥，否则就不相容。

(3) 时空性能：是指执行程序或数据管理过程中所消耗的时间和空间代价，代价越高，性能越差。

(4) 数据仓库：即 Data Warehouse，是为企业所有级别的决策制定过程，提供所有类型数据支持的战略集合，主要目的是为了研究和解决从数据库中获取信息的问题。

(5) 簇：是数据存储在硬盘上的最小单位。无论文件大小是多少，除非正好是簇所占空间大小的倍数，否则文件所占用的最后一个簇或多或少都会产生一些剩余的空间，且这些空间又不能给其他文件使用，更不允许两个文件或两个以上的文件共用一个簇，不然会造成数据混乱。

(6) CORBA 接口：即 Common Object Request Broker Architecture，是对象管理组织(OMG)为解决分布式处理环境(DCE)中硬件和软件系统的互连而提出的一种解决方案。

第5章 虚拟现实与增强现实技术概论

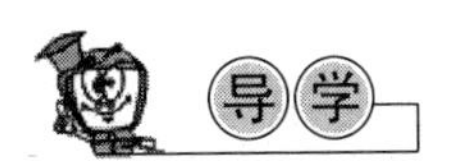

【内容与要求】

本章扼要地介绍了虚拟现实及增强现实的基本概念，并讲述虚拟现实系统、增强现实系统的组成、分类等。虚拟现实及增强现实均综合了多种技术，本章对这两个领域的关键技术进行了简要的讲解。随着这两种技术的不断发展，已经应用到越来越广泛的领域，本章同时阐述了二者的发展展望。

虚拟现实基本概念要求掌握虚拟现实的定义、特性；增强现实基本概念要求掌握增强现实的定义、特征。

理解虚拟现实系统的基本组成要求掌握效果产生器、实景仿真器、应用系统、几何构造系统；增强现实系统要求掌握增强现实系统的结构、流程。

虚拟现实关键技术及增强现实关键技术要求了解二者的关键技术内容。

【重点、难点】

本章的重点是虚拟现实及增强现实的基本概念，虚拟现实系统、增强现实系统的组成及分类。难点是这两个领域的关键技术。

近年来，虚拟现实、增强现实受到了越来越广泛的关注。虚拟现实技术经历了大半个世纪的演进，已开始在军事、教育、医学、娱乐、艺术、社交、生产模拟、工程管理等诸多领域得到了越来越广泛的应用。当前，虚拟现实技术、增强现实技术走出实验室，走入了大众消费，给社会带来了巨大的经济效益。

业内人士认为：20 世纪 80 年代是个人计算机时代，90 年代是网络、多媒体时代，而 21 世纪则是虚拟现实技术、增强现实技术的时代。

5.1 虚拟现实基本概念

虚拟现实(Virtual Reality，VR)技术初现于 20 世纪 60 年代，该技术综合了计算机图形学、传感器技术、多媒体技术、动力学、光学、人工智能、计算机网络技术及社会心理学等研究领域，是多媒体和三维技术发展的更高境界。虚拟现实技术基于可计算信息生成沉浸式交互环境，是一种新型的更自然的人机交互接口。虚拟现实技术以计算机技术为核心，生成仿真的视、听、触觉一体化的虚拟环境(Virtual Environment，VE)，用户借助特定的设备以更自然的方式同虚拟环境中的目标进行交互作用、互相影响，达到产生亲临真实环境的感受和体验的目的。

传统的人与计算机之间的交互方式是使用鼠标、键盘、显示器等工具实现的，而虚拟现实技术是将计算处理的对象统一视为一个计算机生成的虚拟空间或者虚拟环境，并且把操作这个空间的人作为它的一个组成部分(Man in the Loop)。

5.1.1 定义

虚拟现实主要是借助特定的设备实现的，通过设备在人与虚拟环境之间进行信息转换，达到人与环境之间的自然交互与作用的目的。一般而言，虚拟现实的定义分为广义与狭义两种。

1. 广义角度的定义

从广义角度讲，虚拟现实可以看成对想象出的环境的展现或对真实的三维世界的模拟。对某个特定环境仿真再现后，用户接收模拟环境的各方面感官刺激，并对其做出响应，与环境中虚拟的人或事物进行交互，用户便获得身临其境的感觉。

虚拟世界并不要求一定是真实的三维世界(如听觉、视觉等都是三维的)，存在没有三维图形的环境，但该环境模拟了真实三维世界的某些特征，例如网络上的 MUD、聊天室等，也可称为虚拟现实。

2. 狭义角度的定义

从狭义的角度讲，虚拟现实可以看作一种具有交互特征的人机界面，亦可以称为“自然人机交互界面”。在这个环境中，用户看到的是全彩色立体景象，听到的是虚拟环境中的声音，肢体可以感受到虚拟环境反馈给他的作用力，用户从而产生身临其境的感觉。用户以一种自然的方式获得计算机产生的信息(即生成的虚拟世界)，获得与相应的现实世界里同样的感觉。计算机所产生的世界既可以是超越人类所处时空之外的完全虚构的环境，也可以是对现实世界的一种仿真再现，二者皆是由计算机生成的，可以使人获得身临其境感受的虚拟图形界面。

5.1.2 技术特性

虚拟现实是计算机与用户之间的一种更为自然的人机交互界面形式。跟传统计算机与用户的接口相比，虚拟现实技术具有三个重要特征，即沉浸感(Immersion)、交互性(Interaction)、想象力(Imagination)，可以用三个 I 来描述任何虚拟现实系统的特性。其中交互性与沉浸感是决定一个系统是否属于虚拟现实系统的关键特性。VR 技术的“3I”三角形如图 5.1 所示。

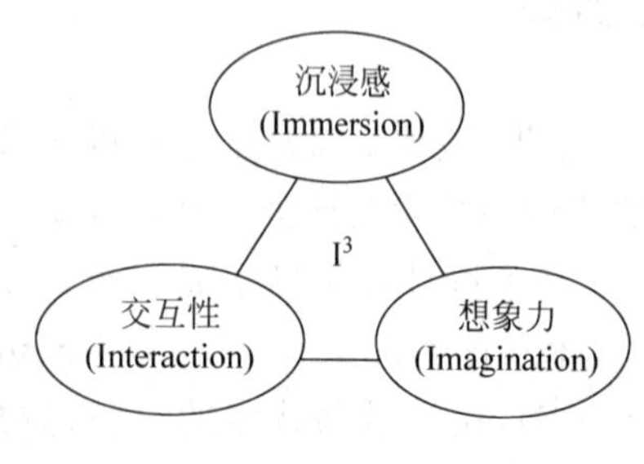

图 5-1 VR 技术的“3I”三角形

1. 沉浸感

沉浸感又称临场感。虚拟现实技术根据人类的听觉、视觉的生理、心理特点，由计算机产生逼真的三维图像，使用者利用头盔显示器、数据手套、数据衣等特定的传感设备，使自己置身于虚拟世界中，成为虚拟世界中的一员。用户与虚拟世界中的各个对象的相互作用，如同在真实世界中的一样。当用户移动头部时，虚拟世界中的图像也实时地发生变化，物体可以随着手势运动而移动，同时可以听到三维仿真声音。用户在虚拟环境中，一切感官都非常逼真，可以获得身临其境的感觉。根据图 5-1 可以看出，沉浸感是虚拟现实最终的实现目标，另外两者是实现这一目标的基础。三者之间的关系为过程与结果。

2. 交互性

虚拟现实技术中的人机交互是一种几乎接近自然的交互方式，用户不但可以利用计算机的键盘、鼠标进行交互，而且能够使用特殊的头盔、数据手套等传感设备实现交互。计算机能够根据用户的头、眼、四肢、语音及身体的运动，来调整系统呈现出的图像及声音。用户通过自身的语言、肢体运动或动作等自然技能，对虚拟环境中的所有对象进行实时观察或操作。

3. 想象力

虚拟现实系统中装备了视、听、动、触觉的传感及反应装置，所以，用户在虚拟环境中可获得视觉、听觉、动觉、触觉等多方面感知，从而获得身临其境的感受。利用虚拟现实技术应该产生广阔的可想象空间，能够拓宽人类的认知范围，不仅要再现真实存在的世界，也能够随意构想现实不存在的甚至是不可能存在的世界。

5.2 虚拟现实系统

5.2.1 虚拟现实系统的构成

虚拟现实系统主要由用户、效果产生装置、实景仿真器、应用系统、几何构造系统等组成，如图 5-2 所示。

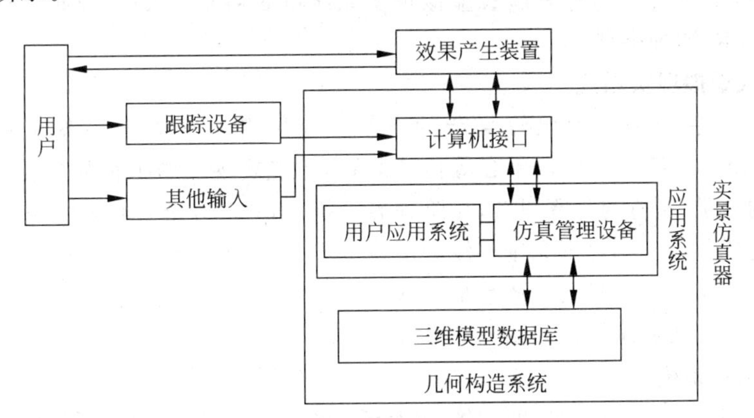

图 5-2 虚拟现实系统基本构成

1. 效果产生装置

效果产生装置是用来实现人与虚拟世界交互的硬件接口设备，包括输出装置及输入装置。输入装置用于测定视线的方向和手指的动作等，是整个系统的输入接口，输入装置将检测到的用户输入信号通过传感器传输给计算机。根据不同的功能及目的，输入装置的类型也有所不同，用以完成多种感觉通道的交互。输出装置用于产生沉浸感，是虚拟现实系统的输出接口，完成对输入的反馈，通过传感器将计算机生产的信息发送到输出设备、传递给用户。

2. 实景仿真器

实景仿真器是虚拟现实系统的核心部分，该部分包含了计算机的软、硬件系统，开发软件的工具及配套的硬件设备(如图形加速卡、声卡等)，用于接收或发出效果产生装置所产生或接收到的信号。

实景仿真器负责读取输入设备中的数据并访问相关的任务数据库，完成实时计算用于执行任务要求，实现更新虚拟世界状态，将实现的结果发送给输出设备。其软件系统是实现虚拟现实应用的关键，提供了工具包及场景图，主要作用包括实现：虚拟世界中对象的物理模型、几何模型、行为模型的生成和管理；三维立体声的建立、三维环境的实时绘制；数据库的建立及管理等。

3. 应用系统

应用系统是针对具体问题的软件系统，用来描述仿真的具体内容，包含仿真的结构、动态逻辑以及仿真对象之间、仿真对象与用户之间的交互关系。虚拟现实系统的应用目的决定了应用系统的内容。

4. 几何构造系统

几何构造系统用以提供描述仿真对象的物理特征信息，如颜色、外形、位置等。这些信息提供给虚拟现实系统中的应用系统，使用和处理这些信息生成虚拟世界。对于不同类型的虚拟现实系统，用来实现几何构造系统的设备是不同的。

5.2.2 虚拟现实系统的分类

根据虚拟现实系统的功能划分，可分为沉浸式虚拟现实系统(Immersive VR)、增强现实系统(Augmented Reality)、桌面式虚拟现实系统(Desktop VR)和分布式虚拟现实系统(Distributed VR)四种类型。

1. 沉浸式虚拟现实系统

沉浸式虚拟系统是一种比较复杂的系统。使用者必须戴上头盔显示器(Helmet-Mounted Displays，HMD)、数据手套等传感装置，才能实现与虚拟世界的交互。这种系统能够将用户的视觉、听觉与外界隔离，排除外界干扰，用户可以全身心地沉浸到虚拟世界中。

该系统的优点在于用户可完全沉浸到虚拟世界中，但由于其存在设备价格昂贵的缺点，难以普及推广。常见的沉浸式 VR 系统有基于头盔式显示器的系统、基于投影显示的系统等。沉浸式虚拟现实系统结构如图 5-3 所示。

2. 增强现实系统

通过虚拟现实技术生成虚拟的物体、环境等，将这些虚拟的信息叠加到实际的场景中，最终使用户获得超越现实的感官体验。其主要特点是能够将真实世界与虚拟世界融为一体，拥有实时的人机交互功能，能够将真实世界与虚拟世界在 3D 空间中配准。

早期的 AR 技术研究中，其重点主要倾向于跟踪、注册及显示，仅仅简单地将虚拟事物叠加在真实场景内，通过显示设备观察虚实效果，没有太多的交互。随着计算机性能的不断提高，显示设备越来越微型化、便携化，仅提供“显示”的增强场景已无法满足用户的需求，这些都促进了多种交互技术在增强现实系统中的应用，如语音识别技术、手势识别技术和人体姿势识别技术等。增强现实系统是在虚拟世界与真实世界之间架起的一座桥梁，其应用潜力非常巨大，如在医疗研究与解剖训练、工程设计、军用飞机导航等领域比其他 VR 系统具

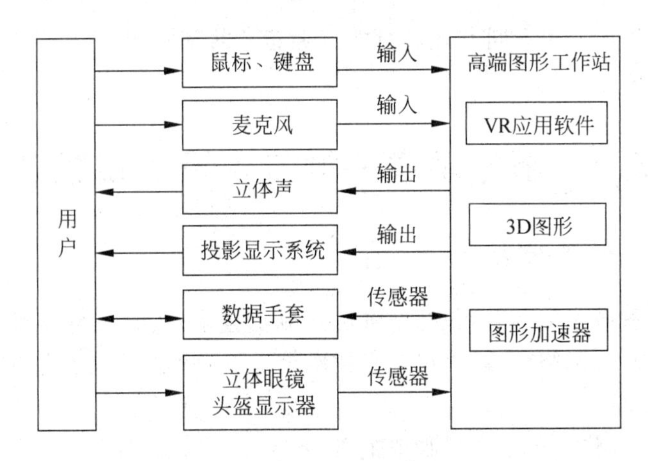

图 5-3　沉浸式虚拟现实系统结构

备更明显的优势。

3. 桌面式虚拟现实系统

桌面式虚拟现实系统是以一套普通的个人计算机为基础的小型 VR 系统。该系统通过个人计算机或者初级图形工作站实现仿真，用户通过计算机的屏幕观察虚拟世界。使用者利用各种输入装置实现与虚拟世界的交互，这些输入装置包括 3D 空间鼠标、位置追踪器、力矩球等。该系统已经具备虚拟现实技术的要求，其特点是结构简单、价格低廉、易于实现，目前应用相对广泛，但是具有缺乏真实的现实体验的缺点。桌面虚拟现实系统结构如图 5-4 所示。

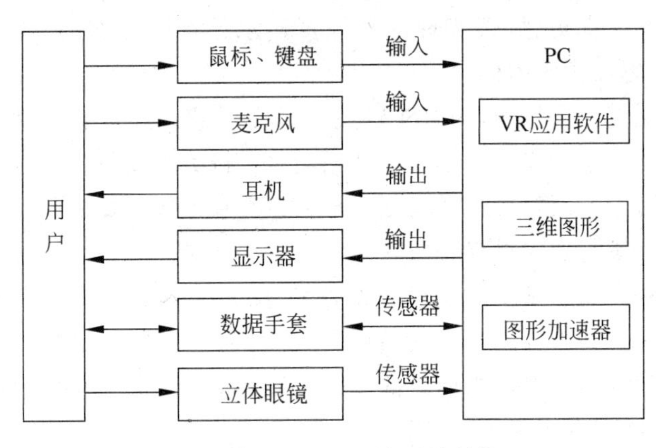

图 5-4　桌面虚拟现实系统结构

4. 分布式虚拟现实系统

分布式虚拟现实系统是一种以网络为依托，供多用户异地同时参与的分布虚拟环境。在该系统中，通过网络的连接，使身处不同地理位置的多个用户或者多处虚拟环境联结起来，也可以多个用户同时观察和操作同一处虚拟环境，达到分享信息协同工作的目的。例如，异地的医生通过网络，可以同时对虚拟手术室中的患者实施外科手术，就是分布式虚拟现实系统的典型应用。

分布式虚拟现实系统由通信和控制设备、图形显示器、处理系统及数据网络四部分组成。其具有的特征包括：支持实时交互，共享时钟；多用户同时共享虚拟工作空间；伪实体的行为真实感；多用户采用不同方式进行相互通信；共享资源，允许用户对虚拟环境中的对象实施操作和观察。

5.3 虚拟现实关键技术及应用领域

5.3.1 虚拟现实关键技术

虚拟现实是多种技术的综合，包括视景仿真显示技术、实时三维建模技术、三维虚拟声音技术、感觉反馈技术、网络传输、人机交互技术等。下面对这些技术分别加以说明。

1. 视景仿真显示

人类看周围的环境时，由于两只眼睛距离4～6cm，会获得略有不同的图像，这些图像在大脑中融合起来就产生了一个关于周围环境的整体景象，该景象中包含了距离远近等信息。这就是基于双目视差的立体显示技术的原理。

在VR系统中，要实现视景的仿真显示，双目视差立体显示技术起到了很大作用。根据上述原理，采用某种技术使用户的两只眼睛看到的不同图像即可。有的系统将图像分别在不同的显示器上显示；有的系统使用一个显示器，但用户戴上特制的眼镜后，一只眼睛只可以看到奇数帧图像，而另一只眼睛只可以看到偶数帧图像，利用奇、偶帧之间的不同形成视差产生立体感。

目前比较有代表性的技术有光栅技术、分色技术、分时技术、分光技术、全息显示技术。

2. 实时三维建模

要获得虚拟世界的真实感，仅实现视景仿真显示是远远不够的，虚拟环境还要实时生成，才能使用户获得更加真实的体验。

“真实感”包括几何真实感、行为真实感及光照真实感。几何真实感是指三维模型与其描述的真实世界中的对象拥有十分相似的几何特征；行为真实感是指建立的虚拟对象对于用户而言在运动控制等方面符合现实特征；光照真实感是指生成的三维模型与光源相互作用产生的亮度和明暗等与真实世界一致。

要获得“实时”的真实感则要对运动对象姿态、位置等信息及时计算并实现三维建模，使建模结果的更新速度达到人眼无法发现闪烁的程度，而且对用户的输入系统能够即刻做出响应并生成相应场景以及事件。当用户的视点改变时，三维建模并显示的速度也必须配合视点改变的速度，否则就会产生延迟现象。

3. 三维虚拟声音

虚拟环绕声（Virtual Surround，也称为Simulated Surround），这种技术被称为非标准环绕声技术。三维虚拟声音与立体声音的区别在于：VR系统中的三维虚拟声音，使用户感觉声音是来自围绕其双耳的一个球形空间中的任何方向，即声音可以来自于用户的上方、后方或者前方；而一般人们熟知的立体声音来自用户面前的某个平面。三维虚拟声音系统在双声道立体声的基础上，把声场信号通过电路处理然后再播出，使用户感觉声音来自多个方向，产生仿真的三维声场。

三维虚拟声音的价值在于仅使用两个音箱即可模拟出三维声场的效果，虽然不能比拟真正的家庭影院，但在最佳的位置上效果还是可以接受的，所以它的缺点就是一般而言对听音位置要求较精准。

实现三维虚拟声音的关键是声音的虚拟化处理，它应用了人耳听音原理的几种效应，如双耳效应、耳廓效应、人耳频滤波效应及头部相关传输函数等。

4. 感觉反馈

在 VR 系统中，用户可以看到某个虚拟的物体，当用户试图去抓住它时，用户的手没有真正接触这个物体的感觉，而且有可能会穿过虚拟物体的"表面"，而这在真实世界中是不可能的。为解决这一问题，通常的做法是在数据手套内层安装一些可以振动的触点来模拟触觉。

在一些虚拟环境中，触觉与力的反馈非常重要。如虚拟医疗手术中，训练者必须能够准确地体验到在手术过程中的触觉与力的反馈信息，才能精准地完成手术过程。在虚拟装配训练中，操作者也必须感知到零部件操作时触觉与力的反馈信息，才可以正确地进行装配。

5. 人机交互

在虚拟现实系统提供的虚拟世界中，用户可以使用眼、耳、皮肤、手势及语音等各种感觉方式直接与计算机进行交互，即为虚拟环境下的人机自然交互技术。当前，在 VR 系统中较为常用的自然交互技术主要包括眼动跟踪、语音技术、手势识别及人脸识别等。

眼动跟踪技术主要是通过使用具有锁定眼睛功能的特殊摄像机，并结合图像处理技术来实现的。其基本原理是通过摄入由人的眼角膜及瞳孔反射出的红外线实现连续地记录视线的变化，从而达到记录、分析视线并追踪的目的。

VR 系统中的语音关键技术是语音识别技术及语音合成技术。语音识别技术是将人类发出的语音信号转换为能够被计算机程序辨别出的文字信息，达到识别说话者的语音指令的目的，这个过程包括参数提取、参考模式的建立和模式识别等。语音识别的方法主要是模式匹配法。语音合成技术，则是通过机械的、电子的方法将任意文字信息实时转换成标准流畅的语音朗读出来。

手势识别技术主要分为基于数据手套的识别及基于视觉的手语识别两种。前者利用数据手套及位置跟踪器捕捉手势信息，对手部动作进行检测与分析。后者通过视觉通道获得信息，通常采用摄像机采集手部动作再进一步识别各种手势。

5.3.2 虚拟现实技术的应用领域

VR 技术的应用范围很广，诸如国防、建筑设计、工业设计、培训、医学领域等，如表 5-1 所示。

表 5-1 VR 应用领域

VR 手术	VR 艺术	VR 电影	VR 家装	VR 数学	VR 游戏
VR 应急演练	VR 医疗	VR 展览	VR 煤矿仿真	VR 旅游	VR 购物
VR 航空航天	VR 广告	VR 建筑设计	VR 新闻	VR 时尚	VR 摄影
VR 图书馆	VR 体育	VR 装配	VR 遗址保护	VR 雕塑	VR 心理治疗
VR 演播室	VR 石油工业	VR 城市规划	VR 社交	VR 博物馆	VR 数控技术数学
VR 美甲	VR 移动导览	VR 生产模拟	VR 应急推演	VR 远程会议	VR 室内设计
VR 工程管理	VR 房地产	VR 服装设计	VR 轨道交通	VR 水电工程	VR 康复训练
VR 手术	VR 军事训练	VR 康复训练	VR 汽车工业	VR 房产展示	VR 文物古迹复原

本节仅就娱乐和艺术、教育、医学领域进行介绍。

1. 娱乐和艺术领域

丰富真实的感觉能力与三维显示环境使 VR 成为理想的视频游戏工具，如图 5-5 所示。在娱乐领域对 VR 的真实感要求不是很高，近些年来 VR 在这方面发展尤为迅猛。美国 Chicago 开发了世界上第一台大型可供多人参与的 VR 娱乐系统，其主题是关于 3025 年的一场未来战争；英国开发的称为 Virtuality 的 VR 游戏系统，配有 HMD，大大增强了真实感；2016 年，Insomniac Games 和 Oculus Studios 工作室合作推出了两款 Oculus Rift VR 头盔显示器专属游戏 Feral Rites 和 The Unspoken，两款游戏的背景都设置在架空的幻想世界。另外在家庭娱乐方面，VR 也显示出了极好的前景。

作为传输显示信息的媒体，VR 在艺术领域方面也具有着不可低估的潜在应用能力。VR 所具有的沉浸感与交互能力可以使静态的艺术（如油画、雕刻等）转化为动态形式展现，使观赏者能更好地欣赏艺术家的思想艺术。2016 年谷歌正式推出了全新的 Chrome（谷歌浏览器）体验 Virtual Art Sessions。它是一组三维的 360°视频，专门用于展示艺术家创作 VR 作品的全过程。

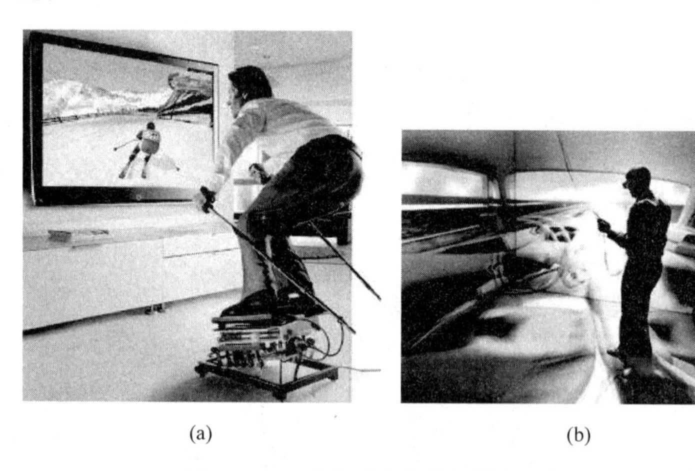

(a) (b)

图 5-5 VR 在娱乐和艺术领域中的应用

2. 教育领域

将 VR 技术应用到教育领域的教学过程，学习者通过自身与虚拟环境交互的过程获得知识和技能。VR 教育的新型学习方式取代了“以教促学”的传统学习方式。VR 系统的沉浸性和交互性，使学生可以全身心地投入到学习环境中去。VR 教育的优势包括打破了时空限制、提升趣味性、增强互动性、降低成本。利用 VR 教育系统，学生可以足不出户完成各种实验，获得与真实世界实验相同的体会，确保教学效果，如图 5-6 所示。当下，许多高校都在积极研究 VR 技术及其应用，并相继建起了 VR 与系统仿真实验室。北京交通大学 CAVE 虚拟仿真实验室研发的“公路虚拟仿真驾驶系统”是一种基于投影的 VR 系统，当操作者在 CAVE 中启动汽车后，操纵着悬挂起的福克斯汽车，处于不同位置的各个传感器便在与虚拟环境进行交互。

3. 医学领域

VR 技术和现代医学飞速发展以及两者的融合使得虚拟现实技术对生物医学领域的影响越来越重大，其应用范围包括建立合成药物的分子结构模型等各种医学模拟、进行解剖和

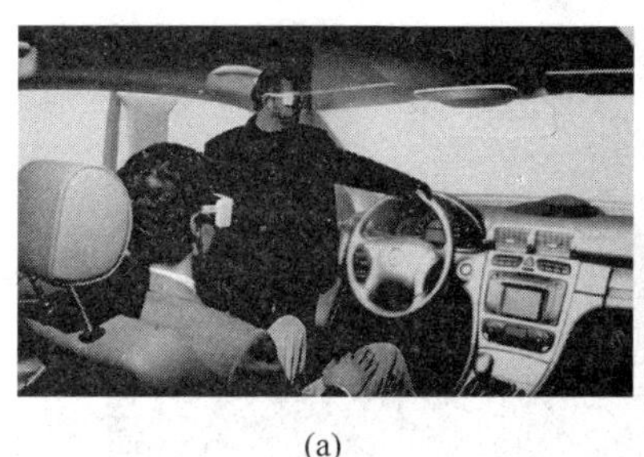
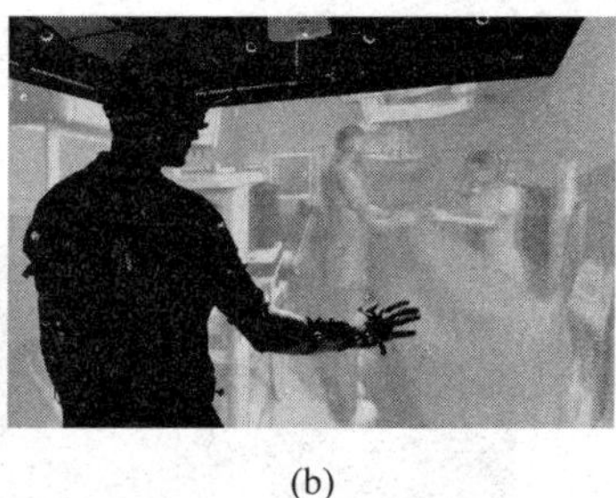

(a)　　(b)

图 5-6　教育方面的虚拟现实

外科手术训练等，如图 5-7 所示。VR 医疗在基础技术商业化的过程中，将主要集中在以下 4 个应用领域。

（1）外科手术，包括微控手术、人体手术导航、机器人辅助手术等。

（2）医学数据可视化，包括图像融合处理、二维/三维/四维图像重建、术前规划、数据分析软件工具等。

（3）教育和培训，包括虚拟手术仿真系统、模拟患者医疗程序及其他模拟器等。

（4）康复和治疗，包括行为治疗、肢体康复、运动技能、心理治疗等。

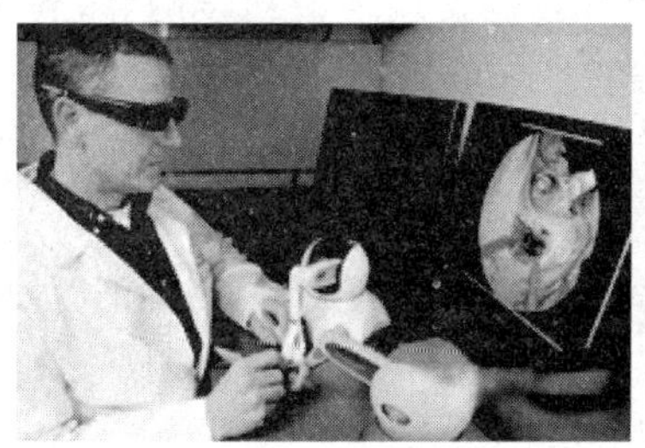

图 5-7　VR 在医学领域中的应用

5.4　虚拟现实的现状及发展

5.4.1　虚拟现实系统研究现状

VR 技术领域是几乎所有发达国家都在大力研究的前沿领域，它的发展速度非常迅速，其主要研究方向包括 VR 技术与 VR 应用。

国外相比于国内起步较早，美国早已经对虚拟现实展开了全面的研究，其研究范围涵盖了概念总结、关键技术研究、虚拟现实系统的实现方法与应用等众多方面。谷歌公司正在虚拟现实领域缓慢地扩大触角，该公司已经开发了 VR 绘画应用 Tilt Brush（如图 5-8 所示是格兰·基恩在使用 Tilt Brush 作图）、被一些业内人士称为 HTV Vive（一款头戴式显示设备）的“杀手级应用”。该公司的 YouTube 还支持 360°的 3D“虚拟现实视频”。

德国一方面将虚拟现实技术应用到传统产业的改造上面，包括产品设计、降低新产品开发的风险及成本。另一方面用于虚拟培训，培训操作人员对新设备进行操作，可以在短时间内提高操作人员的操作水平，同时又保证了操作安全。德国的 Rostock、Stuttgart 大学建立

图 5-8　格兰·基恩使用 Tilt Brush 作图

了 VR 仿真系统，该系统提供了城市的道路、基础设施等相关信息的查询、分析及显示功能。英国天空电视台早在 2013 年就通过投资美国虚拟现实影视公司而涉入了虚拟现实领域，于 2015 年发布了首部 360°视频报道。

我国 VR 技术研究起步于 20 世纪 90 年代初，相对起步较晚，技术上存在一定的差距。但我国政府有关部门和科学家们对此高度重视，现已根据我国国情，制定了开展 VR 技术研究的计划。北京航空航天大学开发的分布式虚拟环境，可以提供实时 3D 动态数据库、虚拟现实应用系统及虚拟现实演示环境的开发平台等。据艾瑞咨询初步测算，到 2020 年，我国的 VR 设备出货量将达到 820 万台，用户量将超过 2500 万人。

5.4.2　虚拟现实技术的发展趋势

纵观 VR 的发展历程，未来 VR 技术的研究仍将遵循“低成本、高性能”的原则，从软、硬件两方面展开，发展方向主要包括以下几方面。

1. 动态环境建模技术

虚拟环境的建立是 VR 技术的核心内容，动态环境建模技术的主要目的是获取实际环境的三维信息，并根据需要重建相应的虚拟环境模型。

2. 实时三维图形生成和显示技术

三维图形生成技术已经相对成熟，而重点是如何“实时生成”，在不降低图形的质量和复杂程度的前提下，如何提高刷新频率将是今后主要的研究方向。另外，VR 还依赖于立体显示和传感器技术的发展，现有的虚拟设备还不能完全满足系统的需求，势必要开发新的三维图形生成和显示技术。

3. 新型交互设备的研制

虚拟现实技术实现人能够以自然的方式与虚拟世界的对象进行交互，犹如身临其境。目前，借助的输入输出设备主要包括头盔显示器、数据衣、数据手套、三维位置传感器和三维声音产生器等。因此，新型、更低廉、鲁棒性优良的输入输出设备将成为未来研究的重要方向。

4. 智能化语音虚拟现实建模

虚拟现实中建模是一个比较烦琐的过程，会耗费大量的时间和精力。若将 VR 技术与人工智能技术、语音识别技术结合起来，就可以很好地解决这个问题。将模型的属性、特点采用语音描述，通过语音识别技术转换成建模所需信息，然后使用计算机的图形处理技术及人工智能技术进行设计，将模型创建出来，并将各种基本模型静态或动态地连接起来，形成最终的系统模型。

5. 分布式虚拟现实技术

分布式虚拟现实是今后虚拟现实技术发展的一个重要方向。近年来，随着 Internet 应用的普及，一些面向 Internet 的分布式虚拟环境(Distributed Virtual Environment，DVE)应用实现了位于世界各地多个用户的协同作业。将分散的虚拟现实系统或仿真器通过网络连接起来，采用一致的标准、结构、协议和数据库，构成一个在时间和空间上紧密配合、互相影响的虚拟合成环境，参与者可自由地进行交互作用。

6. "屏幕"时代的终结

当前几乎所有的 VR 企业都在致力于消除显示器和屏幕的使用。如果成为可能，头戴式现实装备将使得人们在任何地方都能够看到一个虚拟的"电视"。如此，再也不必随身携带笨重的显示设备了。

5.5 增强现实基本概念

5.5.1 定义

增强现实(Augmented Reality，AR)是一种实时地计算摄影机影像的位置及角度并附加上相应图像的技术，这种技术的目标是把虚拟世界与真实世界结合并进行交互。通俗地讲，增强现实就是把计算机产生的虚拟信息实时准确地叠加到真实世界中，将真实世界与虚拟对象结合起来，构造出一种虚实结合的虚拟空间。

增强现实是在虚拟现实基础上发展起来的一个分支，也是一个新兴的研究热点。它把本来在真实世界的一定时间、空间范围内难以体验到的信息(如视觉信息、声音、触觉、味道等)，通过专业技术仿真模拟后，再叠加到真实世界被人类感觉器官所感知，从而得到超越现实的感官体验。

5.5.2 增强现实的特征

增强现实可作为真实世界和虚拟世界联通的纽带，它增强虚拟世界真实感的同时又补充了真实世界的信息。根据增强现实的定义，可以总结出它的三个突出的特征。

1. 虚实融合

增强现实技术能够把计算机产生的虚拟场景与用户所处的真实世界进行融合，给用户提供一种复合的感官冲击。在真实环境里融入虚拟元素，达到对现实的增强，使用户感受到虚拟和现实融合带来的不同体验。增强现实介乎于彻底的虚拟和彻底的真实之间，是一种混合现实，如图 5-9 所示。

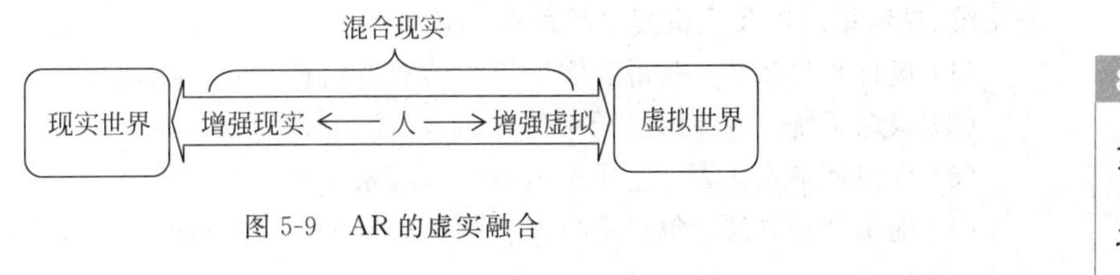

图 5-9 AR 的虚实融合

2. 实时交互性

通过计算机控制使增强现实里的虚拟对象与真实场景实时融合互动，随着真实场景的物理属性变化而产生变化，增强的信息不是独立于环境的，而是与用户当前的状态融为一体。另一方面，增强现实中的虚拟对象与用户也是实时互动的，无论用户身处何地，增强现实都能够迅速识别真实世界中的事物，并在设备中进行合成，通过传感技术将相应的信息传输给用户，如图 5-10 所示。

(a)

(b)

图 5-10　AR 的实时交互

3. 三维注册

三维注册指计算观察者的视点方位进而把虚拟对象合理地叠加到真实环境中，确保用户可以得到精确的增强信息。增强现实里的虚拟对象均是三维元素，用户控制计算机使其跟真实环境融合，从而多角度体验。虚拟三维对象与真实三维空间要合理对准，以保证用户感觉器官认知的正确性。

这要求用户在真实环境中的运动过程中要保持正确的虚实定位关系，较大的注册误差不但不能使用户从感官上获得虚拟物体在真实环境中的存在性和一体性，更加会改变用户对其周围环境的感觉最终导致完全错误的行为。

5.6　增强现实系统

增强现实系统可分为两类：移动型及固定型。移动型 AR 系统使用户可以在大多数环境中使用增强现实并可随意走动；固定型 AR 系统不能移动，只限于在系统构建位置处使用。

5.6.1　增强现实系统的结构

增强现实系统包括软件系统和硬件平台。软件系统中包含目标识别算法、跟踪注册算法和三维图形渲染等。硬件平台中包含显示系统、处理器系统、交互系统、传感器系统和网络系统。

增强现实系统的典型构成通常包括场景收集系统、跟踪系统、虚拟环境发生器、虚实合并系统、显示系统以及人机交互界面等。各子系统主要负责的内容如下。

(1) 场景收集系统：获得真实世界中的数据信息，如图像、视频等；

(2) 跟踪系统：追踪用户的头部方向、位置，视线的方向等；

(3) 虚拟环境发生器：生成虚拟的图形对象加入环境中；

(4) 虚实合并系统：包含定位设备和算法，使虚拟场景跟真实场景对准。

5.6.2 增强现实系统流程

通常一个增强现实系统的工作流程需要经过4个基本步骤，如图5-11所示。

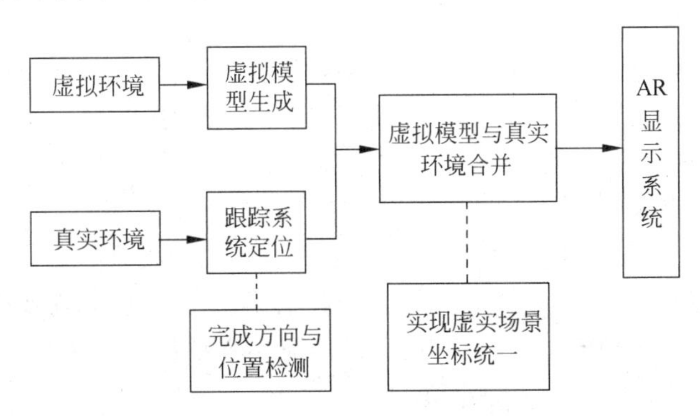

图5-11 增强现实系统流程

（1）获得真实世界中的数据信息；
（2）分析真实环境及场景位置信息进行比对分析；
（3）制作与生成要增加的虚拟景物；
（4）虚拟信息在真实环境中显示。

5.7 增强现实关键技术及应用领域

5.7.1 增强现实关键技术

1. 显示技术

增强现实系统要解决的最基本问题是完成虚拟对象和真实环境的融合，这需要借助高效率的显示技术及显示设备来完成。时下的增强现实显示技术分为如下几类：头盔显示、手持显示、视频空间显示及空间增强显示。目前，头盔显示技术应用相对广泛。

1）头盔显示器

头盔显示器(Head-Mounted Displays，HMD)采用透视式，真实环境的光线透明通过显示屏幕，计算机生成的对象由光学系统引导至屏幕显示，达到将计算机输出的图像与真实环境融合在一起的目的，如图5-12所示。

图5-12 头盔显示器示例

2）手持显示器

手持式显示设备的优点是便于携带、移动自由度高等。应用手持显示器时不需要附加的设备及应用程序，目前被社会广泛接受，常用于广告、教育等领域。

3）投影式显示器

投影式显示技术采用将计算机生成的虚拟对象投影到真实场景中的方式实现增强。这类增强现实系统可借助投影仪等设备实现虚实融合，也可利用图像折射原理，使用具有某些特点的光学设备实现虚实融合。

2. 跟踪和定位技术

增强现实系统中要获得正确的感官认知，必须将虚拟对象合并到真实场景中准确的位置，这一过程称为配准（Registration）。所以，AR 必须具有实时检测观察者在场景中的方向、位置、头部的角度、运动的方向等功能，这样才能决定如何显示虚拟对象、显示何种虚拟对象。图 5-13 示出了虚实结合中的定位。

图 5-13　虚实结合中的定位

3. 界面和可视化

AR 系统最终要将虚实结合环境呈现给观察者，要有效地在 AR 显示器上输出信息并且使用户能够与 AR 系统完成交互。目前，AR 交互手段有两个研究趋势：第一，利用不同的设备，获得各自的优点；第二，利用切实可行的界面，达到虚拟对象与真实环境成为一个整体的效果。

5.7.2　增强现实技术的应用领域

增强现实技术的应用领域已经越来越广泛，例如工业、军事、教育、商业等，本节仅简要介绍其在医疗、教育、娱乐领域的应用。

1. 医疗领域

将增强现实技术应用到医疗领域，医生可以在术前进行可视化辅助操作和训练。在手术过程中，医生可以实时地搜集患者的三维信息，并实时地呈现出相应的图像，例如“X 射线版本”的患者（如图 5-14 所示），这些都有助于提高手术的成功率。利用增强现实技术还可以使医生只利用很小的手术切口，甚至不需要切口，就能够清晰、全面地看到患者的“解剖视图”，这样就能够减轻患者的痛苦，同时也能够降低术后并发症的发生概率。

2. 教育文化领域

增强现实技术可以应用于实验技能培训，例如在头盔显示器上叠加显示与实验操作相

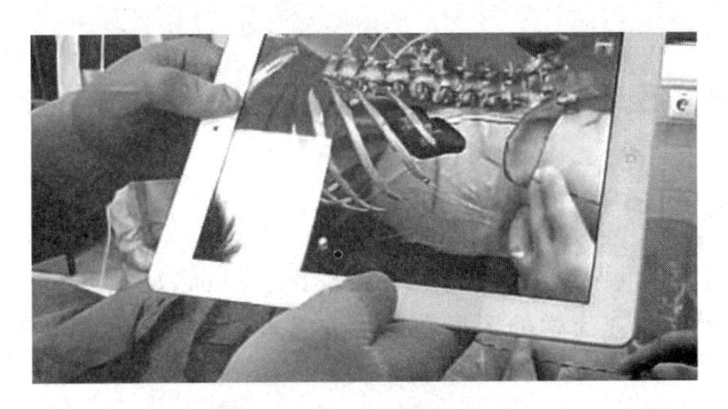

图 5-14　增强现实辅助医疗手术过程

关的说明，帮助学生在指导下逐渐地掌握知识技能。

使用增强现实技术制作的书籍，可以方便地显示抽象的事物，令读者能够迅速地理解书籍内容。北京市科委资助的“立体地理教科书”项目(如图 5-15 所示)，就应用了增强现实技术使地理书中的内容“活”起来。

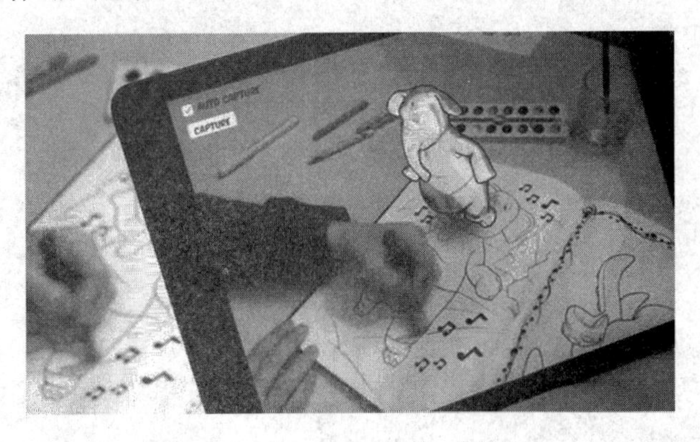

图 5-15　增强现实在图书上的应用

3. 娱乐领域

增强现实系统目前已经广泛地应用到了各种娱乐活动中。虚拟演播技术就是增强现实技术在传统视频分析技术的基础上发展的结果。

2012 年开始增强现实被搬到我国春晚舞台上，它使得节目观赏性更强、画面更加丰富多彩，同时也能节约了成本，比较丰富的画面通过虚拟对象便能实现，减少了很多实物制作的成本，如图 5-16 所示。

图 5-16　2013 春晚《嫦娥》中 AR 技术实现的琼楼玉宇

5.8 增强现实的现状及发展

5.8.1 增强现实的国内外发展现状

增强现实技术于20世纪90年代初最早被提出。目前,比较知名的国外研究机构有德国的Arvika组织、哥伦比亚大学的图形和用户交互实验室、麻省理工学院的图像导航外科手术室等。

波音公司开发的用于运输机制造的AR系统,在要加工的工件上显示出与完成后的工件相同的虚拟模板,操作者根据这个虚拟模板提供的精确数据进行仿造加工,这样大大降低了加工难度。美国大学校园的增强现实技术已经应用到教学科研活动、图书馆信息管理以及学生生活管理等诸多方面,如图5-17所示。

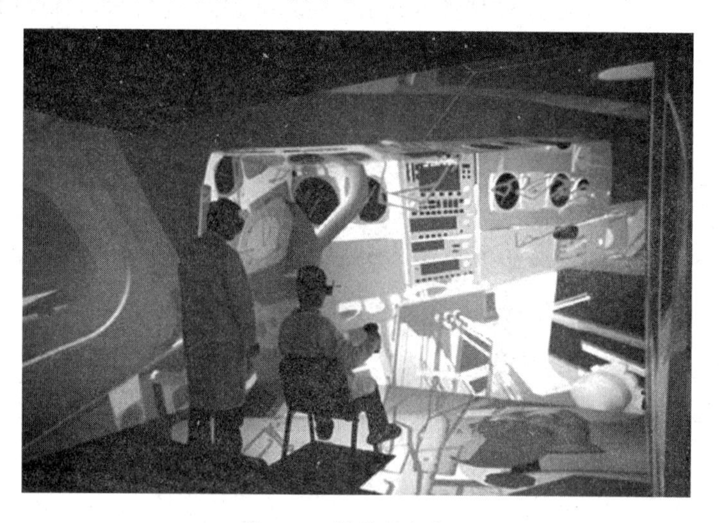

图5-17 增强现实应用

我国在增强现实技术领域研究起步相对较晚,目前主要是高校的科研单位进行研究。例如,北京理工大学自主研制了视频、光学穿透式两类头盔显示器,利用增强现实技术重建圆明园的实验也取得了进展,上海大学快速制造工程中心与浙江大学合作开发了增强现实场景光源的实时检测和真实感绘制框架。

5.8.2 增强现实系统研究现状

近20年来增强现实技术取得了很大的发展,但仍存在许多技术方面的难题。

1. AR技术将成为展览展示的趋势

2012年10月,广东科学中心推出的"重回侏罗纪"互动展览项目吸引了众多体验者。体验者一踏进体验区,立刻就能与逼真的恐龙互动,如触摸恐龙、喂食恐龙、与恐龙合影等。通过增强现实技术,将虚拟和现实相结合的场景带给体验者,感受现代互动科技的魅力,必将成为展示展览的趋势。

2. AR技术将成为市场营销的卖点

可口可乐和人人网联手打造的"可口可乐:那些年,我们的同学会"市场活动中,人人网首次以 AR 互动技术亮相广告节。参与者踏入体验区，立刻出现了球友和乐队，令参与者倍感惊喜、迅速融入。

越来越多的 IT 公司发布新产品时都采用了 AR 技术，如惠普 2012 年发布 HP Proliant Generation 8 服务器时，就设计了基于增强现实的产品发布会。会上现实与虚拟 3D 完美结合，全面清晰地演示了对惠普服务器的推广，令每位观众印象深刻。

3. 的车载系统结合 AR 技术

奔驰公司正在研发应用 AR 技术的新型车载导航系统，驾驶员在驾驶车辆时，汽车仪表盘上的触摸屏将生动立体地显示汽车周围环境。图像信息将实时地显示到屏幕上，驾驶员能够从屏幕中获得行驶方向、街道名称等信息。它不但能协助驾驶员抵达目的地，同时也使驾驶员获得了驾驶乐趣。

4. AR 使娱乐拉近现实

谷歌公司已发布一款基于地理位置信息的"增强现实"游戏——Ingress。该游戏以 Google 地图的数据为基础，利用手机内的 GPS 系统确定玩家位置，玩家只要接近这些据点，进行入侵、攻击及防守等动作。目前越来越多的游戏公司正在积极开发增强现实游戏。

5. AR 将成为医生的"助手"

2013 年中国国际工业博览会上，复旦大学数字医学研究中心展出他们的最新研发成果——增强现实神经导航系统。当 iPad 在患者身体不同部位移动时，屏幕上呈现出相应的图像，并最终锁定患者体内肿瘤的具体位置，引导医生实现对肿瘤的"精确手术"。

6. AR 使图书更加立体生动

增强现实技术改变了人们传统的阅读方式，结合虚拟场景、三维模型等与真实世界创建的儿童读物，为孩子们带来身临其境的体验，增强现实技术无疑为图书作者创建了增强效果的艺术呈现界面，并赋予了参与者一种额外的体验过程。

本章小结

虚拟现实、增强现实目前已经成为计算机以及相关领域研究、开发和应用的焦点。本章扼要地介绍了虚拟现实及增强现实的基本概念，并讲述虚拟现实系统、增强现实系统的组成、分类等。虚拟现实及增强现实均综合了多种技术，本章对这两个领域的关键技术进行了简要的讲解。随着这两种技术的不断发展，已经被应用到越来越广泛的领域，本章同时阐述了二者的发展展望。

【注释】

(1) 反馈：又称回馈，是现代科学技术的基本概念之一。一般来讲，控制论中的反馈概念，是指将系统的输出返回到输入端并以某种方式改变输入，进而影响系统功能的过程，即将输出量通过恰当的检测装置返回到输入端并与输入量进行比较的过程。反馈可分为负反馈和正反馈。在其他学科领域，反馈一词也被赋予了其他的含义，例如传播学中的反馈、无线电工程技术中的反馈等。

(2) 图形界面：将信息以图标和菜单等图形化而非文本的方式进行显示，易于理解和使用，即屏幕产品的视觉体验和互动操作部分。

(3) 绘制：一般与图形密切相关，意为将组成虚拟世界的三维几何模型转换成向用户展示的二维场景的过程。

(4) 实时绘制：指利用计算机为用户提供一个能从任意方向任意视点实时观察三维场景的手段。

(5) 传感装置：是一种检测装置，能感受到被测量的信息，并能将感受到的信息，按一定规律变换成为电信号或其他所需形式的信息输出，以满足信息的传输、处理、存储、显示、记录和控制等要求。

(6) 数据可视化：是关于数据视觉表现形式的科学技术研究。其中，这种数据的视觉表现形式被定义为一种以某种概要形式抽取出来的信息，包括相应信息单位的各种属性和变量。

(7) 图像融合：(Image Fusion)是指将多源信道所采集到的关于同一目标的图像数据经过图像处理和计算机技术等，最大限度地提取各自信道中的有利信息，最后综合成高质量的图像，以提高图像信息的利用率、改善计算机解译精度和可靠性、提升原始图像的空间分辨率和光谱分辨率，利于监测。

(8) 渲染：英文为 Render，也有人把它称为着色，但一般把 Shade 称为着色，把 Render 称为渲染。因为 Render 和 Shade 这两个词在三维软件中是截然不同的两个概念，虽然它们的功能很相似，但却有所不同。Shade 是一种显示方案，一般出现在三维软件的主要窗口中，和三维模型的线框图一样起到辅助观察模型的作用。

(9) 线框图：是整合在框架层的全部三种要素的方法，即通过安排和选择界面元素来整合界面设计、通过识别和定义核心导航系统来整合导航设计、通过放置和排列信息组成部分的优先级来整合信息设计。通过把这三者放到一个文档中，线框图可以确定一个建立在基本概念结构上的架构，同时指出了视觉设计应该前进的方向。

(10) 图形加速卡：图形加速卡＝视频控制器＋显存＋显示处理器。显卡刚刚出现的时候就被称为“图形加速卡”，因为一开始计算机的图形运算，还有数据运算都是交给 CPU 来完成的，再由主板自带数模转换器表现出来，后来出现了独立显卡，将一部分 CPU 处理计算机图形的任务接了过来，大幅度提升了计算机图形运算效率和速度，在当时就被称为图形加速卡，后来被俗称为显卡。

(11) 实时交互：是指立刻得到反馈信息的交互. 延时交互则需要经过一段时间才能得到反馈信息。

(12) 虚拟人体：是指将人体结构数字化，通过计算机技术和图像处理技术，在计算机屏幕上出现一个看似真实的模拟人体，再进一步将人体功能性的研究成果加以数字化，由信息科学家将其转变为计算机的语言符号，赋加到这个人体形态框架上。

(13) 虚拟手术：是由医学图像数据出发，应用计算机图形学重构出虚拟人体软组织模型，模拟出虚拟的医学环境，并利用触觉交互设备与之进行交互的手术系统。

(14) YouTube：世界上最大的视频网站，早期公司总部位于加利福尼亚州的圣布鲁诺。

(15) 格兰·基恩：《美女和野兽》、《小美人鱼》以及《阿拉丁》等动画片的动画师。

(16) 鲁棒性：健壮和强壮的意思，它是在异常和危险情况下系统生存的关键。

(17) 视频分析技术：就是使用计算机图像视觉分析技术，通过将场景中的背景和目标分离进而分析并追踪在摄像机场景内的目标。用户可以根据分析模块，通过在不同摄像机的场景中预设不同的非法规则，一旦目标在场景中出现了违反预定义规则的行为，系统会自动发出告警信息，监控指挥平台会自动弹出报警信息并发出警示音，并触发联动相关的设备，用户可以通过单击报警信息，实现报警的场景重组并采取相关预防措施。

第6章 大数据概论

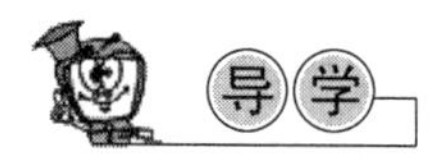

【内容与要求】

本章主要介绍了大数据的基本概念、发展概况和关键技术,并介绍了大数据处理的典型工具及数据可视化的相关知识。目的是帮助读者建立对大数据技术的整体理解,为今后进一步学习打下基础。

大数据技术概述:了解大数据的基本概念、发展趋势,掌握大数据时代的数据格式特征,了解大数据基本技术架构,掌握大数据与传统数据的区别。

大数据的关键技术:了解大数据的关键技术及其应用。

大数据分析处理的典型工具:了解 Hadoop 及 Spark。

数据可视化:了解数据可视化的概念、表达方式及其常用工具。

【重点、难点】

本章的重点是大数据基本概念、大数据的关键技术、数据可视化的理解。难点是对大数据分析处理工具的理解。

“大数据”是指其数据量已经大到无法用传统的工具进行采集、存储、管理、分析和应用的数据。仅在 2011 年,全球产生的数据量就达到 1ZB,专家预测未来十年全球数据存储量将增长 50 倍。将这些数据利用起来,不仅仅在数据科学与技术方向,包括在商业模式、产业格局、生态价值与教育等层面,都将带来全新的理念和思维方式。通过各行业的不断创新与发展,大数据必将为人类创造更多的价值。

6.1 大数据概述

大数据这一概念不仅描述数据量以及数据规模庞大,也包括对数据的处理和应用,可以理解为数据对象、技术与应用三者的统一。其来源非常广泛,物联网、云计算、移动互联网、手机、平板电脑、PC 以及遍布地球各个角落的各种各样的传感器,都是数据来源或者承载的方式,如图 6-1 所示。

6.1.1 大数据的基本概念

大数据,或称巨量资料,指的是所涉及的数据规模巨大,数据种类繁多到无法通过目前主流软件和硬件工具,在合理时间内达到撷取、管理、处理,并整理成为帮助企业经营决策的

图 6-1　大数据时代

有力技术支撑。

从技术层面上看,海量数据在计算过程中有大量数据进行相同的分类、解析、学习、归纳的过程,无法用单台的计算机进行处理,而必须采用分布式计算架构。它的特色在于对海量数据的挖掘必须依托一些现有的数据处理方法,如云计算的分布式处理、分布式数据库、云存储或虚拟技术等。

6.1.2　大数据的发展趋势

回顾过去的50多年,IT产业经历了几轮新兴和重叠的技术浪潮,如图6-2所示。技术的表格改变了现行秩序,重新定义了信息产业的规范,并为进入新纪元铺平了道路。计算机浪潮冲刷了IT产业,始于20世纪60、70年代的大型机浪潮,发展成80年代的小型机,进入90年代,微处理器和个人计算机开始普及。如今,大数据时代全球在线的人数已经超过了10亿。

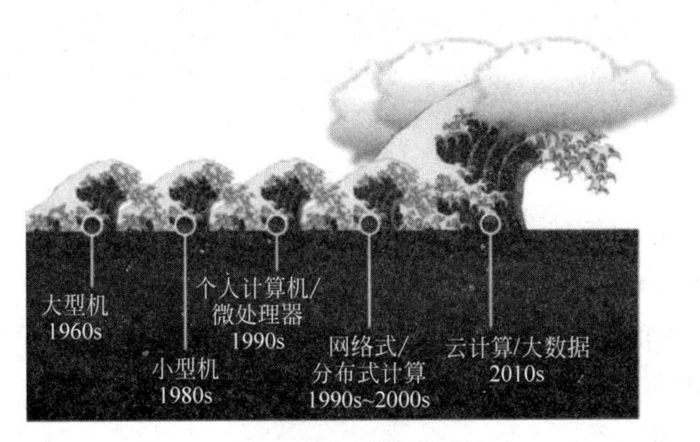

图 6-2　IT科技浪潮

数字信息每天在无线电波、电话电路和计算机电缆中川流不息,我们周围充满着数字信息。高清电视机上看到的数字信息,互联网上获取的数字信息,同时也在不断制造新的数字信息。每次用数码相机拍照后,都产生了新的数字信息,通过电子邮件把照片发给朋友和家人,又制造了更多的数字信息,如图6-3所示。

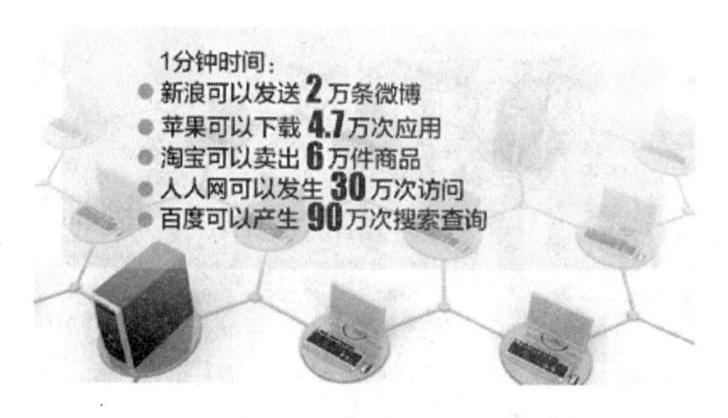

图 6-3　各行各业每天制造大量数据

IDC(美国网络数据中心)的数字世界白皮书显示，大数据快速增长的部分原因归功于智能设备的普及，个人日常生活的“数字足迹”大大刺激了数字宇宙的快速增长。通过互联网及社交网络、电子邮件、移动电话、数码相机和在线信用卡交易等多种方式，每个人的日常生活都在被数字化。数字世界的规模在 2006 年—2011 年这 5 年间增长了 10 倍，如图 6-4 所示。

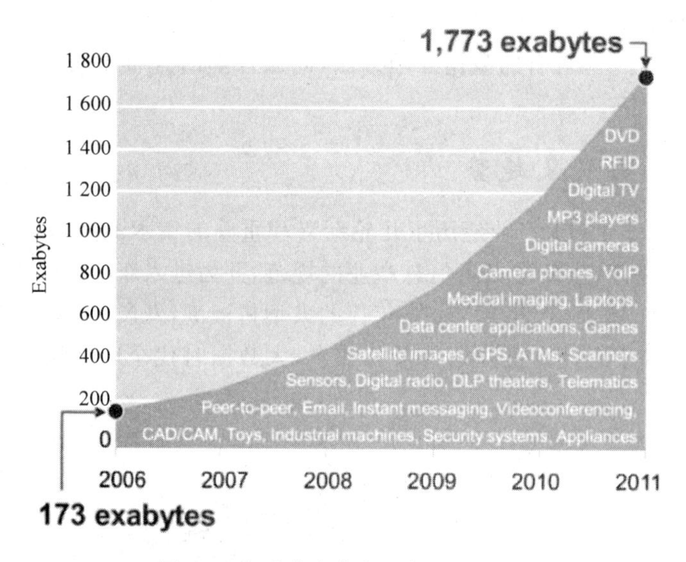

图 6-4　全球数字信息 5 年增长 10 倍

大数据时代已悄然来到我们身边，并渗透到我们每个人的日常生活中。大数据是互联网的产物，即互联网是大数据的载体和平台，同时大数据让互联网生机无限。随着互联网技术的蓬勃发展，我们必将迎来大数据的智能时代，它不再仅是人们津津乐道的一种时尚，也将成为我们生活上的向导和助手，如图 6-5 所示。

6.1.3　大数据时代的数据格式特征

从 IT 的角度来看，大数据时代的数据格式特性包括 3 种数据结构类型。

(1) 结构化：这种信息可以在关系数据库中找到，通常是关键任务 OLTP(联机事务处理系统)业务所依赖的信息，另外，还可对结构数据库信息进行排序和查询。

(2) 半结构化：要包括电子邮件、文字处理文件以及大量保存和发布在网络上的信息。

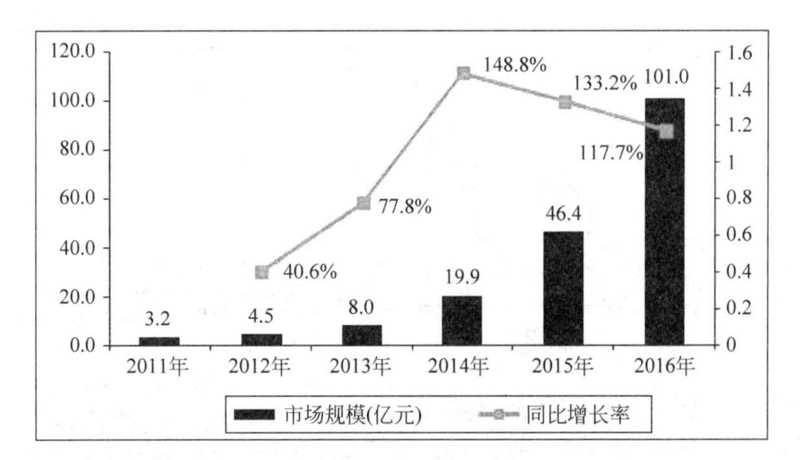

图 6-5　中国大数据市场应用与展望

半结构化信息以内容为基础，可以用于搜索，这也是谷歌、百度等存在的理由。

(3) 非结构化：是一种更易于人们感知和交互的结构，在本质形式上可认为是位映射数据。数据必须处于一种可感知的形式中(诸如可在音频、视频和多媒体文件中被听或被看)。许多大数据都是非结构化的，其庞大的规模和复杂性需要高级分析工具来管理。

6.1.4　大数据技术的基本架构

由于大数据的应用迫切需要新的技术来存储、管理并实现其商业价值，所以新的工具、技术和方法支撑起了新的技术架构，使得企业能够建立、操作和管理这些超大规模的数据集和数据的存储环境。

考虑大数据分析需要容纳的数据本身，以及更经济的数据存储方式与需求；此外，还需要适应大数据变化的速度，而数量庞大的数据难以在当今的网络连接条件下快速移动，基于这两方面的原因，Divakar 等人提出了构建适合于大数据的多层技术架构，如图 6-6 所示。

1. 数据层

大数据来源(Big Data Sources)非常广泛，包括结构化、半结构化和非结构化的数据，其中包含 DMS(数据库管理系统)中大量的 Word 和 Excel 表格，企业数据包含企业数据仓库、操作数据库和事务数据库等的企业数据提供，例如智能电话、仪表和医疗设备等智慧设备能够捕获、处理和传输使用最广泛的协议和格式的信息。人类社交网络产生的海量数据，如 Email、博客、社交媒体、传感器产生数据等。

2. 数据存储层

数据存储层(Data Messaging and Storage Layer)从数据源获取数据，并将其发送到数据整理组件或存储到指定的位置中，也可将数据转换为需要的格式。在存储时要充分考虑合规性和数据管理策略，从而为不同的数据类型提供合适的存储方式，组件可通过简单的转换逻辑或复杂的统计算法来转换源数据。

3. 分析层

通常分析层(Analysis Layer)从存储层里读取、分析、解释数据，也可以直接从数据源访

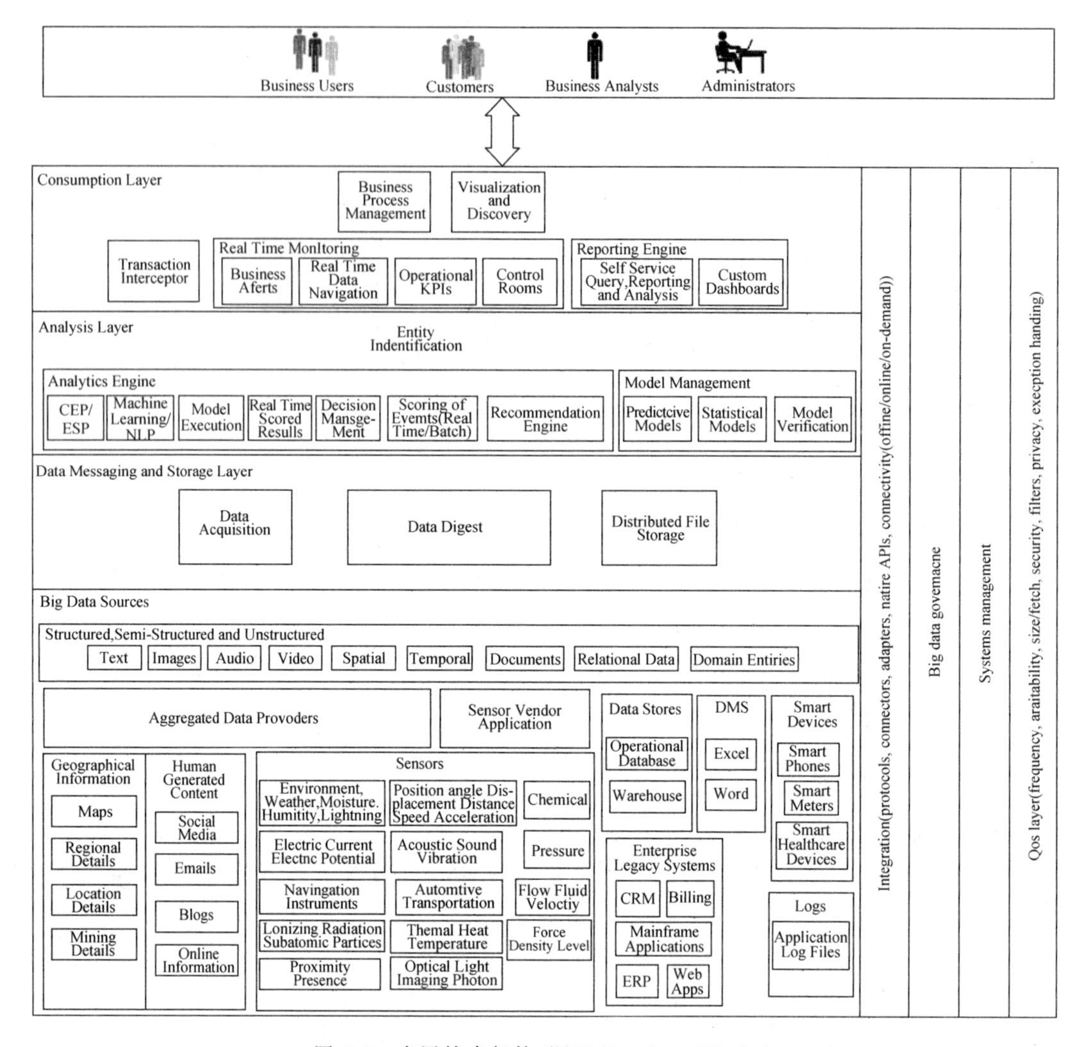

图 6-6　多层技术架构(源于 DeveloperWorks)

问数据。分析层包括对数据的存储、管理与计算,支持在多来源数据上进行深层次的分析,并具备实时传送和查询、计算功能。并行化和分布式是大数据管理平台所必须考虑的要素。帮助企业获得对数据价值深入的领悟。可扩展性强、使用灵活的大数据分析平台更可成为数据科学家的利器,起到事半功倍的效果。

4. 使用层

使用层(Consumption Layer)运用分析层所提供的输出。使用者可以是可视化应用程序、用户、业务流程或服务。使用层的价值体现在帮助企业进行决策和为终端用户提供服务的应用。

6.1.5　大数据的特点

与传统数据相比,大数据具有规模大、种类多、生成速度快、价值巨大但密度低的特点,而其数据采集、分析、处理较之传统方式也有了颠覆性的改变,详见表 6-1。

表 6-1　传统数据与大数据的特点比较

	传统数据	大数据
数据产生方式	被动采集数据	主动生成数据
数据采集密度	采样密度较低，采样数据量有限	利用大数据平台，可对需要分析事件的数据进行密度采样，精确获取事件全局数据
数据源	数据源获取较为孤立，不同数据之间添加的数据整合难度较大	利用大数据技术，通过分布式技术、分布式文件系统、分布式数据库等技术对多个数据源获取的数据进行整合处理
数据处理方式	大多采用离线处理方式，对生成的数据集中分析处理，不对实时产生的数据进行分析	较大的数据源、响应时间要求低的应用可以采取批处理方式集中计算；响应时间要求高的实时数据处理采用流处理的方式进行实时计算，并通过对历史数据的分析进行预测分析
数据类型	结构单一	数据类型丰富，包括结构化，半结构化，非结构化

大数据技术是指从各种各样类型的数据中，快速获得有价值信息的能力。具有“4V+1O”的特点。

(1) Variety：大数据种类繁多，在编码方式、数据格式、应用特征等多个方面存在差异性，多信息源并发形成大量的异构数据；

(2) Volume：通过各种设备产生的海量数据，其数据规模极为庞大，远大于目前互联网上的信息流量，PB 级别将是常态；

(3) Velocity：涉及到感知、传输、决策、控制开放式循环的大数据，对数据实时处理有着极高的要求，通过传统数据库查询方式得到的“当前结果”很可能已经没有价值；

(4) Vitality：数据持续到达，只有在特定时间和空间中才有意义；

(5) On-line：数据在线，能够随时调用和计算。

6.2　大数据的关键技术

大数据具有体量大、结构多样、增长速度快、整体价值大、部分价值稀疏等特点，传统技术已经很难满足大数据时代的种种需求，从而对大数据技术提出了全新的挑战，需要突破传统思维定式，深入研究大数据采集、预处理、存储及管理、分析和展现等关键问题。

1. 大数据采集技术

采集是大数据存储、管理、分析、应用的源头。更高效地通过传感器、社交网络交互数据及移动互联网数据等方式获得的各种类型的结构化、半结构化及非结构化的海量数据，是大数据技术的基础。其重点是解决分布式高速并可靠的数据采集、高速数据解析、转换与装载等收集技术问题。

2. 大数据预处理技术

大数据的预处理技术主要针对已接收的半结构化和非结构化大数据进行辨析、抽取、清洗等工作。

数据抽取过程可以将这些多种结构类型的复杂数据转化为单一的或者便于处理的结

构,以达到快速分析处理的目的。由于海量数据并不全是有价值的,有些数据并不是我们所关心的内容,还有另一些数据则是完全错误的干扰项,因此要对数据通过过滤“去噪”从而提取出有效数据。

3. 大数据存储及管理技术

大数据存储与管理技术是把采集到的数据存储起来,建立相应的数据管理方案,并进行管理和调用。然而现有的存储管理方法不能适应多源海量的异构数据在多种存储设备间的频繁密集流动的要求。这就要求我们优化和配置各种数据存储资源,提升存储空间利用率,实现对大数据的高效管理与存储。

大数据安全技术也是大数据存储和管理的一项重要内容,包括数据销毁、透明加解密、分布式访问控制、数据审计等技术以及加大隐私保护和推理控制、数据真伪识别、数据持有完整性验证等技术。

4. 大数据分析技术

大数据内部隐藏着相关事物间的复杂关系,具有高度复杂的结构,有效挖掘并利用大数据的内在结构及关联,可提高大数据分析、计算方面的效率。这就要求我们改进已有挖掘方法和机器学习技术,突破用户兴趣分析、网络行为分析、情感语义分析等,开发新型的数据网络挖掘、特异群组挖掘、图挖掘等面向大数据的挖掘技术。

5. 大数据展现与应用技术

大数据应用就是利用数据分析的方法,从海量数据中挖掘有效信息,为用户提供辅助决策,实现大数据价值的过程。在我国,大数据将重点应用于以下三大领域:商业智能、政府决策、公共服务。其应用方向广泛,例如商业智能技术、政府决策技术、电信数据信息处理与挖掘技术、电网数据信息处理与挖掘技术、气象信息分析技术、环境监测技术、警务云应用系统、Web信息挖掘技术、多媒体数据并行化处理技术等各种行业的云计算和海量数据处理应用技术。

6.3 大数据处理分析的典型工具

大数据分析是在研究大量数据的过程中寻找模式、相关性和其他可用信息,能够帮助企业更好地应对变化,做出更为有利的决策。本节介绍的两个工具均能为大数据的分析及处理提供有力支持。

6.3.1 Hadoop 概述

Hadoop起源于2002年Doug Cutting和Mike Cafarella开发的Nutch项目。该项目是一个开源的通过Java语言实现的搜索引擎。随着互联网技术的高速发展,遇到了无法逾越的技术瓶颈,该架构无法扩展到数十亿网页的网络。到2008年1月,历经多年的发展,Hadoop已成为Apache中包含的众多子项目的顶级项目,如图6.7所示为Hadoop图标,被应用到Yahoo、Twitter、Facebook、百度、腾讯、阿里巴巴等很多互联网公司。

图6-7 Hadoop图标

Hadoop 是一个能够对大量数据以高效可靠、可伸缩的方式进行分布式处理的软件框架，由于其以并行的方式工作，处理速度极高，同时具有可伸缩性，能够处理 PB 级数据。作为一个分布式计算平台，用户可以轻松地在 Hadoop 上开发和运行处理海量数据的应用程序。因为是采用 Java 语言编写的框架，所以运行在 Linux 平台上是非常理想的。另外，Hadoop 也可以使用其他语言编写，例如 C++。

Hadoop 主要有以下几个优点。

(1) 高可靠性。由于计算元素和存储会失败，因此它维护多个工作数据副本，确保能够针对失败的结点重新分布处理；

(2) 高扩展性。Hadoop 是在可用的计算机集簇间分配数据并完成计算任务的，这些集簇可以方便地扩展到各个结点中；

(3) 高效性。Hadoop 能够在结点之间动态地移动数据，并保证各个结点的动态平衡，处理速度非常快；

(4) 容错性。Hadoop 能够自动保存数据的多个副本，并且能够自动将失败的任务重新分配。

Hadoop 的核心模块有 HDFS、MapReduce、Common 及 YARN，其中 HDFS 提供了海量数据的存储，MapReduce 提供了对数据的计算，Common 为在通用硬件上搭建云计算环境提供基本的服务及接口，YARN 可以控制整个集群并管理应用程序向基础计算资源的分配。但与 Hadoop 相关的 Hive、HBase、Avro、Chukwa 等模块也是不可或缺的，它们提供了互补性服务或在核心层上提供了更高层的服务。图 6-8 是 Hadoop 的主要模块结构图。下面将对 Hadoop 的各个模块进行详细的介绍。

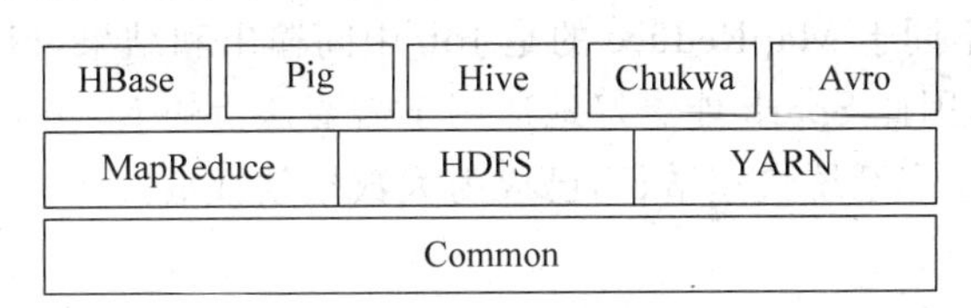

图 6-8　Hadoop 主要模块

HDFS(Hadoop Distributed File System)是 Hadoop 体系中数据存储管理的基础。它是一个高度容错的系统，能检测和应对硬件故障，用于在低成本的通用硬件上运行。HDFS 简化了文件的一致性模型，通过流式数据访问，提供高吞吐量应用程序数据访问功能，适合带有大型数据集的应用程序。HDFS 采用主从(Master/Slave)结构模型，一个 HDFS 集群是由一个 NameNode、若干个 DataNode 和客户端(Client)组成的。NameNode 作为主服务器，负责管理文件系统命名空间和客户端对文件的访问操作；DataNode 负责管理存储的数据；Client 是需要获取分布式文件系统的应用程序。

MapReduce 是一种编程模型，用于大规模数据集(大于 1TB)的并行运算。MapReduce 将应用划分为 Map 和 Reduce 两个步骤，其中 Map 对数据集上的独立元素进行指定的操作，生成键值对形式的中间结果。Reduce 则对中间结果中相同键的所有值进行规约，以得到最终结果。MapReduce 这样的功能划分，非常适合在大量计算机组成的分布式并行环境里进行数据处理。

从 Hadoop 0.20 版本开始，Hadoop Core 模块更名为 Common。Common 是 Hadoop

的通用工具，用来支持其他的 Hadoop 模块。实际上 Common 提供了一系列文件系统和通用 I/O 的文件包，这些文件包供 HDFS 和 MapReduce 公用，主要包括系统配置工具 Configuration（配置管理）、远程过程调用 RPC、序列化机制和 Hadoop 抽象文件系统 FileSystem 等。它们为在廉价的硬件上搭建云计算环境提供基本的服务，并且提供了所需的 API。

YARN 是 Apache 新引入的子系统，与 MapReduce 和 HDFS 并列，是一个资源管理系统。它的基本设计思想是将 MapReduce 中的 JobTracker 拆分成两个独立的服务：一个全局的资源管理器 Resource Manager 和每个应用程序特有的 Application Master。其中 Resource Manager 负责整个系统的资源管理和分配，而 Application Master 则负责单个应用程序的管理。当用户向 YARN 提交一个应用程序后，YARN 将分两个阶段运行该应用程序：第一个阶段是启动 Application Master；第二个阶段是由 Application Master 创建应用程序，为它申请资源，并监控它的整个运行过程，直到运行成功。

6.3.2 Apache Spark 概述

在大数据领域，Apache Spark（以下简称 Spark），即通用并行分布式计算框架，越来越受人瞩目。Spark 在 2009 年启动，2010 年开源，其内存计算框架适合各种迭代算法和交互式数据分析，能够提升大数据处理的实时性和准确性，能够更快速地进行数据分析。现已逐渐获得很多企业的支持，如阿里巴巴、百度、网易、英特尔等。

Spark 由加州大学伯克利分校的 AMP 实验室开发，支持内存计算、多迭代批量处理、流处理和图计算等多种范式。Spark 基于 MapReduce 算法实现分布式计算，拥有 MapReduce 所具有的优点；但它不同于 MapReduce 的是 Job 中间输出和结果可以保存在内存中，从而不再需要读写 HDFS，因此 Spark 能更好地适用于需要迭代的 MapReduce 算法。

目前 Spark 开源生态系统快速增长，已成为大数据领域最活跃的开源项目之一，主要有以下几方面优点。

1. 轻量级快速处理

Spark 允许 Hadoop 集群中的应用程序在内存中以 100 倍的速度运行，即使在磁盘上运行也能快 10 倍。Spark 通过减少磁盘读写来达到性能提升，它们将中间处理数据全部放到了内存中。

2. Spark 支持多语言

Spark 允许使用 Java、Scala 及 Python 语言，这就允许开发者在自己熟悉的语言环境下进行工作。它自带了 80 多个高等级操作符，允许进行交互式查询。

3. 支持复杂查询

除了简单的 Map 及 Reduce 操作外，Spark 还支持 SQL 查询、流式查询及复杂查询。

4. 实时的流处理

相较于 MapReduce 只能处理离线数据，Spark 支持实时的流计算。Spark 依赖 Spark Streaming 对数据进行实时的处理。

5. 可以与 Hadoop 数据整合

Spark 可以独立运行，除了可以运行在当下的 YARN 集群管理之外，还可以读取已有的任何 Hadoop 数据。这是个非常大的优势，它可以运行在任何 Hadoop 数据源上，如

HBase、HDFS 等。这个特性让用户可以轻易迁移已有的 Hadoop 应用。

综上所述，Spark 拥有 MapReduce 所具有的优点，是一个基于内存计算的开源的集群计算系统，其目的是让数据分析更加快速。虽然 Spark 是一种与 Hadoop 相似的开源集群计算环境，但是两者之间还存在一些不同之处，这些不同之处使 Spark 在某些工作负载方面表现得更加优越，Spark 启用了内存分布数据集，除了能够提供交互式查询外，还可以优化迭代工作负载。

Spark 提供了一个新的集群计算框架。首先，Spark 是为集群计算中的特定类型的工作负载而设计的，即那些在并行操作之间重用工作数据集（如机器学习算法）的工作负载。为了优化工作负载，Spark 引进了内存集群计算的概念，可在内存集群计算中将数据集缓存在内存中，以缩短访问延迟。Spark 提供的数据集操作类型有很多种，不像 Hadoop 只提供了 Map 和 Reduce 两种操作。Spark 提供了如 Map、Filter、FlatMap、Sample、GroupByKey、ReduceByKey、Union、Join、Cogroup、MapValues、Sort、PartionBy 等多种操作类型，通常把这些操作称为 Transformations。这些多种多样的数据集操作类型，给上层应用者提供了方便。各个处理结点之间的通信模型不再像 Hadoop 那样采用唯一的模式。从某种角度说，Spark 编程模型比 Hadoop 更灵活。Spark 的主要模块如图 6-9 所示。

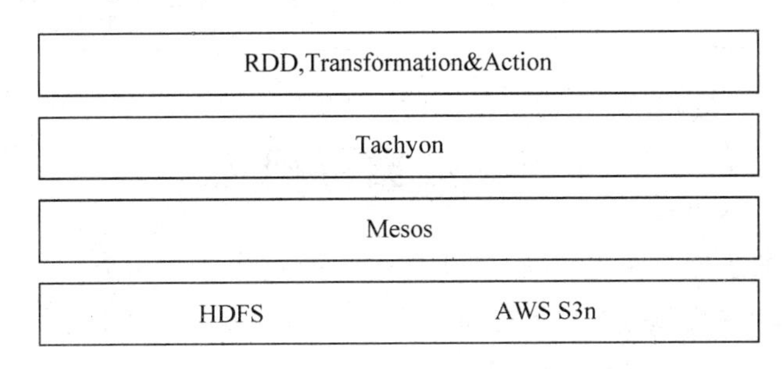

图 6-9　Spark 的主要模块

RDD(Resilient Distributed Datasets)即弹性分布式数据集是 Spark 中最核心的模块和类，也是设计的精华所在。它是一个大的集合，将所有数据都加载到内存中，方便进行多次重用。第一，它是分布式的，可以分布在多台机器上进行计算。第二，它是弹性的，在计算处理过程中，当机器的内存不够时，它会和硬盘进行数据交换，这在某种程度上会减低性能，但是可以确保计算得以继续进行。

RDD 有两种类型的动作，一种是 Transformation，另一种是 Action。Transformation 的返回值还是一个 RDD。它使用了链式调用的设计模式，对一个 RDD 进行计算后，变换成另外一个 RDD，然后这个 RDD 又可以进行另外一次转换，这个过程是分布式的。Action 的返回值不是一个 RDD，而是一个值或空值，最终返回到程序，或把 RDD 写入到文件系统中。

Tachyon 是一个分布式内存文件系统，可以理解为内存中的 HDFS。用户可以基于 Tachyon 实现 RDD 或者文件的跨应用共享，并提供高容错机制，保证数据的可靠性。

Mesos 是一个资源管理框架，提供类似于 YARN 的功能。用户可以在其中运行 Spark、MapReduce 等计算框架的任务。Mesos 会对资源和任务进行隔离，并实现高效的资源任务调度。Spark 将分布式运行需要考虑的事情都交给了 Mesos，这也是其代码能够精简的原因之一。

上述对 Hadoop 和 Spark 初步了解后，应该进一步深入理解二者之间的联系和区别。它们的详细区别及对比如表 6-2 所示。

表 6-2 Hadoop 与 Spark 的区别

	Hadoop	Spark
响应速度	处理已有数据	实时处理
在线情况	非在线	在线
开发语言	Java	以 Scala 为主的多语言
处理方式	分布式处理计算，强调批处理	基于内存计算的集群计算系统
数据处理	MapReduce 磁盘处理	启用了内存分布数据集，除了能够提供交互式查询外，还可以优化迭代工作负载
信息管理功能	HDFS 分布式数据存储功能，MapReduce 数据处理功能	没有文件管理系统，必须和其他的分布式文件系统进行集成才能运作
灾难恢复	每次处理后的数据都直接写入数据集	弹性分布式数据集(RDD)既可以放在内存又可以存于数据集
容错	容错机制完善	存储信息后重新构造数据集
安全性	详细的用户授权	共享密钥的身份验证
兼容性	可兼容	可与 Hadoop 等兼容

6.4 数据可视化

数据可视化主要借助于图形化手段，能清晰有效地传达与沟通信息。数据可视化与制图学、计算机视觉、数据采集、统计学、图解、动画、立体渲染、用户交互等技术密切相关。相关领域还有影像学、视知觉、空间分析、科学建模等。

6.4.1 数据可视化概述

数据可视化是关于数据视觉表现形式的科学技术研究。其中，这种数据的视觉表现形式被定义为一种以某种概要形式抽取出来的信息，包括相应信息单位的各种属性和变量。数据可视化是一个处于不断演变之中的概念，主要指的是技术上较为高级的技术方法，而这些技术方法允许利用图形、图像处理、计算机视觉及用户界面，通过表达、建模及对立体、表面、属性动画的显示，对数据加以可视化解释。从本质的层面来说，数据可视化就是将数据(可以是数字、文本、类别或任何其他事物)转换为视觉元素，其目的是告诉用户最终需要知道的信息。通俗意义上，数据可视化的目的就是将隐藏在数据背后的、特别重要的信息以讲故事的方式分享给用户。

数据可视化技术是指运用计算机图形学和图像处理技术，将数据转换为图形或图像，然后在屏幕上显示出来，利用数据分析和开发工具发现其中未知信息的交互处理的理论、方法和技术。

数据可视化技术包含以下几个基本概念。

(1) 数据空间：是由 n 维属性和 m 个元素组成的数据集所构成的多维信息空间。

(2) 数据开发：是指利用一定的算法和工具对数据进行定量的推演和计算。

(3) 数据分析：是指对多维数据进行切片、块、旋转等动作剖析数据，从而能多角度、多侧面观察数据。

(4) 数据可视化：是指将大型数据集中的数据以图形和图像形式表示，并利用数据分析和开发工具发现其中未知信息的处理过程。

数据可视化技术能够分析大量复杂的、多维的数据，提供的可视化环境具有视觉的、交互的、反应灵敏的特性。数据可视化技术的特点如下。

(1) 交互性。用户可以方便地以交互方式管理和开发数据；

(2) 多维性。对象或事件的数据具有多维变量或属性，而数据可以按照其每一维的值进行分类、排序、组合和显示；

(3) 可视性。数据可以用图像、曲线、二维图形、三维图像和动画来显示，用户可对其模式和相互关系进行可视化分析。

6.4.2 数据可视化表达方式

数据可以拥有丰富的表现形式，如柱形图、饼图、表格等多种传统的数据表现形式已经被大多数用户所接受。但是，为了适应现代多种形式信息的表达需求，更有效地向用户传达信息，一些具有现代感的表达方式应运而生。

1. 传统的表达方式

图表是传统表达方式中的代表，也是很多设计者进行数据可视化选择的常用手段。虽然图表看起来简单、原始，但是越简单的图表，越容易使人快速地理解数据，这也是数据可视化追求的目标。下面就介绍几种常见的基本图表。

1) 柱形图

柱形图(Bar Chart)是最常见，也是最容易解读的图表。它适合二维数据集(每个数据点包括两个值 x 和 y)，而且只需要比较一个维度。

通常柱形图利用柱子的高度反映数据的差异。柱形图的局限在于只适用于中小规模的数据集。如图 6-10 所示比较的就是年销售额，这是一个二维数据的比较，年份和销售额分别是它的两个维度，比较的维度是销售额。

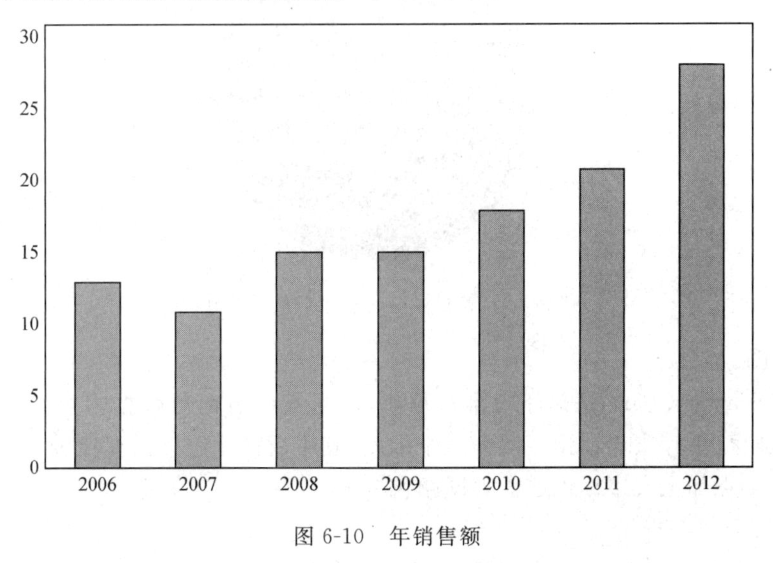

图 6-10 年销售额

2）折线图

折线图(Line Chart)适合二维的大数据集，尤其是趋势比单个数据点更重要的场合，而且适合多个二维数据集的比较。如图 6-11 所示是两个二维数据集(大气中二氧化碳浓度和地表平均气温)的折线图。

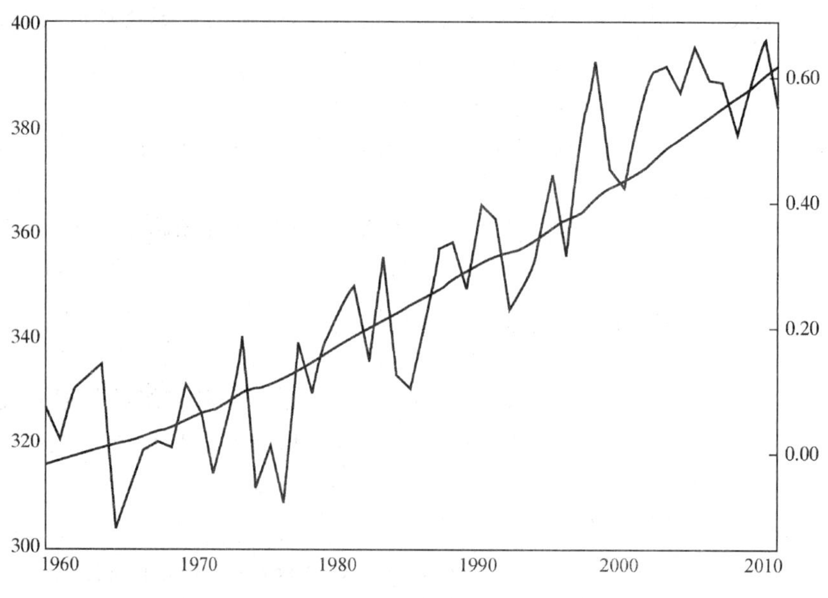

图 6-11　大气中二氧化碳浓度和地表平均气温

3）饼图

一般情况下，如果数据集反映的是某个部分占整体的比例，通常使用饼图(Pie Chart)，如贫穷人口占总人口的百分比，如图 6-12 所示。

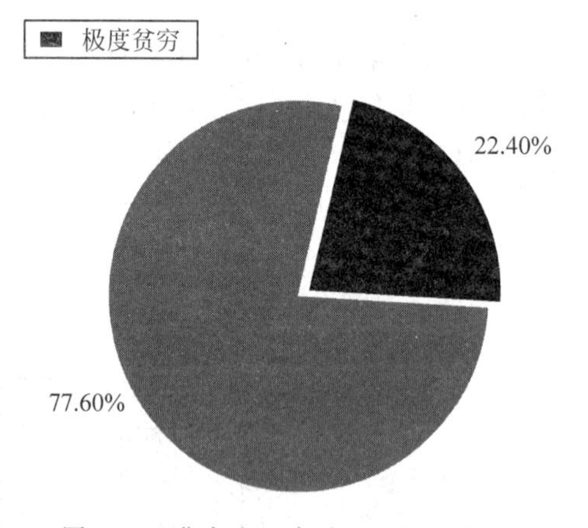

图 6-12　贫穷人口占总人口的百分比

4）散点图

散点图(Scatter Chart)适用于三维数据集，并且其中有两维数据需要比较。如图 6-13 所示的就是国家、医疗支出和预期寿命三个维度，其中后两个维度需要比较。为了识别第三维，可以为每个点加上文字标识或者不同颜色。

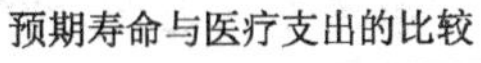

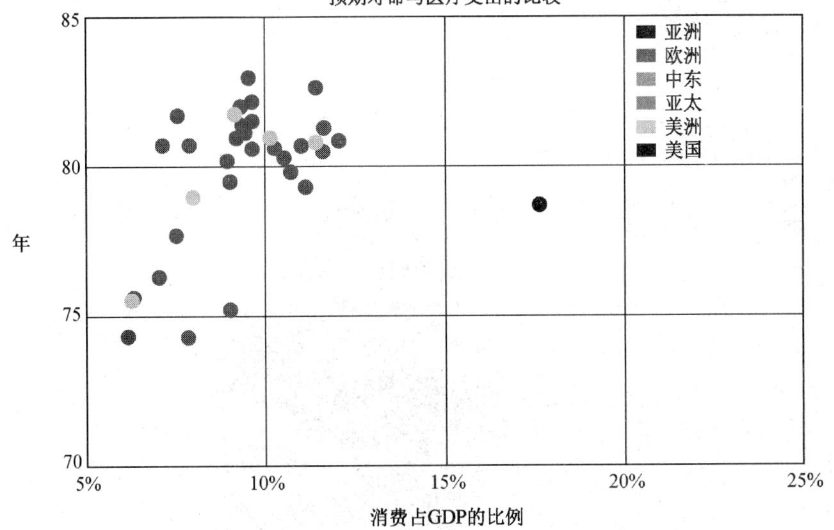

图 6-13　不同国家医疗支出与预期寿命

5）气泡图

气泡图(Bubble Chart)是散点图的一种变体，通过每个点的面积大小反映第三维。通常用户不善于判断面积大小，所以气泡图只适用于不要求精确辨识第三维的场合。如果为气泡加上不同颜色(或文字标示)，气泡图就可用来表达四维数据。如图 6-14 所示的是卡特里娜飓风的路径，三个维度分别为经度、纬度、强度，颜色表示每个点的风力。

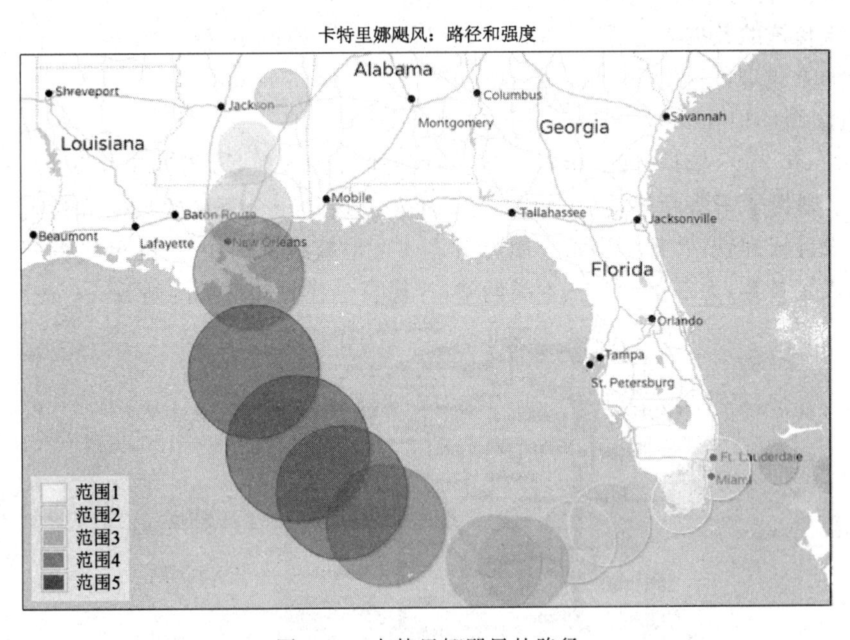

图 6-14　卡特里娜飓风的路径

6）雷达图

雷达图(Radar Chart)适用于四维以上的多维数据，且每个维度必须可以排序。如图 6-15

所示是迈阿密热火队首发的五名篮球选手的数据。除了姓名，每个数据点有 5 个维度，分别是得分、篮板、助攻、抢断、封盖。

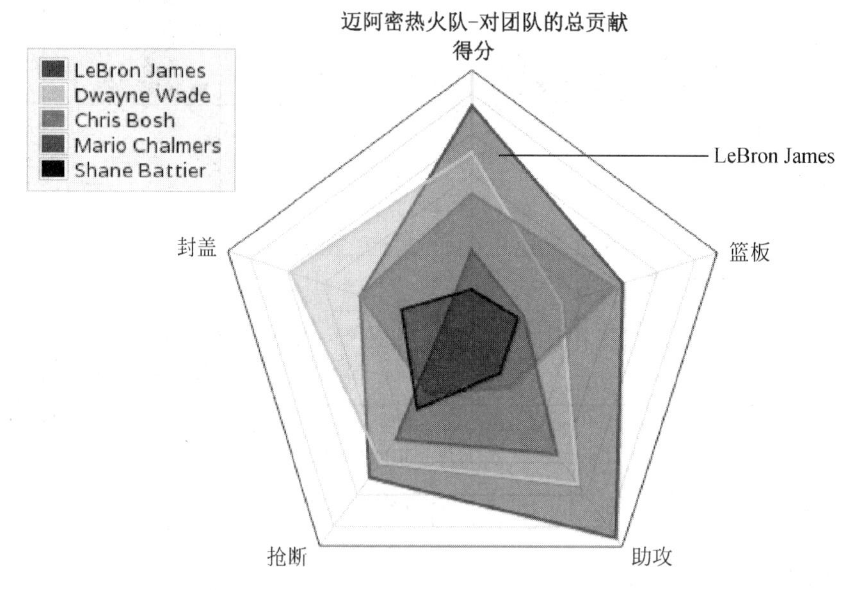

图 6-15　阿密热火队首发的 5 名篮球选手的数据

如果不熟悉雷达图，那么解读起来就有困难。因此图表中应尽量加上说明，例如图 6-15 中面积越大的数据点，就表示越重要。所以，可以看出 LeBron James 是热火队最重要的选手。

2. 现代的表达方式

相对于传统的数据表达方式，现代的数据表达方式能以更好的、深刻的、富于创造性及富有趣味的方式来可视化数据。

1）概念图(Mindmaps)

Trendmap 2007 依据分类、相似性、成功度、知名度和前景，为当年互联网上最成功的 200 个网站制作了一张趋势地图，如图 6-16 所示。这是一个著名的数据可视化创意，设计者将站点设计成地铁站，每种网站应用类型是一条地铁线。例如，粉红色代表分享类网站，紫红色代表工具类，大红色代表技术类网站，柠檬黄色代表知识类网站等。

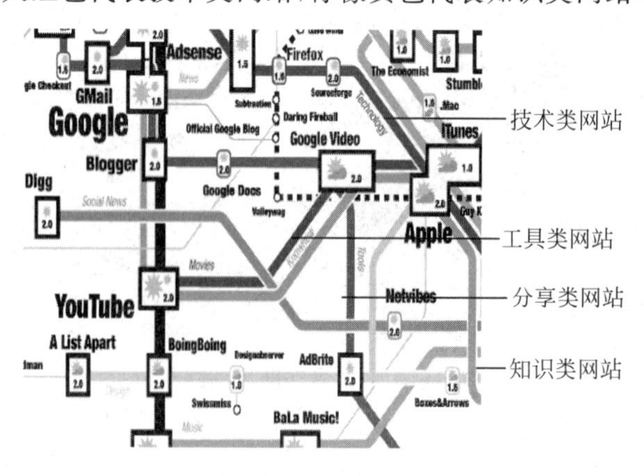

图 6-16　Trendmap 2007 制作的趋势地图

2）新闻展示(Displaying News)

Newsmap(新闻地图)是Google新闻聚合器上实时的新闻反馈的可视化呈现,如图6-17所示,数据块的大小对应了新闻受欢迎的程度。这种数据可视化图基于树形图的算法,适合表现大量信息的聚合。用颜色、颜色深度、标题字号、区块面积来展现归并后的信息,打破了空间限制,帮助用户快速识别、分类和认知新闻信息、平面而直观地展现不断变化的信息片段。

图6-17　Google新闻地图

又如,Digg Stack(Digg是美国的一个公司,译为“掘客”。Stack为Digg工具中的一种,作用是显示当前被提交的100条新闻)根据用户的digg数将文章排列成许多柱状条,digg数越高,柱形越高,如图6-18所示。其中,将最新、最热、全部的100条digg文章排列成一行柱形图,水平线上的柱形高度代表digg数,水平线下的柱形高度代表评论数。当某篇文章digg数实时增加时,会从屏幕上方掉一个小方块下来,溶进入该新闻对应的柱形中。单击单个柱体可以分别查看每个时间区间内的digg指数。这是一个非常有实时感和动感的视觉系统,极好地呈现了数据生成的实时性和聚合性。

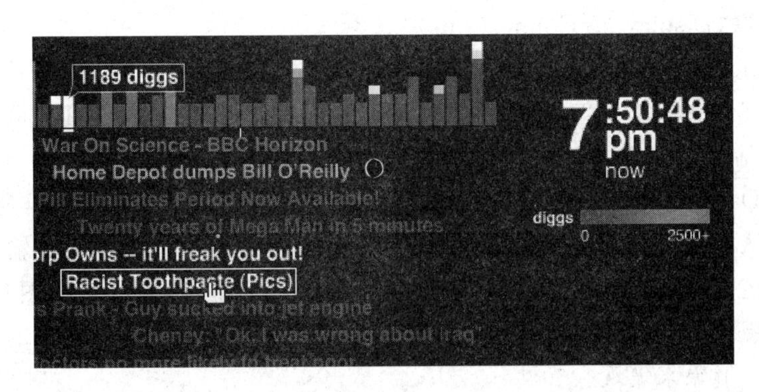

图6-18　Digg Stack新闻展示

3）数据展示(Displaying Data)

Amaztype(结合了垂直搜索与视觉搜索的新搜索引擎)图书搜索根据从Amazon上采

集的数据，将图书的搜索结果根据所提供的关键字的字母形状进行排列，如图 6-19 所示，可以通过单击其中的某本书来查看详细信息。

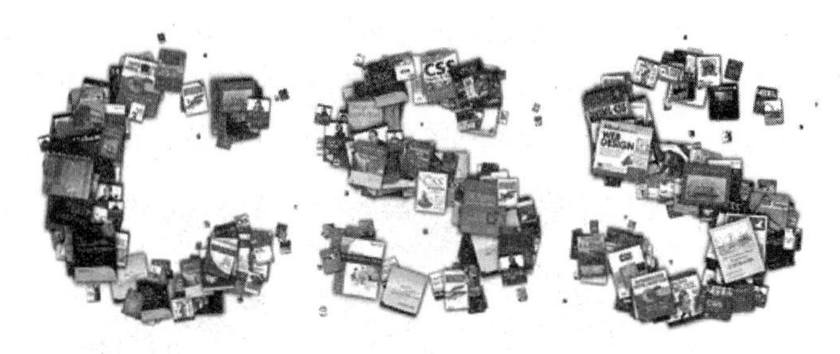

图 6-19　Amaztype 图书搜索

CrazyEgg（一种网站分析工具）使用热图来研究访客的新闻，通常被单击更多、更受欢迎的区域，使用更“温暖”的红色来高亮显示，如图 6-20 所示。热图是用户行为分析的常见方法，这是一个著名的 UE 研究分析工具，给 UE 分析师提供观察用户行为，做出设计改进意见的数据基础。

图 6-20　CrazyEgg 新闻热图

4）显示关联（Displaying Connections）

Munterbund（一种数据获取工具，是一种开源免费数据库的入口）使用信息图形展现了书中文字的相似性。如图 6-21 所示的项目是根据词频等信息要素，将其关联到扇形区域的直径、弧度及控制气泡的面积，其中涉及到非常复杂的筛选算法。

Universe DayLife 将某一话题关联的事件、人物和新闻事件像星座那样陈列，如图 6-22 所示。创作团队模拟了一个数字化星空，每个关键字都是一个星座。通过输入关键字将请求查询的星座定位在屏幕中心，旁边围绕着相关的关键字星座，内容包括图片、新闻、人物。这个项目极富想象力，界面上也极具特色，并且创作了一种星座字体，所有的 ICON 图形和边框都用星座的形象来表现。

5）可看的网站（Displaying Web-sites）

Spacetime（时空）公司提供易读的和优雅的三维特效来呈现搜索请求结果，这种方式支持 Google、Yahoo、Flickr、eBay 图片搜索，如图 6-23 所示。

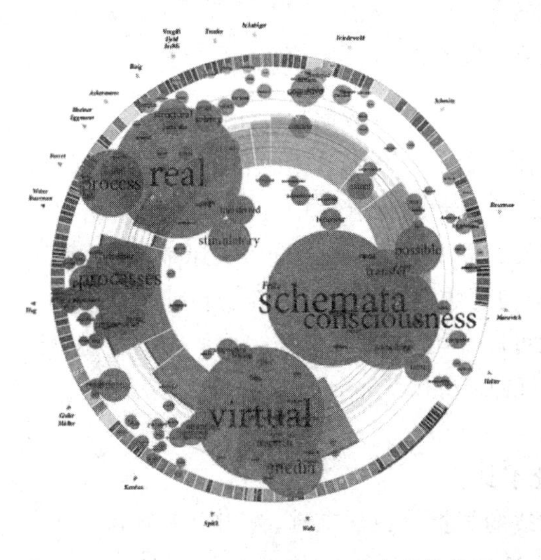

图 6-21　Munterbund 的书中文字相似性的展示

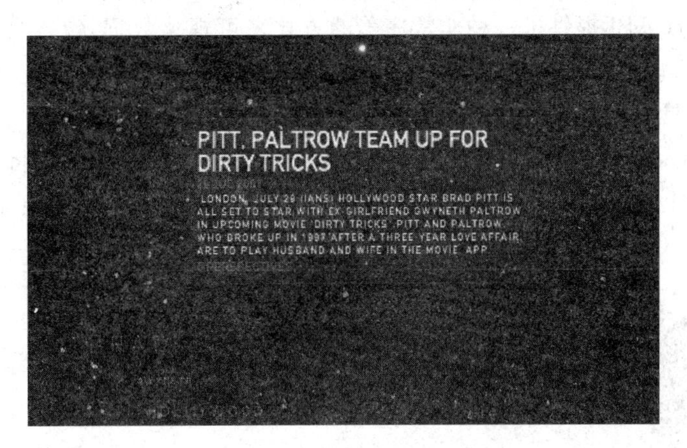

图 6-22　Universe DayLife 模拟的数字化星空

图 6-23　Spacetime 的可看网站

6.4.3 数据可视化工具

传统的数据可视化工具仅仅是将数据加以组合，通过不同的展现方式提供给用户，用于发现数据之间的关联信息。随着云和大数据时代的来临，数据可视化产品已经不再满足于使用传统的数据可视化工具来对数据仓库中的数据进行抽取、归纳并简单地展现。新型的数据可视化产品必须满足互联网的大数据需求，快速地收集、筛选、分析、归纳、展现决策者所需要的信息，并根据新增的数据进行实时更新。目前最简单的数据可视化工具，只要对数据进行一些复制粘贴就可以开始了，直接选择需要的图形类型，然后稍微进行调整即可。传统可视化工具有 Excel 和 Google Spreadsheets 等。而大数据时代的可视化工具有如下几种。

1. 在线数据可视化工具

很多网站都提供在线的数据可视化工具，为用户提供在线的数据可视化。

1）Google Chart API

Google Chart API 提供了一种非常完美的方式来可视化数据，包含大量现成的图表类型，并且内置了动画和用户交互控制。Google Chart API 工具取消了静态图片功能，目前只提供动态图表工具。但是 Google Chart API 存在一个问题：图表在客户端生成，这就意味着那些不支持 JavaScript 的设备将无法使用，此外也无法离线使用或者将结果另存为其他格式。尽管存在上述问题，但是不可否认的是 Google Chart API 的功能异常丰富，图 6-24 展示的是 Google Chart API 的可视化产品。

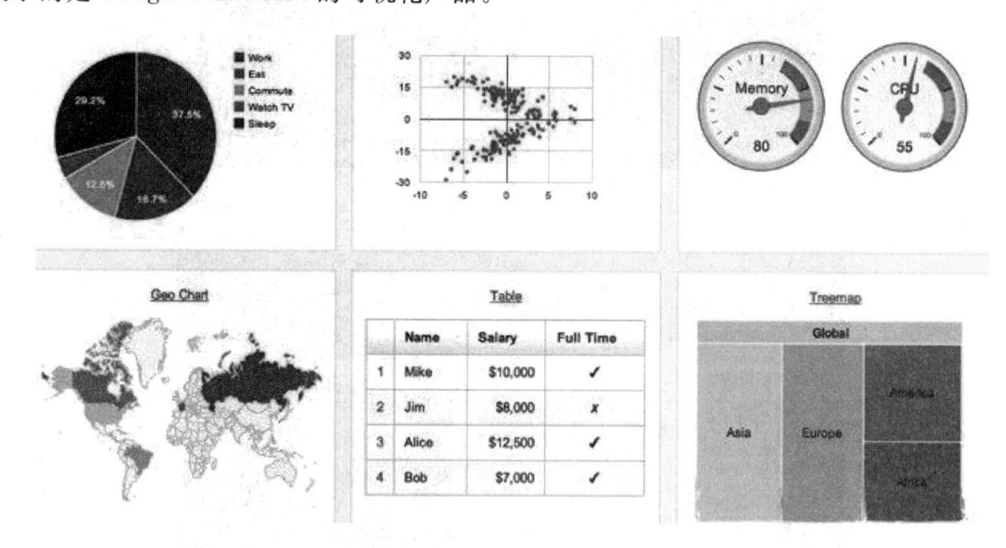

图 6-24　Google Chart API 的可视化产品

2）Flot

Flot 是一个优秀的线框图表库，基于 jQuery 的开源 JavaScript 库，是一个纯粹的绘图库，可以在客户端及时生成图形，使用非常简单，支持放大缩小及鼠标追踪等交互功能，支持所有支持 Canvas 的浏览器（目前主流的浏览器如 IE、火狐、Chrome 等都支持 Canvas）。图 6-25 展示的是 Flot 的可视化产品。

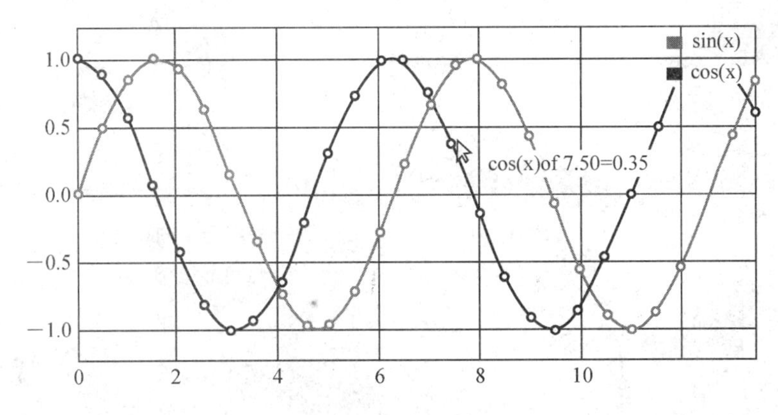

图 6-25　Flot 的可视化产品

3）Raphaël

Raphaël 是创建图表和图形的 JavaScript 库，与其他库最大的不同是输出格式仅限于 SVG 和 VML。SVG 是矢量格式，在任何分辨率下的显示效果都很好。图 6-26 展示的是 Raphaël 的可视化产品。

图 6-26　Raphaël 的可视化产品

4）D3

D3(Data Driven Documents)是支持 SVG 渲染的另一种 JavaScript 库。D3 能够提供大量线性图和条形图之外的复杂图表样式，如树形图、圆形集群和单词云等。图 6-27 展示的是 D3 的可视化产品。

5）Visual. ly

如果不仅仅是数据可视化而是需要制作信息，那么 Visual. ly 就是一个较好的选择。Visual. ly 的主要定位是信息图设计师的在线集市。它提供了大量信息图模板，虽然功能还有很多限制，但是 Visual. ly 绝对是个能激发灵感的地方。图 6-28 展示的是 Visual. ly 的可视化产品。

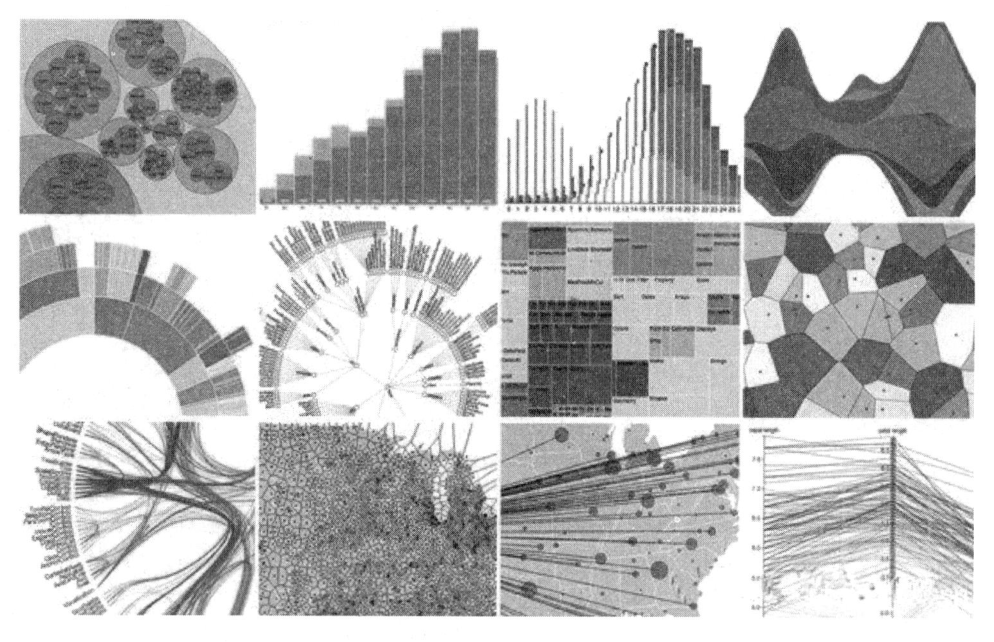

图 6-27　D3 的可视化产品

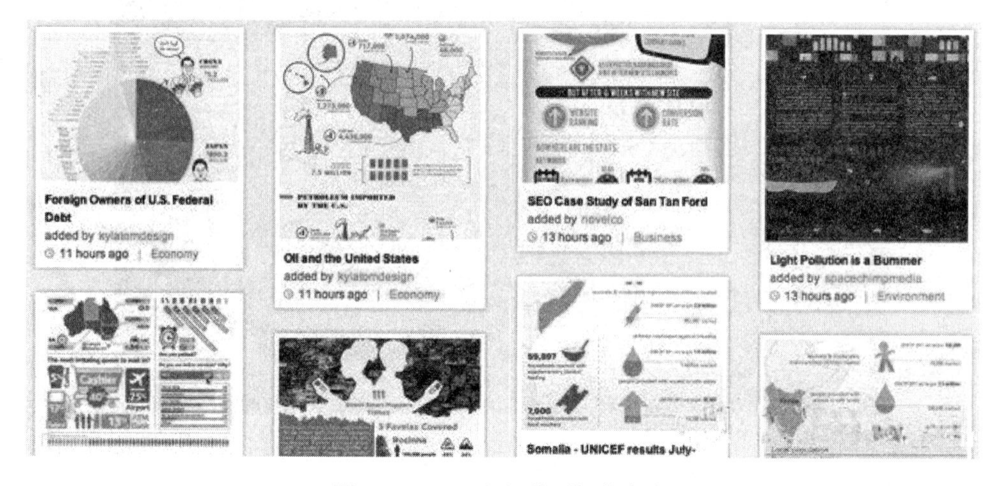

图 6-28　Visual. ly 的可视化产品

2. 互动图形用户界面控制

随着在线数据可视化的发展，按钮、下拉列表和滑块都在进化成更加复杂的界面元素，例如能够调整数据范围的互动图形元素，通过推拉这些图形元素输入参数和输出结果时，数据会同步改变等。在这种情况下，图形控制和内容已经合为一体。

1）Crossfilter

JavaScript 库 Crossfilter 能够创建出既是图表，又是互动图形用户界面（GUI）的小程序。它是 Crossfilter 的一个应用，如图 6-29 所示，当你调整一个图表中的输入范围时，其关联图表的数据也会随之改变。

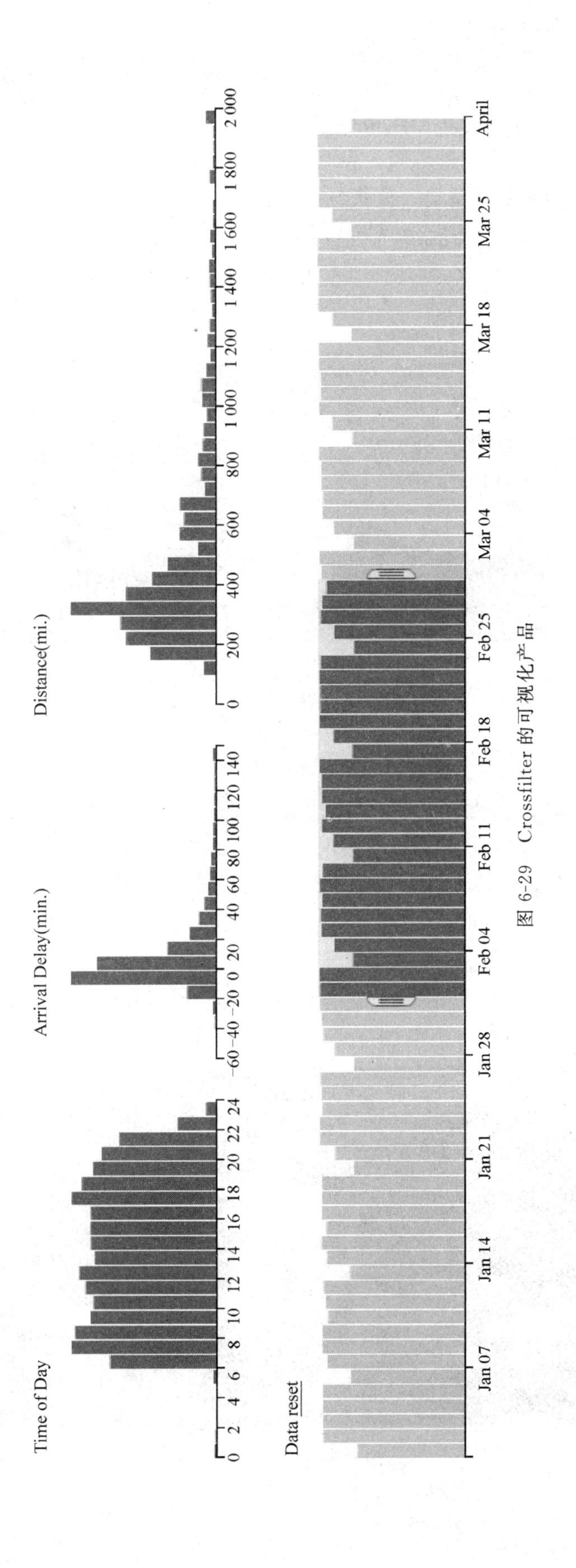

图 6-29　Crossfilter 的可视化产品

2）Tangle

JavaScript 库 Tangle 是一个用来探索、演示和可以立即查看文档更新的交互工具，进一步模糊了内容与控制之间的界限。在图 6-30 这个应用实例中，Tangle 生成了一个负载的互动方程，用户可以通过调整输入值获得相应数据。

The coefficients and transfer function are:

k_f=0.35　　　　k_q=0.453

$$H(z)=\frac{0.122}{1-1.719z^{-1}+0.842z^{-2}}$$

Some example frequency responses:

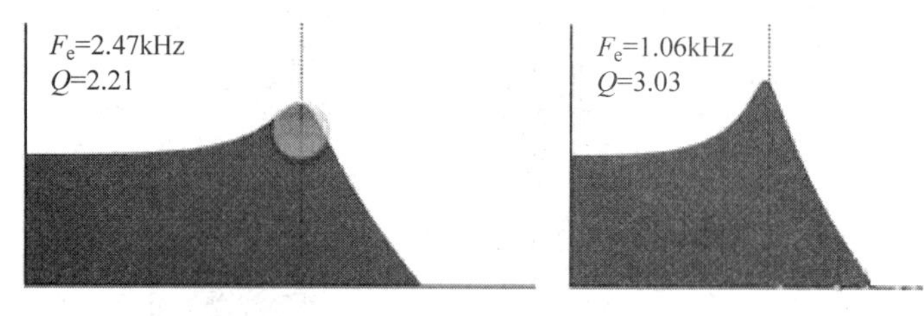

图 6-30　Tangle 的可视化产品

3. 三维工具

要了解数据可视化的三维工具，首先要知道 WebGL。简单地说，WebGL 就是在浏览器中实现三维效果的一套规范。WebGL 完美地解决了现有的 Web 交互式三维动画的两个问题：第一，它通过 HTML 脚本本身实现 Web 交互式三维动画的制作，无须任何浏览器插件支持；第二，它利用底层的图形硬件加速功能进行的图形渲染，是通过统一的、标准的、跨平台的 OpenGL 接口实现的。

1）Three. js

Three. js 是一个开源的 JavaScript 3D 引擎，该项目的目标是创建一个低复杂、轻量级的 3D 库，用最简单、直观的方式封装 WebGL 中的常用方法。Three. js 作品如图 6-31 所示。

图 6-31　Three. js 作品

2) PhiloGL

PhiloGL 是由 Sencha 实验室开发的一个新的 WebGL 开源框架,提供了强大的 API,可帮助开发者轻松开发 WebGL 并整合到 Web 应用中,实现数据可视化。全球温度变化三维视图如图 6-32 所示。

图 6-32　全球温度变化三维视图

4. 地图工具

地图生成是 Web 上最困难的任务。Google Maps(谷歌地图)的出现完全颠覆了过去人们对在线地图功能的认识,而 Google 发布的 Maps API 则让所有的开发者都能在自己的网站中植入地图功能。如果用户需要在数据可视化项目中植入定制化的地图方案,目前已经有很多选择,但是知道在何时选择何种地图方案则成了一个很关键的业务决策。

1) Google Maps

Google Maps 是 Google 提供的电子地图服务,包括局部详细的卫星照片。它是基于 JavaScript 和 Flash 的地图 API,可以提供含有政区和交通及商业信息的矢量地图、不同分辨率的卫星照片和可以用来显示地形和等高线地形的视图。Google 目前提供的版本有计算机版、IOS 版、安卓版和 Java 版本。

2) Modest Maps

Modest Maps 是一个很小的地图库,只有 10KB 大小,是目前最小的可用地图库。Modest Maps 是一个 Flash 和 ActionScript 的区块拼接地图函数库,并且支持 Python。Modest Maps 更像一个框架,而不仅只是一个地图 API,它只提供极少的必备条件,但是在一些扩展库的配合下,Modest Maps 立刻会变成一个强大的地图工具。图 6-33 就是一个 Modest Maps 创建的地图。

3) PolyMaps

PolyMaps 也是一个地图库,主要面向数据可视化用户,和 JavaScript 版本的 ModestMaps 相似。PolyMaps 有一些内置功能,如区域密度图和气泡图。而且在地图风格化方面有独到之处，类似 CSS 样式表的选择器，是不容错过的选择。图 6-34 中显示的地图都是使用 PolyMaps 创建的。

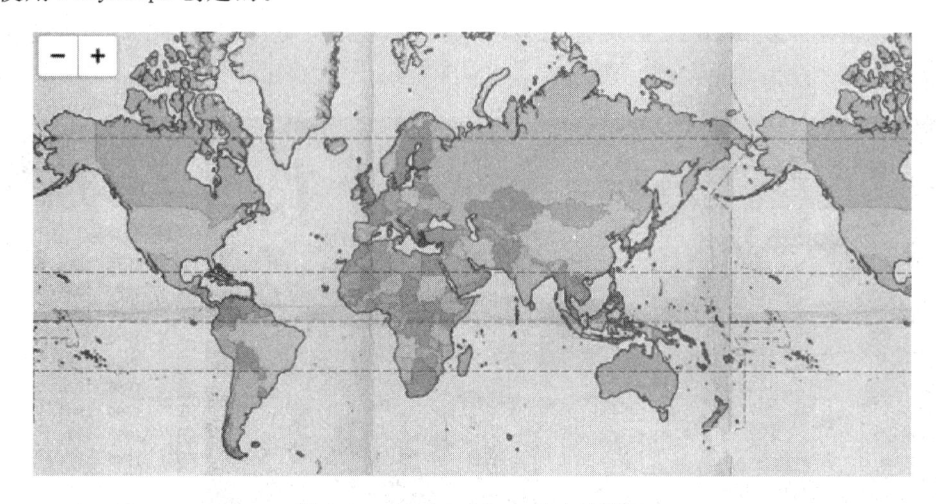

图 6-33　Modest Maps 创建的地图

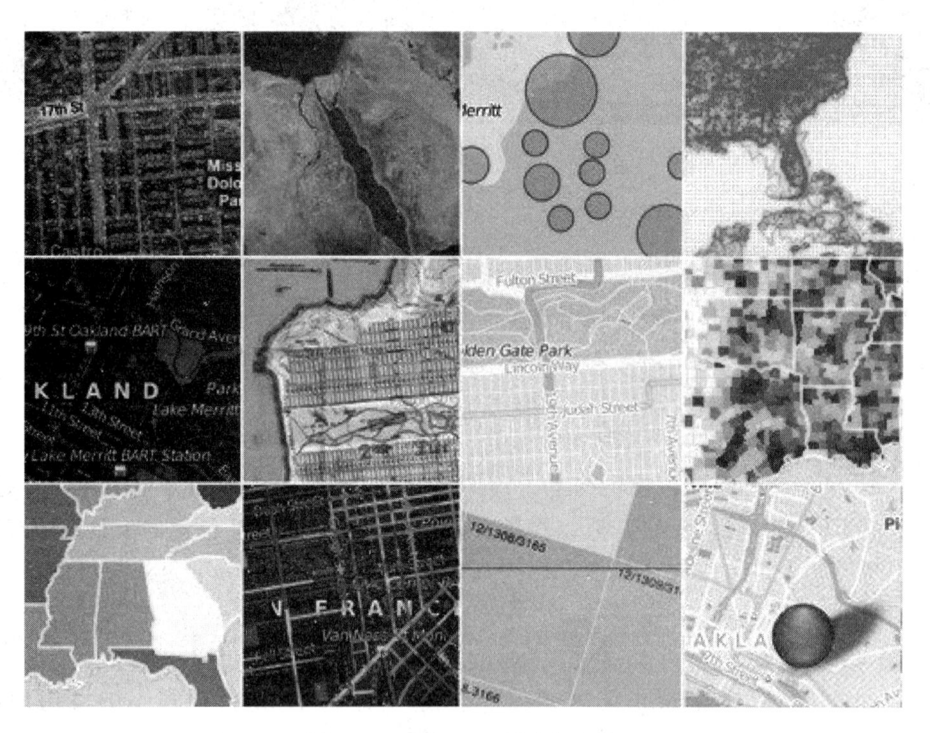

图 6-34　Polymaps 创建的地图

除了上述地图工具外，像 Leaflet、OpenLayers、Kartograph 和 CartoDB 等工具都是创建地图很好的选择。Leaflet 也是一个小型化的地图框架，通过小型化和轻量化来满足移动网页的需要。Leaflet 和 Modest Maps 都是开源项目，有强大的社区支持，是在网站中整合地图应用的理想选择。

OpenLayers 可能是所有地图库中可靠性最高的一个。虽然文档注释并不完善，且学习曲线非常陡峭，但是对于一些特定的任务来说，OpenLayers 能够提供一些其他地图库都没有的特殊工具。

Kartograph 的标记线是对地图绘制的重新思考。如果不需要调用全球数据，而仅仅是生成某一区域的地图，那么 Kartogaph 将是设计师的首选。

CartoDB 是一个不可错过的工具。用 CartoDB 可以很轻易就把表格数据和地图关联起来，这方面 CartoDB 是最佳的选择。例如，输入 CSV 通信地址文件，CartoDB 能将地址字符串自动转化成经度/维度数据并在地图上标记出来。

5. 高级工具

当使用数据可视化做一些严肃的工作时，就需要桌面应用和编程环境。那么通常就要选择下面列举的高级工具来完成。

1）Processing

Processing 是数据可视化的招牌工具，具有轻量级的编程环境，只需要编写一些简单的代码就能创建出带有动画和交互功能的图形，然后编译成 Java。虽然 Processing 是一个桌面应用，但几乎可以在所有平台上运行，而且 Processing 社区目前已经拥有大量实例和代码。图 6-35 展示的是用 Processing 创建的可视化产品。

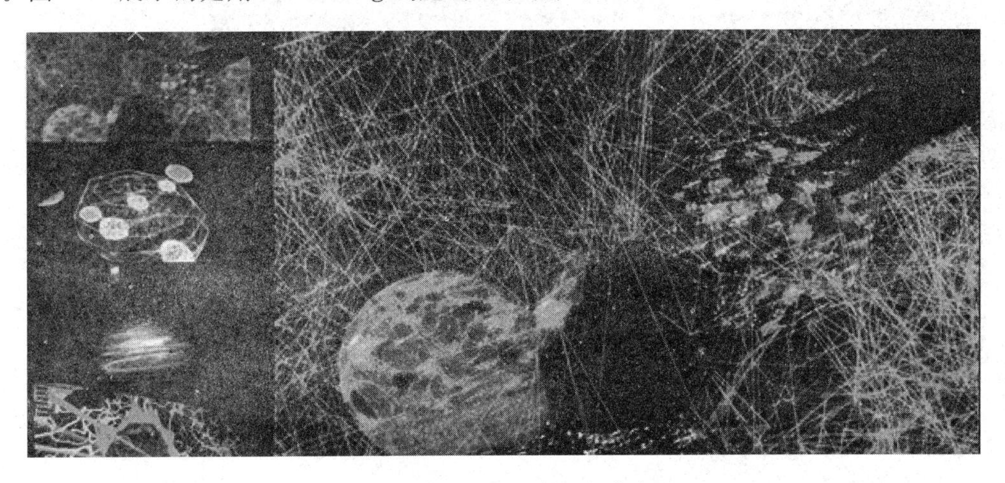

图 6-35　Processing 的可视化产品

2）NodeBox

NodeBox 是一个建立在 Python 语言基础上的开源图形软件，用于数据可视化和生产设计。NodeBox 与 Processing 类似，但是没有 Processing 的互动功能。它有自带的图形库，也可以从 Photoshop 和 Illustrator 导入矢量图形，或者自定义编码生成二维分形图像和动画，可导出为 PDF 和 Quick Time 文件。图 6-36 展示的是用 NodeBox 创建的可视化产品。

3）R

R 是一套完整的数据处理、计算和制图软件系统，包括数据存储和处理系统、数组运算工具（其向量、矩阵运算方面功能尤其强大）、完整连贯的统计分析工具、优秀的统计制图功能。其简便而强大的编程语言可操纵数据的输入和输出，实现分支、循环和用户可自定义功能。作为用来分析大数据集的统计组件包，R 是非常复杂的，需要较长时间的学习实践。虽

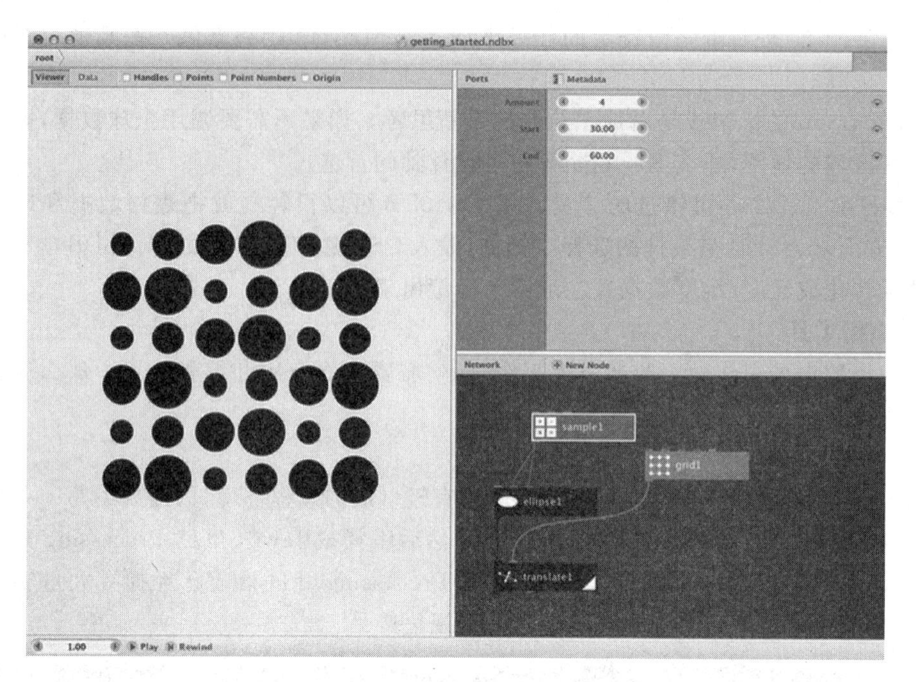

图 6-36　NodeBox 的可视化产品

然有一些功能近似的付费软件，如 SPSS、SAS 和 S-plus 等，但是它们很难与 R 相比。R 不但免费，而且还拥有强大的社区和组件库，并且还在不断成长。图 6-37 展示的是用 R 创建的可视化产品。

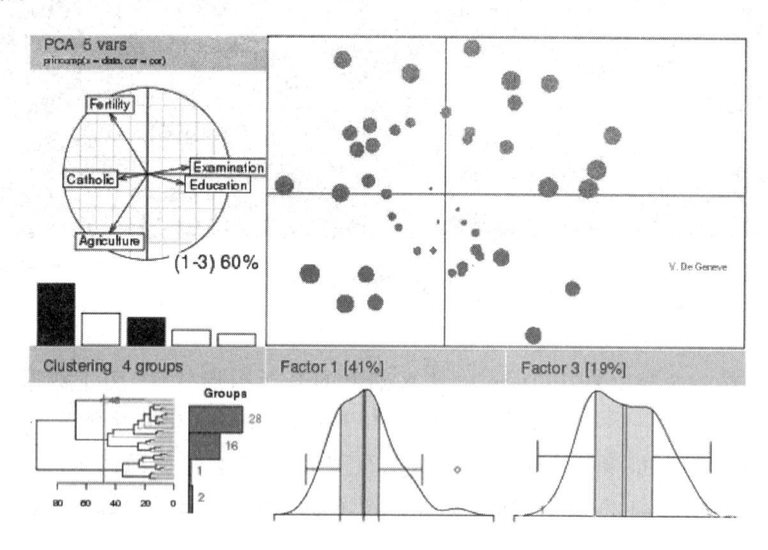

图 6-37　R 的可视化产品

4）Weka

Weka 是基于 Java 环境的开源的机器学习及数据挖掘软件。它是一个能根据属性分类和集群大量数据的优秀工具，Weka 不但是数据分析的强大工具，还能生成一些简单的图表。图 6-38 展示的是用 Weka 创建的可视化产品。

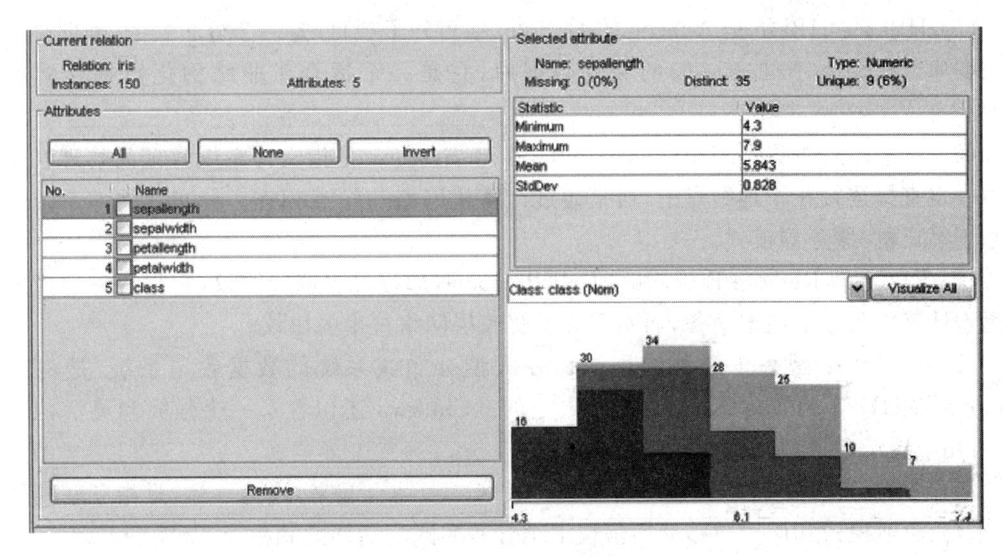

图 6-38 Weka 的可视化产品

数据可视化形式多样，思考过程也不尽相同。以上列举均基于“数据”层面（区别于信息可视化），为可视化理解提供可借鉴的思路。随着大数据技术的成熟，数据结果的多重呈现越来越重要。这些数据可视化工具将为数据更丰富的表达起到事半功倍的作用。

本章小结

本章主要介绍了大数据的基本概念、特点、技术架构，针对大数据关键技术进行了较为详细的阐述，对大数据处理分析中的常用工具做了详细介绍和对比，最后介绍了数据可视化的相关内容。通过本章的学习可以对大数据技术有初步的了解，有助于我们更好地应对未来信息技术的变革更新。

【注释】

(1) Apache 软件基金会：即 Apache Software Foundation(ASF)，是专门为支持开源软件项目而办的一个非盈利性组织。在它所支持的 Apache 项目与子项目中，所发行的软件产品都遵循 Apache 许可证(Apache License)。

(2) IDC：即 Internet Data Center，是基于 Internet 网络，为集中式收集、存储、处理和发送数据的设备提供运行维护的设施基地并提供相关的服务。IDC 提供的主要业务包括主机托管(机位、机架、机房出租)、资源出租(如虚拟主机业务、数据存储服务)、系统维护(系统配置、数据备份、故障排除服务)、管理服务(如带宽管理、流量分析、负载均衡、入侵检测、系统漏洞诊断)，以及其他支撑、运行服务等。

(3) OLTP：即 On-Line Transaction Processing，联机事务处理系统，也称为面向交易的处理系统，其基本特征是顾客的原始数据可以立即传送到计算中心进行处理，并在很短的时间内给出处理结果。

(4) Scala：是一门多范式的编程语言，一种类似 Java 的编程语言，设计初衷是实现可伸缩的语言、并集成面向对象编程和函数式编程的各种特性。

(5) HBase：HBase 是 Apache 的 Hadoop 项目的子项目，是一个分布式的、面向列的开源数据库。HBase 不同于一般的关系数据库，它是一个适合于非结构化数据存储的数据库。

(6) 分布式文件系统：DFS(Distributed File System)是指文件系统管理的物理存储资源不一定直接连接在本地结点上，而是通过计算机网络与结点相连。分布式文件系统的设计基于客户机/服务器模式。

(7) RPC：即 Remote Procedure Call Protocol，远程过程调用协议，它是一种通过网络从远程计算机程序上请求服务，而不需要了解底层网络技术的协议。

(8) Chukwa：是一个开源的用于监控大型分布式系统的数据收集系统，是构建在 Hadoop 的 HDFS 和 Map Reduce 框架之上的。Chukwa 还包含了一个强大和灵活的工具集，可用于展示、监控和分析已收集的数据。

(9) 移动互联网：就是将移动通信和互联网二者结合起来，成为一体，是指互联网的技术、平台、商业模式和应用与移动通信技术结合并实践的活动的总称。

(10) 视知觉：视知觉在心理学中是一种将到达眼睛的可见光信息解释，并利用其来计划或行动的能力。视知觉是更进一步地从眼球接收器官到视觉刺激后，一路传导到大脑接收和辨识的过程。

(11) MPPC(Massively Parallel Processing Computer)：简称为大规模并行处理计算机系统，是巨型计算机的一个种类。它以大量处理器并行工作获得高速度。

(12) AWS：业务流程管理开发平台是一个易于部署和使用的业务流程管理基础平台软件，AWS 平台提供了从业务流程梳理、建模到运行、监控、优化的全周期管理和面向角色的 BPM Total Solution。

(13) 脚本(Script)：是使用一种特定的描述性语言，依据一定的格式编写的可执行文件，又称作宏或批处理文件。

(14) 合规性评价：企业或者组织为了履行遵守法律法规要求的承诺，建立、实施并保持一个或多个程序，以定期评价对适用法律法规的遵循情况的一项管理措施。

(15) 位映射：位映射是将图像每一个像素点转换为一个数据，并存放在以字节为单位的矩阵中。这样就能够精准地描述各种不同颜色模式的图像画面，所以这种存储模式较适合于内容复杂的图像和真实的照片。

(16) 数据货币化：数据是一种资源，通过云、大数据、移动工具等产生的数据，可以有效地看到市场变化、人口变化、市场行为及模式的变化，以此来改变企业的资产组合，调整市场策略，所以数据正在货币化。

(17) QOS(Quality Of Service)：服务质量，是一组服务要求，网络必须满足这些要求才能确保数据传输的适当服务级别。

第7章 多媒体技术

【内容与要求】

本章主要介绍多媒体技术概念、多媒体信息处理技术和数据压缩基础知识、多媒体通信和多媒体网络,以及如何利用多媒体技术制作微课。目的是帮助读者了解多媒体技术,并为今后多媒体技术的应用打下基础。

多媒体技术概述:了解多媒体、多媒体设备和多媒体计算机的基本概念。

多媒体信息的处理:熟悉常用多媒体文件的类型、文件格式;掌握多媒体信息的处理方法,包括音频信息的采集、媒体播放器的使用和 Windows Live 影音制作。

数据压缩技术基础:熟悉数据压缩的标准和方法,以及常用的文件压缩工具有哪些。

多媒体通信及网络技术:了解多媒体通信、多媒体网络和流媒体的基础知识。

微课的制作中:熟练掌握微课的制作方法与技巧。

【重点、难点】

本章的重点是多媒体文件的类型、文件格式及数据压缩的标准和方法。难点是多媒体信息处理的方法和微课的制作技巧。

多媒体技术借助日益普及的高速信息网,实现了信息资源共享,成为当今信息技术领域发展最快、最活跃的技术之一。多媒体信息通过计算机或其他电子、数字处理手段的传递,既可以表达丰富的感受,又能够触动人们的思想和行为中枢。本章的宗旨是让读者对多媒体技术有一个较全面的了解,为今后应用多媒体技术打下牢固的基础。

7.1 多媒体技术概述

当前多媒体技术的应用范围包括多媒体演示系统的制作和多媒体网络传输等方面。其中多媒体演示系统的制作是应用最为广泛的领域之一,包括多媒体辅助教学系统、大屏幕多媒体演示系统、公司或产品的多媒体介绍系统等。随着图像三维技术的发展,多媒体技术将与计算机视觉技术、图形技术相结合,为人类的生活带来更大的变化。

7.1.1 多媒体技术

1. 媒体

媒体(Medium)是指承载信息的载体,是各种信息表示、传播和存储的最基本的技术和手段。

按照国际电话电报咨询委员会(CCITT)的定义,媒体可分为以下5种类型。

1) 感觉媒体

感觉媒体(Perception Medium)是直接作用于人的感觉器官,使人能产生直接感觉的一种媒体,如语言、文字、图形、图像、声音、动画等。

2) 表示媒体

表示媒体(Representation Medium)是为了加工、处理、表达和传输感觉媒体而人为研究构造出来的一种媒体,例如图像常采用的JPEG编码和MPEG编码、文本常采用的ASCII码和GB2312编码以及声音编码和视频编码等。

3) 表现媒体

表现媒体(Presentation Medium)是感觉媒体和用于通信的电信号之间转换的一种媒体。表现媒体又分为输入表现媒体和输出表现媒体,例如键盘、鼠标、扫描仪、麦克、摄像机等为输入表现媒体,显示器、打印机、音箱、投影仪等为输出表现媒体。

4) 存储媒体

存储媒体(Storage Medium)是用于存储表示媒体的物理设备,例如软盘、U盘、硬盘、光盘等。

5) 传输媒体

传输媒体(Transmission Medium)是将媒体从一处传送到另一处的物理载体,例如双绞线、同轴电缆、光纤等。

在计算机领域里,媒体有两种含义:存储信息的载体和信息的表示形式。计算机多媒体信息处理技术中所说的媒体是指后者,即信息的表示形式。

2. 多媒体

多媒体(Multimedia)是由单一媒体(如文本、声音、图形、图像、动画、视频等)复合而成的。在计算机领域中,多媒体是指将多种媒体组合在一起而产生的一种表现、传播和存储信息的载体。

多媒体中的媒体元素(Media Element)主要包括文本(Text)、图形(Graphics)、图像(Images)、声音(Audio)、动画(Animation)、视频(Video)等。

1) 文本

文本是各种文字和符号的集合,是多媒体应用程序的基础。文本是以编码的方式进行存储的,例如用ACSII编码存储字符。文本可以通过键盘输入、扫描仪或语音录入等方法获取。

2) 声音

声音是物体震动产生的波,频率在20Hz~20kHz范围之间的是人们可以听到的可听声波。通常要将声音数字化后输入到计算机中进行存储处理。

3) 图形

图形又称为矢量图,是指由计算机绘制的点、线、面等元素构成的图案,可以对图形进行移动、旋转、扭曲、放大、缩小等操作并保持图形不失真。

4) 图像

图像是指由输入设备,如数码相机、扫描仪等输入的实际场景画面。图像又分为黑白图像、灰度图像和彩色图像。

5）动画

动画是一幅幅按顺序排列的静态画面以一定的速度连续播放而形成的动态效果。每一幅静态画面称为一帧，其内容通常由人工或计算机生成，而相邻两帧的画面内容略有不同。

6）视频

视频是指将一组内容相关的图像连续播放，因视觉暂留而给人产生一种图像连续的动态效果。每一幅图像就是一帧，其内容通常来自于自然景观。

3. 多媒体技术

多媒体技术（Multimedia Technology）就是计算机交互综合处理多种媒体信息（文本、图形、图像、声音、动画和视频等），使多种媒体信息结合在一起，建立逻辑联系，使其成为一个具有交互性的系统。多媒体技术具有多样性、集成性、实时性和交互性的特点。

现在所说的多媒体，通常并不是指多媒体信息本身，而是指处理和应用它的一套软硬件技术，例如多媒体计算机、具有多媒体技术的各种软件等。因此，常说的“多媒体”只是多媒体技术的同义词。

7.1.2 多媒体设备

多媒体设备就是可以提供诸多多媒体功能的设备，包括麦克风、音箱、视频卡、触摸屏、扫描仪和数码相机等。

1. 音频设备

多媒体音频设备是音频输入输出设备的总称。常见的音频输入设备有音频采样卡、合成器、麦克风等，常见的音频输出设备有音箱、耳机、功放机等。

声卡是计算机处理音频信号的 PC 扩展卡，其主要功能是实现音频的录制、播放、编辑以及音乐合成、文字语音转换等。

2. 视频设备

常见多媒体视频设备有视频卡、视频采集卡、DV 卡、电视卡、电视录像机、视频监控卡、视频信号转换器、视频压缩卡、网络硬盘录像机等，各种视频设备均有其自身的用途。

3. 光存储设备

常见的光存储系统分为只读型、一次写入型和可擦写型三大类。目前常见的光存储系统有 CD-ROM、CD-R、CD-RW、DVD 光存储系统和光盘库系统等。

4. 其他常用多媒体设备

（1）扫描仪：利用扫描仪可以将纸张上的文本、图画、照片等信息转换为数字信号传到计算机中。

（2）笔输入设备：指以手写方式输入的设备，如手写笔、手写板等。

（3）数码相机：利用电子传感器把光学影像转换成电子数据的照相机，与传统照相机的最大区别是数码相机中没有胶卷，取而代之的是 CCD/CMOS 感光器件和数字存储器。

（4）数码摄像机：工作原理与数码相机类似，是用于获取视频信息的设备。

（5）触摸屏：利用触摸屏可以在屏幕上同时实现输入和输出。

5. 新型多媒体设备

随着虚拟现实技术的发展，人们与现实世界的交互也发生了变化，产生了一些利用虚拟现实技术的新型多媒体设备。虚拟现实技术相关内容详见第5章。

互动投影系统又叫多媒体互动投影,分为地面互动投影、墙面互动投影、桌(台)面互动投影,它采用计算机视觉技术和投影显示技术来营造一种奇幻动感的交互体验。观众可以通过肢体与投影画面中的内容进行互动,具有很高的观赏性并可以给观众带来新奇感及良好的体验,同时可以充分地调动展厅气氛、增加展示的科技含量、提高展示现场的人气度。互动投影技术是多媒体展示、互动游戏、广告新载体等应用领域的最佳选择。

7.2 多媒体信息的处理

各种媒体信息通常按照规定的格式存储在数据文件中,对多媒体信息的处理实际上就是对媒体元素的处理。本节重点讲解对图像信息、声音信息和视频信息的处理。

7.2.1 图像信息

通常情况下,数字图像指图形和静态图像两种,动态图像(视频)将在后面介绍。

1. 图像文件的格式

图像文件就是用来保存图形信息的。在多媒体计算机中,可以处理的图像文件格式有很多,每种格式有各自的特点,下面主要介绍以下几种图像格式。

1) BMP格式

BMP(Bitmap)格式是Windows操作系统下的标准的图像文件格式,其文件扩展名是bmp。在Windows环境下运行的所有图像处理软件都支持这种格式,是一种应用比较广泛的、通用的图形图像存储格式。BMP格式文件包含的图像信息较丰富,支持黑白、16色、256色、灰度图像和RGB真彩色图像,几乎不进行压缩,一般文件占用存储空间较大。

2) JPEG格式

JPEG(Joint Photographic Experts Group)文件的扩展名是jpg或jpeg,它用有损压缩方法,利用人的视觉系统的特性,使用量化和无损压缩编码相结合来去掉视觉的冗余信息和数据本身的冗余信息,在获取极高的压缩率的同时能展现丰富生动的图像。经过高倍压缩的文件都很小,但压缩后的图像还原后是无法与原图像一致的,但这一点,我们的视觉系统是看不出来的。JPEG格式压缩比率大约可达到20∶1,并支持黑白、16色、256色、灰度图像和RGB真彩色图像。

JPEG格式的图像通常用于图像预览和超文本文档中,是目前网络上最流行的图像文件格式之一。

3) GIF格式

GIF(Graphics Interchange Format)图形交换格式,是由美国最大的在线信息服务公司CompuServe开发的图像文件存储格式,分为静态GIF和动画GIF两种,其文件扩展名为gif。

GIF格式是一种基于LZW压缩算法的连续色调的无损压缩格式,文件压缩比高。GIF格式支持透明背景图像,支持黑白图像、16色和256色图像,适用于多种操作系统,文件较小,适合网络传输和使用。把存于一个GIF文件中的多幅图像数据逐幅读出并显示在屏幕上,就构成一种最简单的动画,现在网上的许多微小动画就是用这种方法制作的,因此GIF

已成为网络上最流行的图像文件格式之一，几乎所有相关软件都支持它。

4）TIFF 格式

TIFF(Tagged Image File Format)格式是 Aldus 和 Microsoft 公司为了便于各种图像软件之间的图像数据交换而开发的，是一种工业标准格式，应用也很广泛，支持黑白、16 色、256 色、灰度图像和 RGB 真彩色图像。

TIFF 格式的文件分成压缩和非压缩两类，非压缩的 TIFF 格式文件是独立于软硬件的，具有良好的兼容性，且压缩存储时又有很大的选择余地，格式复杂，存储的信息量较多。

TIFF 格式主要用于扫描仪和桌面出版物，其文件扩展名是 tif 或 tiff。

5）PSD 格式

PSD(Photoshop Document)格式是 Adobe 公司开发的图像处理软件 Photoshop 专用的图像文件格式，除了保存图像信息外，还可以保存图层、通道等信息。PSD 是一种非压缩格式，所以文件存储占用空间大。PSD 格式很少被其他软件和工具所支持，其文件扩展名为 psd。

6）WMF 格式

WMF(Windows Meta File)格式是一种比较特殊的文件格式，可以说是位图和矢量图的一种混合体，在桌面出版物领域中应用十分广泛，如 Microsoft Office 中的剪贴画使用的就是这种格式。

2. 数字图像的属性

描述一幅图像需要使用图像的属性。数字图像的属性一般包含分辨率、像素浓度、真/伪彩色等。

1）分辨率

分辨率通常有显示分辨率和图像分辨率两种。

(1) 显示分辨率是指显示屏上能够显示出的像素个数。例如，显示分辨率为 1024×768 表示显示屏被分成 1024 列、768 行，相当于整个屏幕上可以包含 786 432 个显像点。屏幕能够显示的像素越多，说明显示设备的分辨率越高，显示的图像质量也就越好。

(2) 图像分辨率是指一幅图像像素的密度。对同样大小的一幅图，如果组成该图像的像素数目越多，则说明图像的分辨率越高，看起来越真实。例如，用扫描仪扫描彩色图像时，通常要指定图像的分辨率，表示方法为每英寸多少个点(dots per inch，dpi)，如果用 300 dpi 的分辨率来扫描一幅 8 英寸×10 英寸的彩色图像，就得到一幅由 2400×3000 个像素点组成的图像。

所以，显示分辨率与图像分辨率是不同的概念。显示分辨率是确定显示图像的区域大小，而图像分辨率是确定组成一幅图像的像素数目。如在 1024×768 的显示屏上，一幅320×240 的图像约占显示屏的 1/12；相反，一幅 2400×3000 的图像在该显示屏上是不能完全显示的。

2）像素深度

像素深度是指存储每个像素的信息所占用的二进制位数，它也是用来度量图像质量的。在多媒体计算机系统中，图像的颜色是用若干位二进制数表示的，称为图像的颜色深度，即彩色图像的像素深度。例如，黑白图像(也称二值图像)的像素深度是 1，用一个二进制位就可以表示两种颜色，即黑和白；灰度图的像素颜色深度为 8(即一个字节)，用 8 位二进制可以表示256个灰度级；16色图的像素颜色深度为4，用4位二进制可以表示16种颜色；256色图的像素颜色深度为8，用8位二进制可以表示256种颜色。

3）真/伪彩色

真彩色是指图像中的每个像素值都分成R、G、B三个基色分量，每个基色分量直接决定其基色的强度，这样产生的色彩称为真彩色。

真彩色图的像素颜色深度为24，分别用三个8位二进制表示三基色(R、G、B)，可以表示1670万种颜色，大大超过了人的眼睛所能够分辨的颜色数，故称其为真彩色。

伪彩色是指图像中的每个像素的颜色不是由三个基色分量的数值直接决定的，而是显示颜色时需要查找一张表，通过像素值可以找到表的某个入口，取出某个颜色的R、G、B三个分量，然后用这三个分量控制RGB基色的强度，合成某个颜色。

3. 图像的分类

图形和静态图像是计算机技术与美术艺术相结合的产物，在计算机中，表达它们一般有位图和矢量图两种方法。这两种方法各有优点，同时各自也存在缺点，幸而它们的优点恰好可以弥补对方的缺点，因此在图像处理过程中，常常需要两种方法相互取长补短。

1）矢量图

矢量图(Vector Based Image)是用一系列计算机指令来表示一幅图，如画点、画直线、画曲线、画圆、画矩形等。这种方法与数学方法是紧密联系的，利用数据方法描述一幅图，会得到许许多多的数学表达式，再利用编程语言来实现。例如，利用向量法画一条"直线"，首先要有一数据说明该元素为直线，另外还要有其他数据说明该直线的起始坐标、方向、长度、终止坐标等信息。由于矢量图存储的是绘图指令，所以其文件占用的空间很少，而且图形无论放大多少倍，都依然清晰不会失真。

2）位图

位图(Bit Mapped Image)也叫点阵图，是把图分成许许多多的像素点，其中每个像素用若干二进制位来指定该像素的颜色、亮度和其他属性。因此一幅图由许许多多的描述每个像素的数据组成，这些数据通常被称为图像数据，而这些数据作为一个文件来存储，被称为位图文件。例如，画一条"直线"，就是用许多代表像素点颜色的数据来替代该直线，当把这些数据所代表的像素点画出来后，这条直线也就相应出现了。

3）矢量图和位图的优缺点

(1) 位图文件占据的存储空间要比矢量图大。

(2) 在放大时，位图文件可能由于图像分辨率固定，而变得不清晰；而矢量图采用的是数学计算的方法，无论怎么将它放大，它都是清晰的。

(3) 矢量图一般比较简单，而位图可以非常复杂。例如，一张真实的山水照片，用数学方法显然是很难甚至是无法描述的。

(4) 矢量图不好获得，必须用专用的绘图程序制作，Office中提供的剪贴画都是矢量图；而位图获得的方法就很多，可以利用画图程序软件制作，也可以利用扫描仪、数码照相机、数码摄像机及视频信号数字化卡等设备把模拟的图像信号变成数字位图图像数据。

(5) 在运行速度上，对于相同复杂度的位图和矢量图来说，显示位图比显示矢量图要快。

4. 图像信息的数字化

与音频信息数字化一样，图像信息的数字化也是通过采样、量化和编码得到的，只不过图像的采样是在二维空间中进行的。

图像信息数字化的采样是指把时间和空间上连续的图像转换成离散点的过程，即将图像在水平和垂直方向上分割形成 M 行 $\times N$ 列的极小区域，称之为像素(Pixel)，它是组成图像的基本单位。量化则是图像离散化后，将表示图像色彩浓淡的连续变化值离散成等间隔的整数值(即灰度级)，从而实现图像的数字化，量化等级越高图像质量越好。编码是将量化后的数据用二进制来表示。

5. 图像信息的采集

可以通过多种方法获取图像信息，如使用绘图软件绘制图形、通过扫描仪扫描图像、利用数码相机获取图像和抓取屏幕图像等。

可以利用键盘上的 Print Screen 功能键或抓图软件来抓取屏幕上有用的图像信息，这里只介绍利用键盘上的 Print Screen 功能键抓取屏幕图像的方法，具体操作步骤如下。

1) 抓取整个屏幕信息

单击 Print Screen 功能键，然后在打开的画图程序中新建一个空白文档，按 Ctrl +V 组合键，将抓取到的信息粘贴到上面，如图 7-1 所示。也可打开 Word 软件，在 Word 文档指定位置处，按 Ctrl+V 组合键，将抓取到的信息粘贴到上面。

图 7-1　画图工具界面

2) 抓取当前活动窗口

按住 Alt 键，再单击 Print Screen 功能键，接下来的操作与 1)相同。

3) Windows 截图工具

Windows 系统自带了一款小巧实用的截图工具，不需要借助第三方软件也可以实现对屏幕的截取功能。执行“开始”→“所有程序”→“附件”→“截图工具”命令即可进入“截图工具”软件操作界面，如图 7-2 所示。

启动截图工具后，单击“新建”按钮右侧的按钮，在下拉菜单中选择截图模式，如图7-3所示。截图工具能够截取的图片类型分为如下4种。

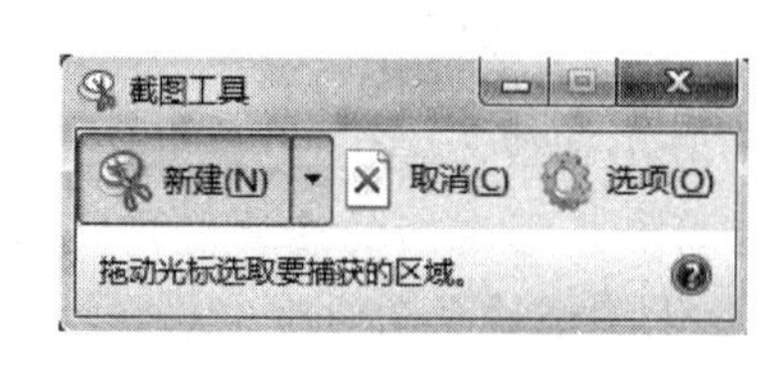

图7-2 “截图工具”窗口

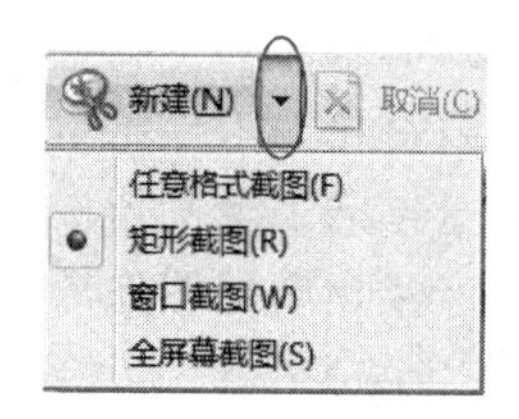

图7-3 4种截图模式

(1) 任意格式截图。“任意格式截图”截取的图形是不规则的形状，选择该项后，屏幕会微微发白，当光标变成剪刀状时拖动鼠标即可截取需要的图形。

(2) 矩形截图。“矩形截图”只能以矩形的形状截取屏幕上需要的图形，选择该项后，截取的过程与截取任意形状截图大致相同，当光标变成十字形后拖动鼠标截取所需图形。

(3) 窗口截图。“窗口截图”截取的是完整的窗口，选择该项后，光标变成手的形状，移动鼠标至所需的窗口，窗口边缘会显示红色的边框，单击即可截取该窗口。

(4) 全屏幕截图。“全屏幕截图”指的是截取当前整个屏幕的内容，选择该项后即可完成截图。

6. 图像信息的编辑

如果要想设计和处理专业和复杂效果的图像，可以选择Photoshop这款图像编辑软件，它是目前最优秀的图像处理软件之一。利用它，用户可以方便地使用图层对多个图像进行合成与编辑，使用各种绘画、修饰工具和相关命令对图像进行修饰、对色彩和色调进行调整，使用绘画工具进行绘画，使用形状和路径工具绘制矢量图形，使用滤镜快速制作各种效果，以及使用文字工具和相关命令制作文字特效等。

7.2.2 音频信息

声音是由机械振动产生的。在媒体信息当中，声音所占的比重是比较大的，人们随时随地都能听到各式各样的声音，例如美妙的音乐、动听的歌声、吵闹的喧哗声、刺耳的尖叫声、嘤嘤的鸟叫声。

1. 音频文件的格式

数字化后的声音信息以文件的形式存储在计算机或其他外部存储介质上。在多媒体计算机中，存储声音信息的文件格式主要有WAV格式、CD格式、MIDI格式、Audio格式、DVD格式等。

1) WAV格式

WAV格式是Microsoft公司专门为Windows操作系统设计的一种波形音频文件存储格式，用于保存Windows平台的音频信息，被Windows平台及其应用程序所支持，它来源于对声音模拟波形的采样。用不同的采样频率对声音的模拟波形进行采样，可以得到一系列离散的采样点，以不同的量化位数把这些采样点的值转换为二进制数，然后存储于磁盘，这就产生了声音的WAV文件。WAV文件存储的是声音的原始波形信号。

WAV格式是声音录制完成后的原始音频格式，声音质量好，一般不压缩，因此文件的数据量大，占用的存储空间多，一般多用于存储简短的声音片段。根据未经压缩的音频数据量计算公式：

音频数据量(字节)=采样频率(Hz)×量化精度(位)/8×声道数×时间(s)

可以计算若采用44.1kHz的采样频率对声音波形进行采样，每个采样点的量化精度用16位，录制1分钟的立体声(双声道)节目，则生成的WAV文件大小为：

$$44\,100\times16/8\times2\times60=10\,584\,000\text{B}\approx10.1\text{MB}$$

从这个例子可以看出，WAV文件的存储容量太大，一首WAV文件歌曲就将消耗很大的存储空间，这也是WAV文件最大的缺点。但是，当对声音质量要求不高的时候，可以通过降低采样频率、使用较低的量化位数(如8位)、利用单声道，得到较小的WAV文件。

2) MP3格式

MP3格式是一种有损压缩的音频文件格式，其文件扩展名是mp3。MP3格式采用了MPEG压缩技术，对于大存储容量的音频信息做到了很好的压缩。

MPEG(Moving Picture Experts Group，运动图像专家组)是在1988年由国际标准化组织(International Organization for Standardization，ISO)和国际电工委员会(International Electro Technical Commission，IEC)联合成立的专家组，负责开发电视图像数据和声音数据的编码、解码和同步等标准。其中，MPEG-1标准详细地说明了视频图像和声音的压缩、解压缩方法等。MPEG-1的音频标准部分可以独立使用，其中规定了高品质音频的编码方法、解码方法和存储方法。MPEG-1的声音压缩标准包括以下三个独立的压缩层次。

(1) MPEG-1 audio Layer 1：标准压缩效率为1∶4；

(2) MPEG-1 audio Layer 2：标准压缩效率为1∶6～1∶8；

(3) MPEG-1 audio Layer 3：标准压缩效率为1∶10～1∶12。

不同压缩层次对应不同的算法复杂度和声音质量，可以根据应用需求的不同，使用不同层次的编码系统进行压缩。

MP3是使用MPEG-1中的第三层音频压缩模式对声音进行压缩的格式，它丢弃了人耳听不到的那部分声音，从而节省了很多存储空间，也就实现了压缩的目的。例如，一首WAV文件存储的歌曲，其大小为30MB，那么转换成MP3格式之后，其大小就在3MB左右。

3) MIDI格式

MIDI(Musical Instrument Digital Interface，也称乐器数字接口)是由世界上主要电子乐器制造厂商联合建立的一个通信标准，是用于在音乐合成器(Music Synthesizers)、乐器(Musical Instruments)和计算机等电子设备之间交换信息与控制信号的一种标准协议。

与波形文件不同，MIDI文件存储的不是声音本身的波形数据，而是一组音乐演奏指令序列。更具体地说，对应MIDI文件专用的电缆上传送的不是声音，而是让MIDI设备或其他装置产生声音或执行某个动作的指令。因此，MIDI文件格式存储的是一套指令(即命令)，由这一套命令来指挥MIDI设备怎么去做，如发出规定的演奏音符、演奏多长时间、音量的变化和生成音响效果等。

所以，对于MIDI标准文件格式来说，不需要采样，不用存储大量的声音信号信息，只需记录音乐的乐谱，故其第一大优点就是生成的文件数据量很少，占用存储空间小。同时，MIDI文件采用命令处理声音，容易编辑。

4）CD 格式

CD 格式是标准的激光盘文件格式。CD 文件的音质好，但数据量大。CD 文件也属于波形文件的一种，但与 WAV 文件有所不同，CD 音频采用音轨方式按照时间顺序组织音频数据，而不是按照文件格式存储组织，因此不能直接复制 CD 文件到硬盘播放。

5）WMA 格式

WMA 格式是 Microsoft 公司推出的一种音频压缩文件，其压缩比高于 MP3 文件，适合网上在线播放。

6）AIF(或 AIFF)格式

AIF(或 AIFF)格式是 Apple 计算机的专用音频文件格式。

7）SND 格式

SND 格式是 Next 计算机的波形音频文件格式。

8）RA 格式

RA 格式是 Real Networks 公司推出的一种流式音频文件，可以边下载边播放。

9）RMI 格式

RMI 格式是 Microsoft 公司的 MIDI 文件格式。

10）VOC 格式

VOC 格式是 Creative 公司创建的波形音频文件格式。

2. 音频信号的数字化

声音信号是模拟信号，即时间和幅度上都是连续的信号，其中语音信号是最典型的连续信号。而计算机能够处理的声音信号只能是数字信号，即把时间和幅度用数字“0”或者“1”表示的信号。数字信号是离散的，要使计算机能够处理音频信号必须将模拟声音信号转换为数字声音信号，我们把这个过程称为音频信号的数字化。音频信号的数字化一般需要经过采样、量化和编码三个步骤来完成。

1）采样

采样(Sampling)就是每隔一个固定的时间间隔对模拟声音信号读取一次波形振幅并记录，这样就将模拟声音信号转换成时间上离散但幅度上仍然连续的信号。

每秒钟采样的次数称为采样频率(Sample Rate)，用赫兹(Hz)来表示。采样频率越高，即采样时间间隔越短，在单位时间里计算机读取的声音数据就越多，声音的还原效果就越好。根据采样定理奈奎斯特理论(Nyquist Theory)，如果采样频率不低于模拟声音信号最高频率的两倍，就能把用数字表示的声音信号还原成原来的声音信号，称之为无损数字化(Lossless Digitization)。

常用的采样频率有 11.05kHz、22.05 kHz 和 44.1 kHz 三种，其中 44.1 kHz 是 CD 音频常采用的采样频率。

2）量化

量化(Quantization)就是把幅度上连续取值的模拟量转换为离散量。量化值用二进制表示，每个样本使用的二进制数的位数决定量化精度，量化精度有 8 位、16 位、32 位等。若量化精度是 16 位，则测得的声音样本值在 0～65 535 范围内，即对应 65 536 个量化级。量化精度影响声音的质量，量化精度越高，声音的质量就越好，当然占用的存储空间也就越大。

3）编码

模拟音频信号经过采样、量化后已经变成数字音频信号了。在计算机中，任何数据都必须以一定的格式存储，才能被正确处理，因此，数字音频信号必须经过编码，计算机才能对其进行存储、处理和传输。编码分为压缩和非压缩两种方式。

在多媒体计算机中，音频信号的数字化过程是由声卡来完成的。音频数字化主要有三个参数，分别是采样频率、量化精度和声道数。声道数是指声音通道的个数，通常有单声道、双声道、4声道、6声道等。多声道的声音效果要比单声道的声音效果好，但文件也要大一些。

3. 音频信息的采集

可以通过多种方法获取音频信息，如购买声音素材库光盘、网上下载、从CD（或VCD）音乐光盘中截取或自己录制等。

录制声音文件的软件有很多，如Cool Edit等，而Windows操作系统自带的“录音机”工具是一个实用而简单的声音文件录制软件。使用录音机的方法非常简单，但在录制声音时，必须有音频输入设备，如麦克风和声卡。

具体操作方法如下。

（1）设置录音设备：右击任务栏中的“音量”图标，在打开的快捷菜单中选择“录音设备”命令，打开“声音”对话框，如图7-4所示。在该对话框中可以对播放、录制、声音和通信4个标签中的内容进行设置。例如双击“录制”标签中的“麦克风”图标，打开“麦克风属性”对话框，选择“级别”标签，如图7-5所示，滑动“麦克风”和“麦克风加强”滑块可以增加录音时的音量。

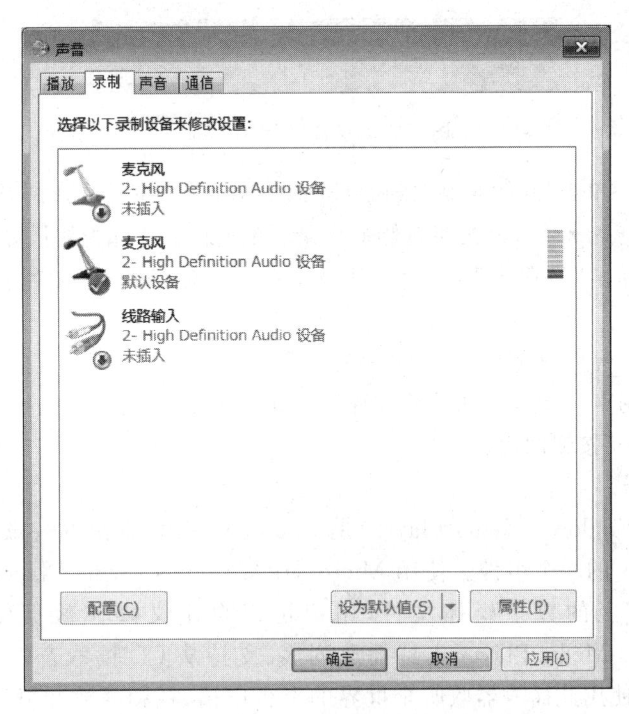

图7-4 “声音”对话框

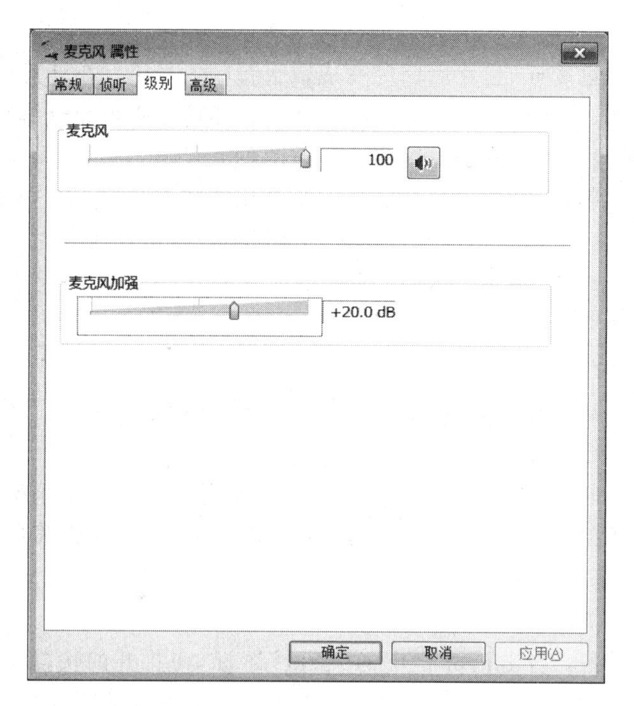

图 7-5 “麦克风属性”对话框的“级别”标签

(2) 启动程序：选择“开始”→“所有程序”→“附件”→“录音机”命令，启动“录音机”应用程序，如图 7-6 所示。

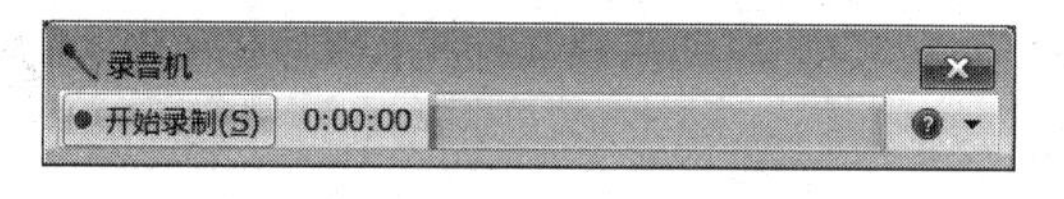

图 7-6 “录音机”程序界面

(3) 录制声音：单击“开始录制”按钮 开始录制(S)，开始录音。这时“开始录制”按钮变为“停止录制”按钮 停止录制(S)，该按钮右侧显示录音的时间。单击“停止录制”按钮，可以结束声音的录制，同时弹出“另存为”对话框，可以保存所录制的声音文件，默认的文件扩展名为 wma。

(4) 继续录制声音：如果在弹出的“另存为”对话框中单击“取消”按钮，则可以返回“录音机”程序继续录制声音文件。如果要放弃声音录制，则单击录音机的“关闭”按钮，在弹出的对话框中单击“否”按钮即可。

4. 媒体播放器

媒体播放器(Windows Media Player)是 Microsoft 公司推出的一款免费的播放器，是 Microsoft Windows 的一个组件。使用 Microsoft Windows Media Player 可以播放和组织计算机及 Internet 上的数字媒体文件，用户可以自定义媒体数据库收藏媒体文件。Microsoft Windows Media Player 支持播放列表、支持从 CD 读取音轨到硬盘、支持刻录 CD。此外，还可以使用此播放器收听全世界的电台广播、视频播放和复制 CD、创建自己的 CD、播放 DVD 以及将音乐或视频复制到便携设备(如便携式数字音频播放机和 Pocket PC)中。

通过选择“开始”→“所有程序”→Windows Media Player 命令，可以启动媒体播放器应用程序，如图 7-7 所示。在播放过程中，可以滑动“音量”滑块调节音量大小，也可以随时单击“暂停”按钮或“停止”按钮控制播放过程。具体操作方法见 6.2.3 节。

图 7-7　Windows Media Player 播放器

7.2.3　视频信息

所谓视频信息简单地说就是动态的图像。视频是利用人眼的暂留特性产生运动影像，当一系列的图像以每秒 25 幅或以上的速度呈现时，眼睛就不会注意到所看到的影像是不是连续的图像，这里的每一幅图像称为“帧”，每秒钟播放的帧的个数就是“帧速率”，所有视频系统（如电影和电视）都是应用这一原理来产生动态图像的，如中国和欧洲使用的 PAL 制电视系统，帧速率为 25，而美国和日本使用的 NTSC 制电视系统，帧速率为 30。

1. 视频文件的格式

在多媒体计算机中，数字视频文件的格式有 AVI、MPEG、MOV、FLIC、ASF 和 RM 等。

1）AVI 格式

AVI(Audio Video Interleaved)是 Video for Windows 等视频应用程序使用的格式，也是当前最流行的视频文件格式，其文件扩展名为 avi。它采用了 Intel 公司的 Indeo 视频有损压缩技术，将视频信息与音频信息交错混合地存储在同一个文件中，较好地解决了音频信息与视频信息的同步问题，但由于压缩比较高，与 FLIC 格式的动画相比，画面质量不是太好。

2）MPEG 格式

计算机上的全屏幕运动视频标准文件格式就是 MPEG 文件格式，近年来开始流行。MPEG 文件格式是使用 MPEG 压缩方法进行压缩的全运动视频图像，它采用有损压缩方法减少运动图像中的冗余信息，从而达到压缩的目的。MPEG 文件可于 1024×768 分辨率下，以帧速率为 24 帧、25 帧或 30 帧的速率播放有 128 000 种颜色的全运动视频图像，并配以具有 CD 音质的伴音信息。随着 MPEG 文件格式的日益普及，目前许多视频处理软件以及像 Corel DRAW 这样的大型图像处理软件都开始使用这种视频格式。

3）ASF 格式

ASF（Advanced Streaming Format）是 Microsoft 公司开发的流式媒体播放文件格式，适合于网上连续播放视频图像。它采用 MPEG-4 压缩算法，其压缩率和图像的质量都很不错，用户可以直接使用 Windows 自带的 Windows Media Player 对其进行播放。

4）MOV 格式

MOV 文件原是 QuickTime for Windows 的专用文件格式，由 Apple 公司开发，其文件扩展名为 mov。MOV 文件使用有损压缩技术，以及音频信息与视频信息混排技术，一般认为 MOV 文件的图像质量比 AVI 格式的要好。

5）FLIC 格式

FLIC 文件格式由 Autodesk 公司研制而成。FLIC 是 FLC 和 FLI 的统称，FLI 是最初的基于 320×200 分辨率的动画文件格式，而 FLC 则采用了更高效的数据压缩技术，所以具有比 FLI 更高的压缩比，其分辨率也有了不少提高。

FLIC 文件格式采用无损压缩方法，画面效果十分清晰，在人工或计算机生成的动画方面使用这种格式的较多。播放 FLIC 动画文件一般需要 Autodesk 公司提供的 MCI 驱动和相应的播放程序 AAPlay。

6）RM 格式

RM（Real Media）格式是由 Real Networks 公司推出的一种流媒体视频文件格式，是音频视频压缩规范。RM 格式的文件小，画面质量良好，适合用于在线播放。用户可以使用 RealPlayer 或 Real One Player 对其进行在线播放，并且 Real Media 可以根据不同的网络传输速率制定不同的压缩比率，从而实现在低速率的网络上进行影像数据实时传送和播放。

2. 视频的分类

同音频一样，视频也可以分为模拟视频和数字视频两种。

1）模拟视频

模拟视频是指在时间和空间上都是连续的信号，如标准广播电视信号。模拟视频成本低、还原度好，但是在长时间存放和经过多次复制后，其图像质量会降低。

2）数字视频

数字视频是指在一段时间内以一定的速率对模拟视频进行捕获，并加以采样、量化等处理后所得到的媒体数据。数字视频在传输和复制过程中图像不会失真。

3. 视频文件的播放

播放视频的应用程序软件非常多，但对于不同的播放软件，所支持的文件格式不一定相同，操作方法与对应的功能也有所不同。在此以 Windows Media Player 为例进行介绍。

Windows Media Player 是 Windows 系统自带的通用的媒体播放器，可用于接收当前最流行格式制作的音频、视频和混合型的多媒体文件。

Windows Media Player 支持多种视频文件，如 AVI、MOV、MPG、MPEG、MV、MP2、MPA、MPE、QT 和 DAT 等。下面介绍这款软件的常见用法。

1）Windows Media Player 的启动和窗口布局

执行菜单命令“开始”→“所有程序”→Windows Media Player 即可启动媒体播放机，如图 7-8 所示。

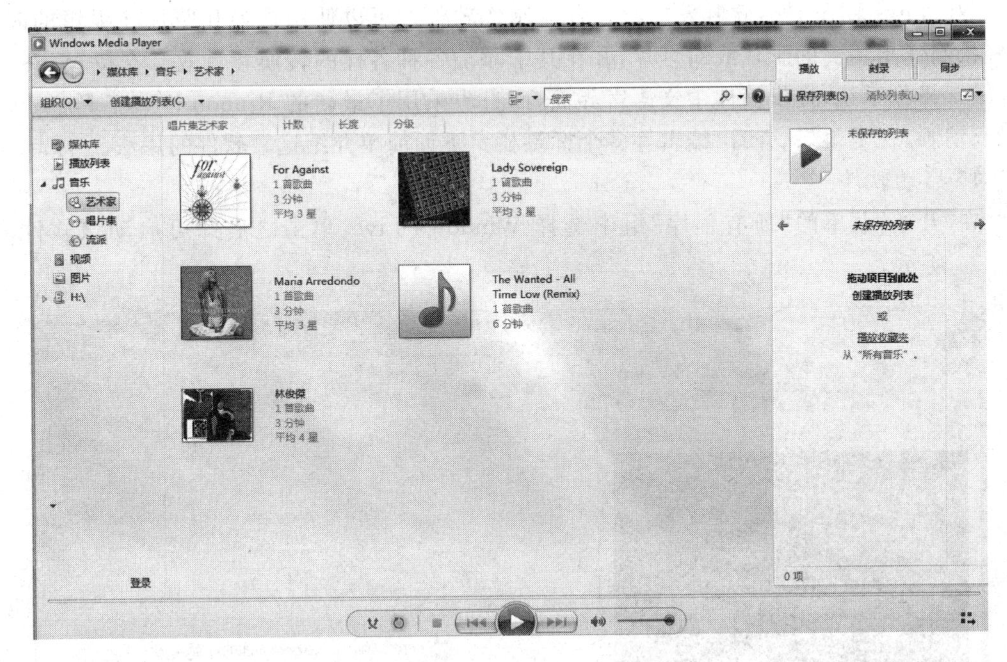

图 7-8　Windows Media Player 窗口

2）切换窗口模式

Windows Media Player 播放器的窗口有两种显示模式，即“库”模式（默认模式）和“外观”模式。可以通过以下操作进行显示模式的切换。

（1）在“库”模式下：在地址栏中右击，在弹出的快捷菜单中选择“视图”→“外观”命令，切换到“外观”模式。

（2）在“外观”模式下：单击“查看”→“库”菜单项，切换到“库”模式。

3）控制视频文件的播放

（1）播放媒体文件

如果要播放媒体文件，可先选择左侧导航窗格中的“音乐”或“视频”选项，再选择要播放的媒体文件，单击“播放”按钮，或双击要播放的媒体文件，或右击要播放的媒体文件，选择“播放”菜单项即可。

（2）控制播放

可以使用窗口下方播放控制区的按钮，如图 7-9 所示，来控制播放过程以及播放音量。

4. 视频文件的编辑

在获得初始数字化视频之后，可以方便地使用视频编辑软件对这些视频文件进行编辑或加工，然后在多媒体应用系统中使用。目前常见的视频处理软件有 Premiere、Video For Windows、Digital Video Productor、Song Vegas、会声会影和 Windows Live 等。

图 7-9　播放控制区按钮

5. Windows Live 影音制作

Windows Live 是微软开发的影音合成制作软件。可以使用视频和照片在很短的时间里轻松制作出精美的影片或幻灯片，并在其中添加各种各样的转换和特效。支持 Windows Vista/7 操作系统，提供简体中文语言界面，而且也采用了最新的 Ribbon 样式工具栏，包括开始、动画、视觉效果、查看、编辑等多个标签栏。下面简单介绍这款软件的用法。

1）启动软件

在"开始"菜单的"所有程序"组中选择 Windows Live，单击之后即可启动该软件，如图 7-10 所示。

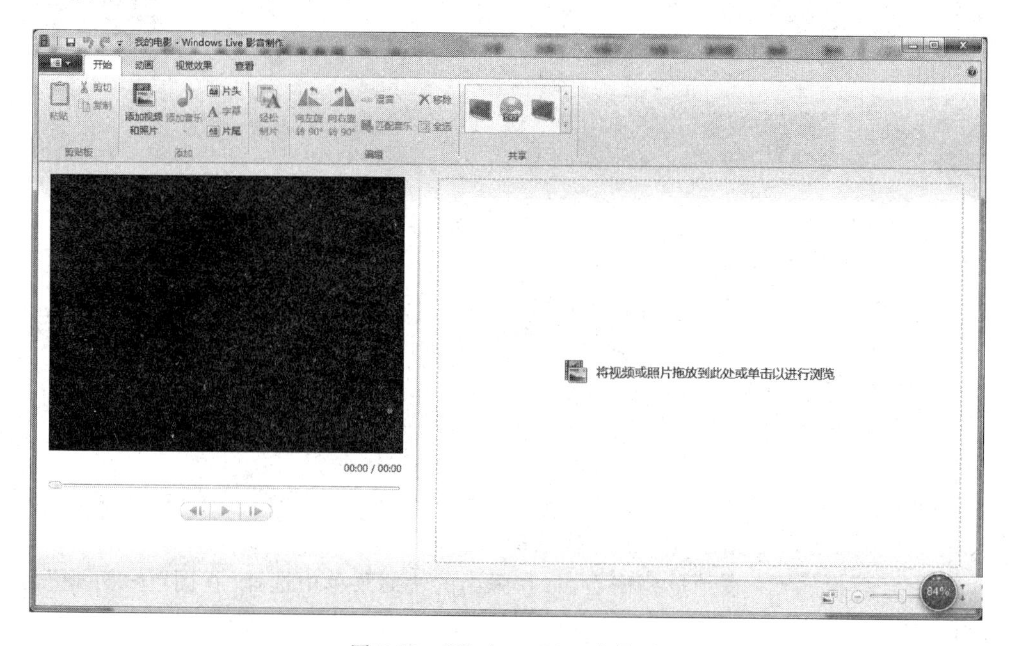

图 7-10　Windows Live 主界面

在 Windows Live 窗口的左侧为预览窗口，右侧为故事板，预览窗口下方为播放控制区，窗口右下角的控制滑块是放大时间标度。

2）添加图片和视频素材

单击"开始"选项卡中的"添加视频和照片"，打开"添加视频和照片"对话框，如图 7-11 所示，选择需要的素材，单击"打开"按钮，完成素材的选择。此时素材会自动罗列在右侧窗口中，如图 7-12 所示，单击窗口左侧下方的"播放"按钮 ▶ 就可以观看效果了。可以直接拖动窗口右侧的素材调整影片素材的播放顺序。

Windows Live 影音制作可以导入 23 种视频文件(3GP、MPG 等)、7 种格式的音乐文件(MP3、WMV 等)和 15 种格式的图片文件(JPG、BMP 等)。

3）添加音乐素材

单击"开始"选项卡中的"添加音乐"按钮，在打开的"添加音乐"对话框中选择音乐文件，

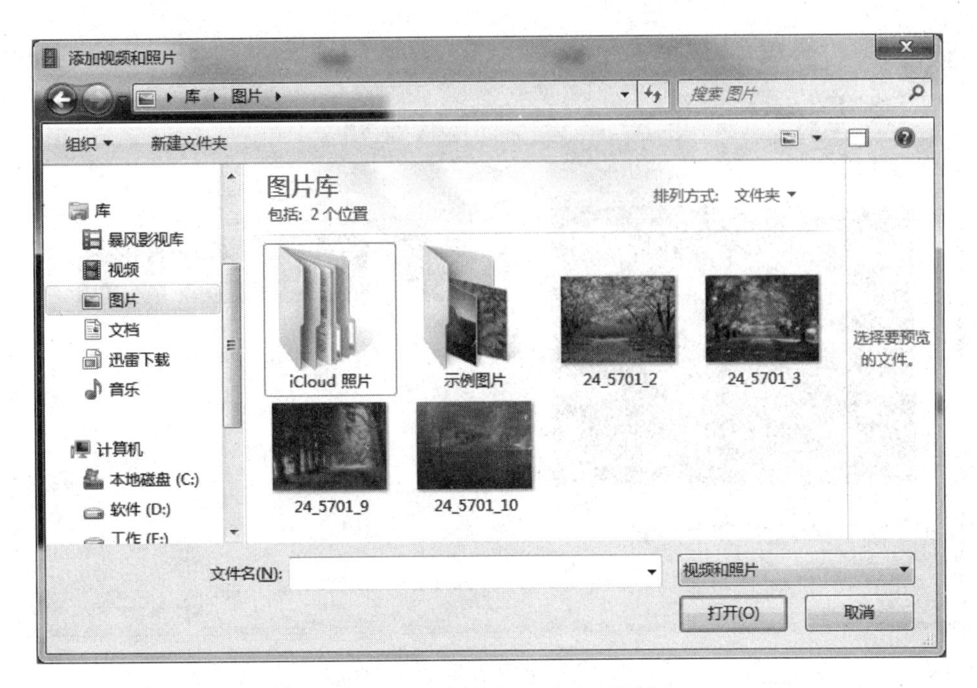

图 7-11 “添加视频和照片”对话框

图 7-12 添加素材界面

单击“打开”按钮完成加载，如图 7-13 所示。在故事板中拖动所添加的音乐可以修改其起始位置，如图 7-14 所示。

单击故事板中的音乐，在功能区增加“音乐工具”的“选项”选项卡，在这里可以设置音乐文件的音量、淡入淡出效果等，还可以完成对音乐文件起始点和终止点的设置及音乐文件的拆分。方法请参见对视频素材的编辑，这里不再赘述。

图 7-13　添加音乐后的效果

图 7-14　修改音乐起始位置后的效果

4）编辑视频素材

（1）分割视频

选中窗口右侧故事板中要进行分割的视频素材，用鼠标拖动“播放”滑块至要保留视频的起点处，然后单击“编辑”选项卡中的“设置起始点”按钮设定视频的起始点；再次拖动“播放”滑块至要保留视频的结束处，单击“编辑”选项卡中的“设置终止点”按钮设定视频的终止点，则起始点和终止点之间的视频就被保留下来了，完成了视频的分割，如图 7-15 所示。

(a) 视频分割前

(b) 视频分割后

图 7-15 视频分割效果

(2) 拆分视频

如果要拆分视频，可将“播放”滑块移动到拆分处，单击“编辑”选项卡中的“拆分”按钮，完成拆分视频操作，如图 7-16 所示。

图 7-16　视频拆分后效果

(3) 修饰视频

"编辑"选项卡中的"淡入"和"淡出"下拉列表框可以修饰视频声音的淡入淡出效果，"视频音量"按钮可以调节配音音量。

"视觉效果"选项卡中提供了多种效果，选中视频素材后，单击某一种效果即将其添加到视频上，如图 7-17 所示是为视频添加的"边缘检测"效果。

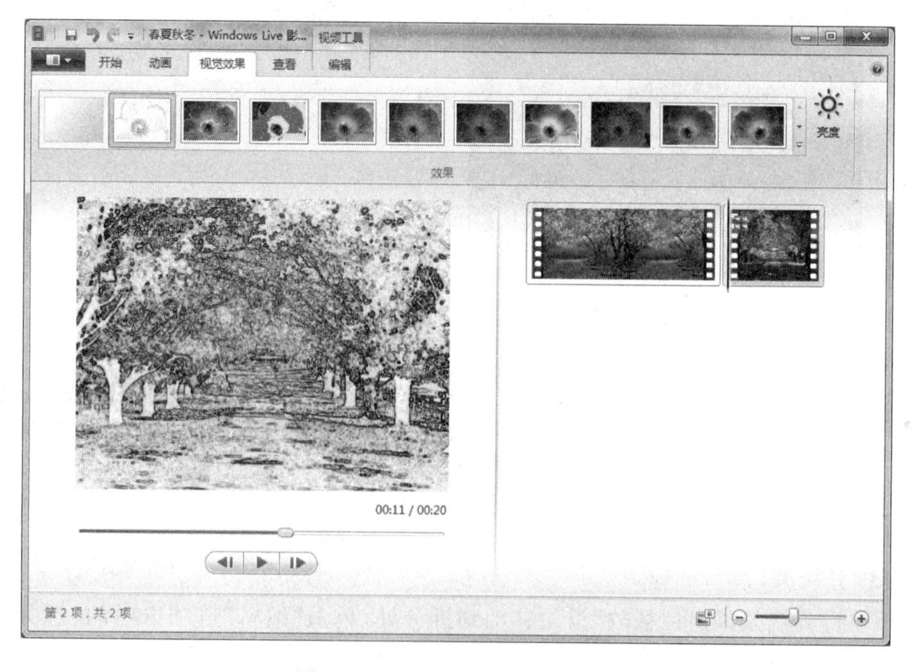

图 7-17　视频的"边缘检测"效果

如果要给一段视频加上多种修饰，可单击“效果”组右侧的“更多”按钮，如图 7-18 所示，在打开的下拉列表中选择“多种效果”按钮，单击该按钮可以打开“添加或删除效果”对话框，如图 7-19 所示，可以选择多种效果进行添加或删除已经添加的效果，如图 7-20 所示为同时添加了“边缘检测”和“阈值”效果。

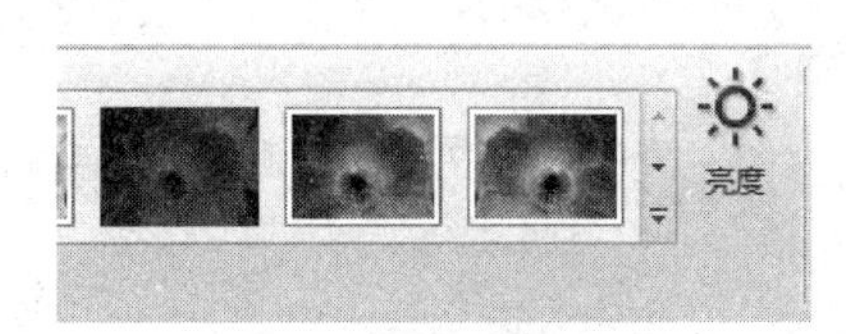

图 7-18　“更多”按钮

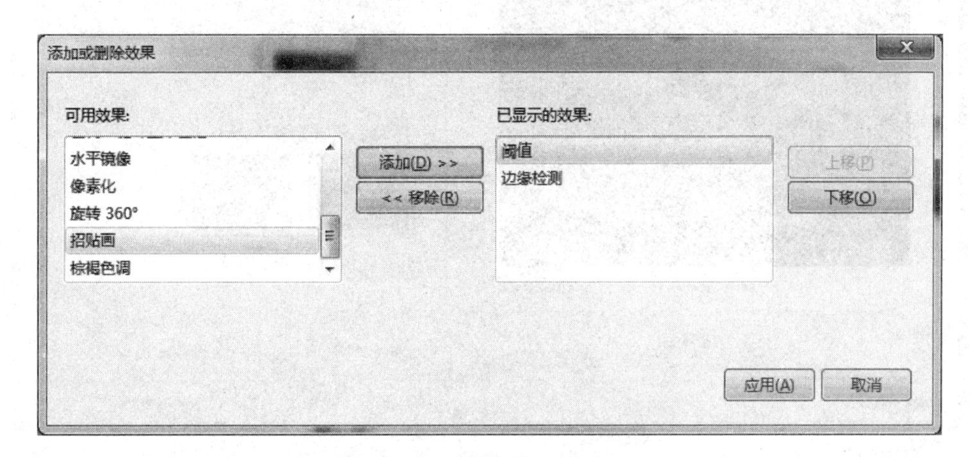

图 7-19　“添加或删除效果”对话框

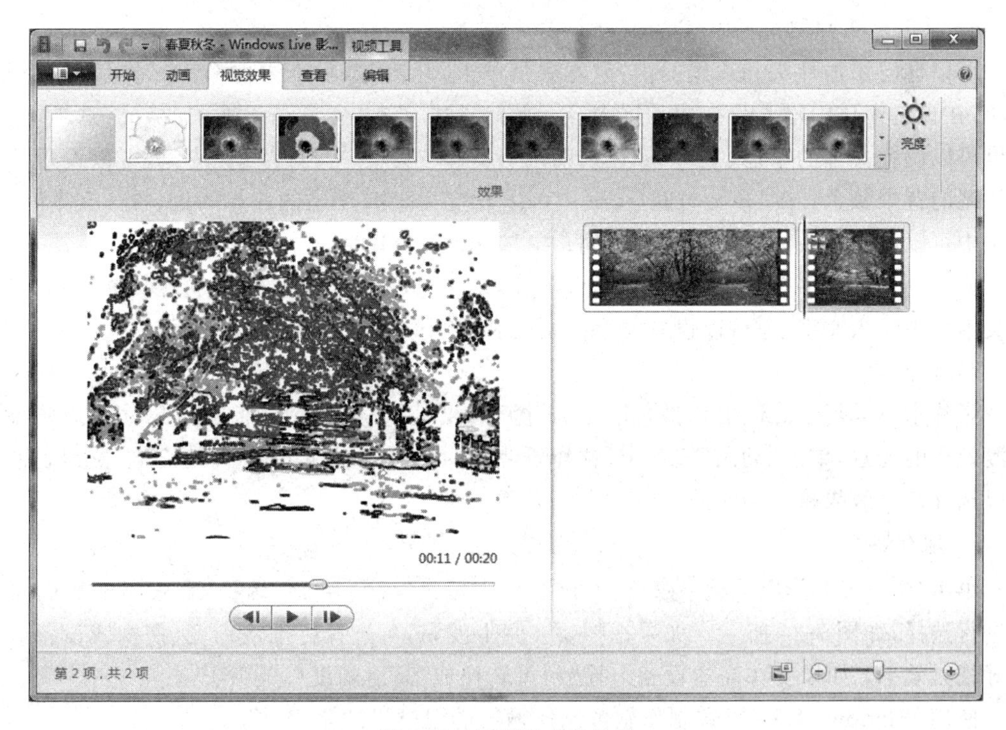

图 7-20　视频的多种效果

5）快速制作小电影

单击“开始”标签中的“轻松制片”按钮，根据提示可以将素材快速整合成一段小电影，将自动添加片头、片尾及过渡效果等，如图 7-21 所示。

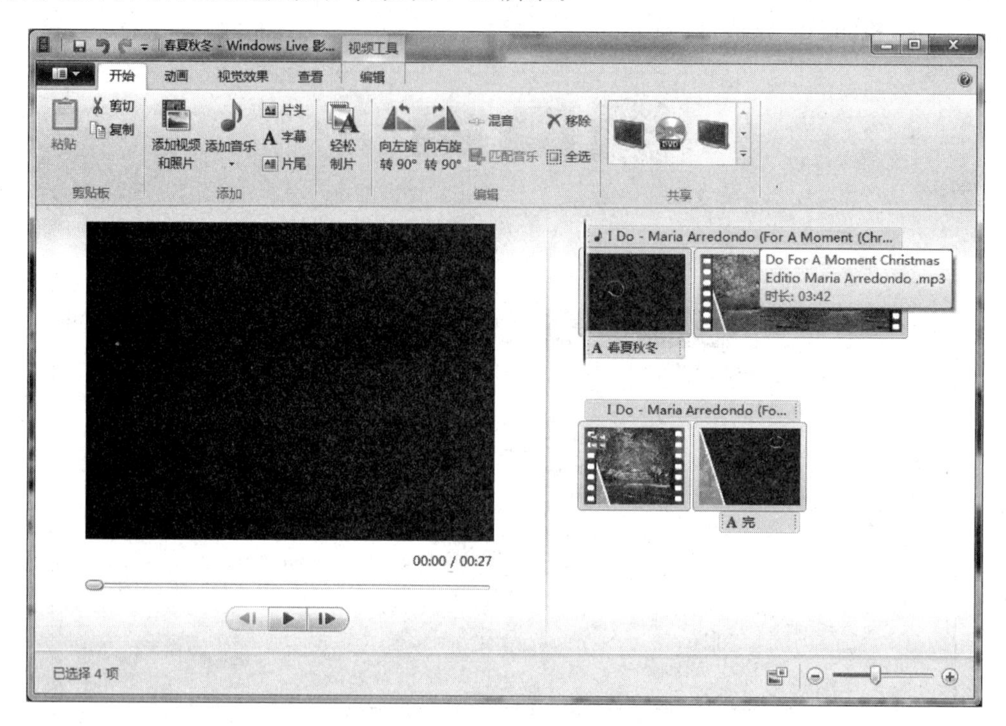

图 7-21 “轻松制片”按钮制作的小电影

6）添加片头片尾

可以自己添加片头和片尾的内容，方法是单击“开始”选项卡中的“片头”按钮或“片尾”按钮，在预览窗口中输入片头或片尾内容。此时选中文本，会自动切换到“格式”选项卡，在这里可以设置文本的字体、字号、颜色透明度等效果。单击“背景颜色”按钮，可以设置片头或片尾的背景颜色；在“开始时间”按钮中可以设置片头或片尾的起始时间；在“文本时长”按钮中可以设置片头或片尾的持续时间；在“效果”组可以为文本选择动画效果。

要给场景加上字幕，可先选中视频或图片，单击“开始”选项卡中的“字幕”按钮，在出现的文本框中输入文字，还可以设置文字的格式和动画效果等，如图 7-22 所示。

7）设置动画

影片中不同场景之间的切换可以添加过渡效果，以增加视频的播放效果。选择要添加过渡效果的场景，单击“动画”选项卡，选择要使用的过渡效果即可；在“时长”下拉列表框中可以选择过渡效果持续的时间，如图 7-23 所示。

8）保存影片

单击“影音制作”按钮，在下拉菜单中选择“保存电影”选项，在弹出的级联菜单中进行选择，如图 7-24 所示。如果视频要在网上发布，可选择标准清晰度、便携式设备或手机等视频效果；如果要在高清设备上播放，可转换成“高清晰度(1080P)”。

使用 Windows Live 影音制作软件制作输出的视频格式是 WMV。

图 7-22　添加字幕效果

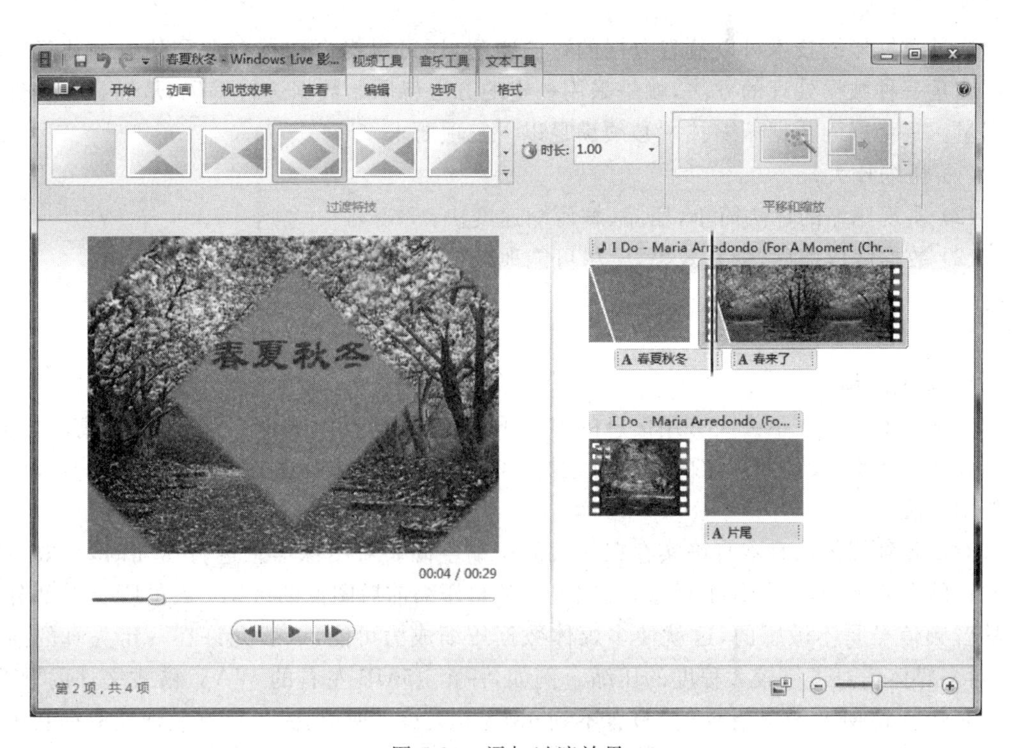

图 7-23　添加过渡效果

图 7-24 “影音制作”下拉菜单

7.3 数据压缩技术基础

通过数据压缩技术可以节省数据的存储空间,还可以提高数据存取和传输的速度。数据压缩是一种数据处理的方法,就是采用一定的方法将原始数据进行编码,从而减少文件的数据量。一个好的数据压缩技术必须满足以下三项要求。

(1) 压缩比大;

(2) 实现压缩的算法简单,压缩、解压缩速度快;

(3) 数据解压缩后,恢复效果好,尽可能地减少失真。

7.3.1 数据压缩概述

1. 数据压缩

数据压缩是指在不丢失有用信息的前提下,缩减数据量以减少存储空间,提高其传输、存储和处理效率,或按照一定的算法对数据进行重新组织,减少数据的冗余和存储空间的一种技术方法。

对于各种媒体信息本身确实存在很大的压缩空间。对图像信息进行压缩时,一般在人眼允许的误差范围内,不仔细观察,人们很难觉察压缩前后图像的区别;人的听觉对部分频率的音频信号是不敏感的,这就使多媒体数据压缩成为可能,一般允许在一定失真的前提下,对多媒体信息进行较大程度的压缩。例如,一个 45MB 左右的 WAV 格式文件的歌曲,当将其转换成 MP3 格式存储时,只有不到 6MB 的大小。所以,为了更有效地获取和利用信息,采取行之有效的压缩方法是非常必要的。

2. 数据压缩标准

数据压缩标准可分为音频压缩标准、静态图像压缩标准、运动图像压缩标准和视频通信编码标准。

1）音频压缩标准

对于数字电器（如数码录音笔、数码随身听）中存储的普通音频信息，最常使用的压缩方法主要是 MPEG 系列中的音频压缩标准。在多种音频压缩标准中，MP3 最为常用。

2）静态图像压缩标准

这一标准适用于彩色和单色多级灰度或连续色调静态数字图像的压缩。JPEG 采用以离散余弦变换（Discrete Cosine Transform，DCT）为基础的有损压缩算法和以预测技术为基础的无损压缩算法来进行压缩。通过调整质量系数控制图像的精度和大小，其压缩比可以从 10∶1 到 80∶1。

3）运动图像压缩标准

视频及其伴音的国际编码标准，即 MPEG 标准，包括 MPEG 视频、MPEG 音频和 MPEG 系统三部分，是一种动态图像压缩标准。其方法是利用动态预测及差分编码方式去除相邻两张图像的相关性，因为对于动态图像而言，除了正在移动的物体附近，其余的像素几乎是不变的，因此可以利用相邻两张甚至多张图像预测像素可能移动的方向与亮度值，再记录其差值。将这些差值利用转码或分频式编码将高低频分离，然后用一般量化或向量量化的方式舍去一些画质而提高压缩比，最后再经过一个可变长度的不失真型压缩得到最少位数的结果，这种结果可以得到 50∶1 到 100∶1 的压缩比。

运动图像专家组到目前为止，已推出的 MPEG 标准有 MPEG-1、MPEG-2、MPEG-4、MPEG-7 和 MPEG-21 等。

4）视频通信编码标准

国际电信联盟远程通信标准化组织（ITU Telecommunication Standardization Sector，ITU-T）是国际电信联盟管理下的专门制定远程通信相关国际标准的组织。ITU-T 和 ISO/IEC 是制定视频编码标准的两大组织，ITU-T 的标准包括 H. 261、H. 262、H. 263、H. 264，主要应用于实时视频通信领域，如会议电视；ISO/IEC 制定的 MPEG 系列标准主要应用于视频存储、广播电视、因特网上的流媒体等。

7.3.2 数据压缩方法

严格意义上的数据压缩起源于人们对概率的认识。当对文字信息进行编码时，如果为出现概率较高的字母赋予较短的编码，为出现概率较低的字母赋予较长的编码，总的编码长度就能缩短不少。首先要寻找一种能尽量精确地统计或估计信息中符号出现概率的方法，然后还要设计一套用最短的代码描述每个符号的编码规则。

数据压缩处理一般由以下两个过程组成。

（1）编码（Encoding）过程，就是对原始数据经过编码进行压缩；

（2）解码（Decoding）过程，就是对编码数据进行解码，还原为可以使用的数据。

下面介绍两种多媒体数据压缩的分类方法。

按解码后的数据与原数据是否一致进行分类，数据压缩方法分为有损压缩和无损压缩。

（1）有损压缩

有损压缩是指被压缩的数据经解压缩后与原来的数据有所不同，会产生失真，是采用不可逆编码法，该压缩方法压缩了熵。由于有损压缩减少了信息量，损失的信息量是不能再恢复的，所以压缩前与解压缩后有误差，但其压缩比较高。常用的有损压缩方法有变换编码和预测编码等。

（2）无损压缩

无损压缩是指被压缩的数据进行解压缩后，数据与原来的数据完全相同，不会产生任何失真，是采用可逆编码法。无损压缩去掉或减少了数据中的冗余，故又称为冗余压缩法。无损压缩法一般用于文本数据的压缩，但压缩比较低。常用的无损压缩方法有行程编码、哈夫曼(Huffman)编码和算术编码等。

按数据压缩编码方法进行分类，数据压缩方法分为变换编码、预测编码和统计编码等。

（1）变换编码

变换编码不直接对空域图像信号进行编码，而是首先将原始数据“变换”到一个更为紧凑的表示空间（即“频域”），产生一批变换系数，然后对这些变换系数进行编码处理。

（2）预测编码

预测编码是根据离散信号之间存在着一定关联性的特点，利用前面一个或多个信号对下一个信号进行预测，然后对实际值和预测值的差进行编码。如果预测比较准确，预测误差就会很小。在同等精度要求的条件下，就可以用比较少的比特进行编码，达到压缩数据的目的。

（3）统计编码

统计编码是根据信源符号出现概率的统计情况进行压缩。对于出现概率大的符号用较少的位数表示，对出现频率小的符号用较多的位数表示，从而减少总的位数达到压缩的目的。常用的统计编码是行程编码、哈夫曼编码算术编码。

7.3.3 文件压缩工具

目前比较常用的文件压缩解压缩软件有 WinRAR 和 WinZip 两种。WinRAR 是一款功能强大的压缩包管理器，是 RAR 在 Windows 环境下的图形操作界面，可以备份数据、缩减电子邮件附件的大小、创建和管理压缩文件。WinRAR 默认的压缩文件扩展名为. rar，同时也支持 ZIP、UUE、ARJ、CAB、LZH、ACE、GZ、BZ2、TAR、JAR 类型压缩文件。

7.4 多媒体通信及网络技术

多媒体通信与网络发展的速度越来越快，多媒体技术和网络技术的结合为人们提供了高效便捷的交流沟通途径。

7.4.1 多媒体通信

1. 多媒体通信的定义

多媒体通信是一种把通信、电视和计算机三种技术有机地结合在一起的通信技术，人们在传递和交换信息时采用“可视的、智能的、个性化的”服务模式，同时利用声、图、文等多种信息媒体。

2. 多媒体通信系统的特征

在多媒体通信中，用户可以不受时间及空间的限制来索取、传播和交换信息。为了满足上述要求，多媒体通信系统应具有以下特征。

1) 集成性

多媒体通信系统必须具有集成性。在多媒体通信系统中，必须能同时处理两种以上的媒体信息，包括对不同媒体信息的采集，信息数据的存储、处理、传输和显示等。其次，由于多媒体中各媒体之间存在着复杂的关系，如时间关系、空间关系、链接关系等，因而所有描述这些关系的信息也必须相应地进行处理。

2) 交互性

交互性是指在通信系统中人与系统之间的相互控制能力。只有这样，系统才能不再局限于传统通信系统简单的单向、双向的信息传送和广播，实现真正的多点之间、多种媒体信息之间的自由传输和交换。总之，交互性是多媒体通信系统的一个重要特性，是多媒体通信系统区别于其他通信系统的重要标志。交互性为用户提供了对通信全过程完备的交互控制能力，就像视频点播(Video on Demand，VOD)系统。传统的电视集声音、图像、文字于一体，但不能称其为多媒体通信系统，因为用户只能通过选择不同的频道，观看电视台事先安排好的电视节目，而无法根据自己的需要在适当的时间观看特定的节目。视频点播系统却可以完全满足用户的上述需求。

3) 同步性

同步性是指多媒体通信终端上显示的图像、声音和文字必须以同步方式工作，这是由多媒体的定义决定的。因此多媒体通信系统中通过网络传送的多媒体信息必须保持其时间对应关系，即同步关系。例如，用户要查询一种野生动物，如北极熊的生态信息，北极熊的图像资料存放在图像数据库中，而其吼叫声、讲解资料等存放在声音数据库中，还有其他相关的资料存放在相应的数据库中。多媒体终端通过不同的传输途径获取不同的信息，并将它们按照特定的关系组合在一起，呈现给用户。可以说，同步性是多媒体系统区别于多种媒体系统的根本标志。另外，同步性也是多媒体通信系统的最大的技术难点之一。

上述三个特征是多媒体通信系统所必须具有的，缺一不可。

7.4.2 多媒体网络

多媒体网络技术包括文件传输、电子邮件、远程登录、网络新闻和电子商务等以文本为主的数据通信和以声音和图像为主的通信。通常把声音信息和图像信息的网络应用称为多媒体网络应用(Multimedia Networking Application)。网络上的多媒体应用要求在客户端播放声音和图像时要流畅，声音和图像要同步，因此对网络的时延和带宽要求很高。

依据用户使用时交互的频繁程度，可将多媒体网络应用分成三类。

(1) 现场交互应用(Live Interactive Applications)：如IT电话、实时电视会议等。

(2) 交互应用(Interactive Applications)：用户可以要求服务器开始传输文件、暂停、从头开始播放或者跳转，如音频点播、视频点播等。

(3) 非实时交互应用(Non - Interactive Applications)：用户只需简单地调用播放器播放，如现场声音、电视广播或者预录制内容的广播等。

随着网络技术和多媒体技术的发展，多媒体网络在人们的工作和生活中的应用越来越多，常见的多媒体网络应用形式如下。

(1) 现场实播：现场声音、电视广播或者预录制内容的广播，可使用单目标广播传输，也可使用更有效的多目标广播传输。

(2) 音频点播：在用户请求传送服务机上存放的经过压缩的音频文件时，如演讲、音乐、广播等，都可以实时地从音频点播软件中读取音频文件，而不是在整个文件下载之后开始播放。

(3) 视频点播：与音频点播相似，服务机上存放的压缩的视频文件可以是授课、电影、电视剧等。存储和播放视频文件比音频文件需要更大的空间和传输带宽。

(4) IT 电话：利用 Internet 网络进行相互通信，可以是近距离通信，也可以是长途通信，而费用却非常低廉。

(5) 分组实时电视会议：分组实时电视会议与 IT 电话类似，但允许多人参加。会议期间，可以为参会的每一个人打开一个窗口。

依据所用协议，多媒体网络应用可分为两种服务。

(1) 可靠的面向连接服务(Reliable Connection - Oriented Service)：使用 TCP 协议提供的服务属于可靠服务，TCP 服务保证把信息包传送到对方，对信息包的时延要求并不高。

(2) 不可靠的无连接服务(Unreliable Connectionless Service)：使用 UDP 协议提供的服务属于不可靠服务，不可靠的 UDP 服务不做任何担保，既不保证传送过程中不丢信息包，也不保证时延是否满足应用要求。

7.4.3 流媒体

1. 流媒体定义

流媒体(Streaming Media)，又称流式媒体，是指商家用一个视频传送服务器把节目当成数据包发出，传送到网络上，用户通过解压设备对这些数据进行解压后，节目就会像发送前那样显示出来。这个过程的一系列相关的包被称为“流”。流媒体实际指的是一种新的媒体传送方式，而非一种新的媒体。

网络流媒体是指采用流式传输的方式在 Internet 播放的媒体格式。

2. 流媒体的传输方式

流式传输是实现流媒体的关键技术。流式传输方式是将连续不断的多媒体文件经过特殊的压缩方式分成一个个带有顺序标记的压缩包，由视频服务器将这些小压缩包通过网络向用户计算机进行连续、实时的传送。

主流的流媒体技术有三种，分别是 RealNetworks 公司的 RealMedia、Microsoft 公司的 Windows Media Technology 和 Apple 公司的 QuickTime。这三家的技术都有自己的专利算法、专利文件格式甚至专利传输控制协议。

流媒体播放需要浏览器的支持。通常情况下，浏览器是采用 MIME 来识别各种不同的简单文件格式，所有的 Web 浏览器都基于 HTTP 协议，而 HTTP 协议都内建有 MIME。所以 Web 浏览器能够通过 HTTP 协议内建的 HTTP 来标记 Web 上众多的多媒体文件格式，包括各种流媒体格式。

互联网的迅猛发展和普及为流媒体业务发展提供了强大市场动力，流媒体业务正变得日益流行。流媒体技术广泛用于多媒体新闻发布、在线直播、网络广告、电子商务、视频点播、远程教育、远程医疗、网络电台、实时视频会议等互联网信息服务的方方面面。流媒体技术的应用将为网络信息交流带来革命性的变化，对人们的工作和生活将产生深远的影响。

7.5 微课的制作

“微课”是指以视频为主要载体，记录教师在课堂内外教育教学过程中围绕某个知识点或教学环节而开展的精彩教与学活动的全过程。“微课”具有教学时间较短、教学内容较少、资源容量较小、资源使用方便等特点。那么下面将举例讲解利用多媒体技术的微课制作。

本例中在微课制作前需要准备：

（1）课件视频录制工具，本章以“屏幕录像专家”为例，读者也可以使用其他录制工具，如会声会影、Camtasia Studio 等。

（2）PPT 课件。PPT 制作具体详见第 9 章。

（3）话筒。

制作微课的详细步骤如下。

（1）打开“屏幕录像专家”软件，如图 7-25 所示为软件界面图。单击图中的“选择”按钮，先设置文件存放路径。在“文件名”处，修改制作的微课名。其他设置可按默认选择，也可以根据具体情况修改。

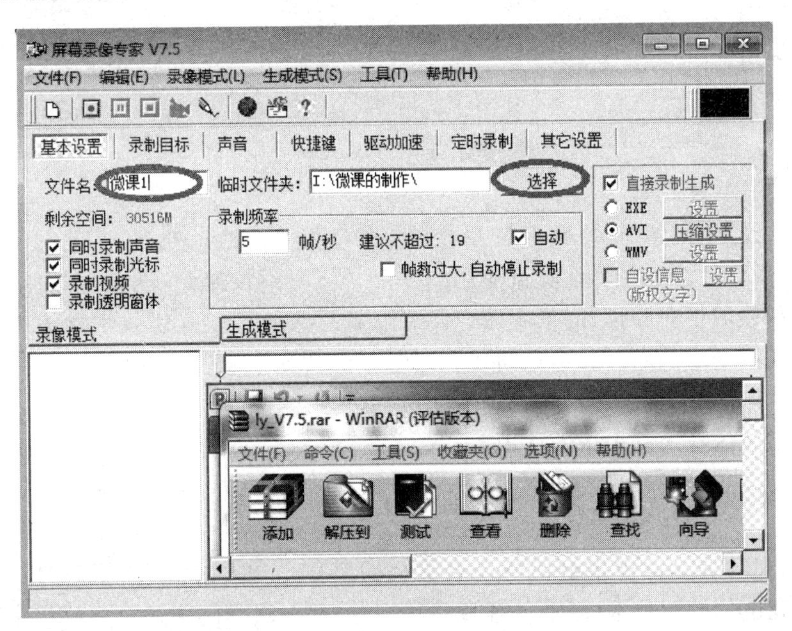

图 7-25 “屏幕录像专家”软件界面

（2）单击“快捷键”标签进行录制时快捷键的设置，设置后单击“应用”按钮，如图 7-26 所示。

（3）最小化软件，打开准备好的 PPT 课件，按 F5 键使 PPT 全屏。同时按下键盘上的 Alt+F2 组合键（步骤(2)中设置的）开始录像，对着话筒讲解的同时单击 PPT，如图 7-27 所示。

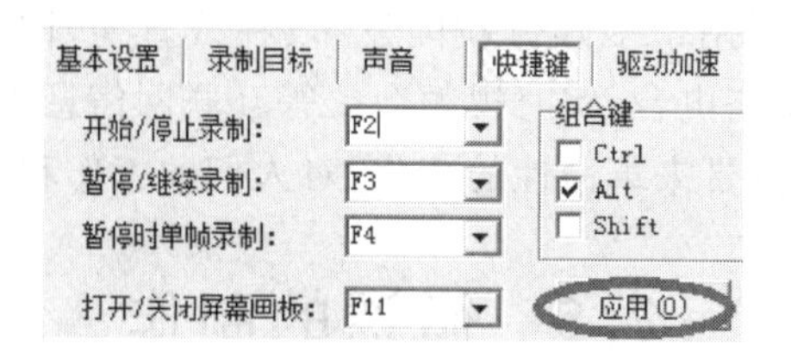

图 7-26　快捷键的设置

微课录制时应注意：

① 屏幕的分辨率调低，一般是 1024×768；

② 录音时请保持室内安静，且不要离话筒太近，以免出现气流杂音。

(4) 录制完成后，在步骤(1)中设置的文件存放位置找到录制的视频，如图 7-28 所示。

图 7-27　开始录制图

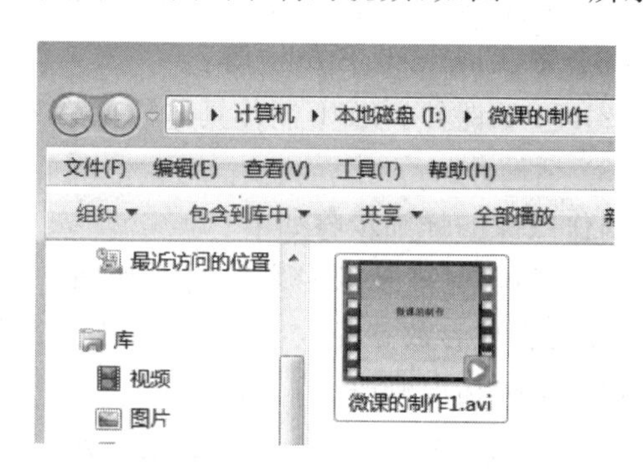

图 7-28　录制好的视频文件

本章小结

多媒体涉及声音、图像、视频等与人类社会息息相关的信息处理，因此它的应用领域极其广泛，可以说已经渗透到了计算机应用的各个领域。不仅如此，随着多媒体技术的发展，一些新的应用领域正在开拓，前景十分广阔。这就是人们把多媒体技术称为继微机之后第二次计算机社会变革的原因。本章简要介绍了多媒体的概念、多媒体信息的处理原理和一些实用软件技术、数据压缩的基本原理和使用方法等、微课的制作方法与技巧。通过本章的学习可以对多媒体技术有初步的认识。

【注释】

(1) CCITT：是国际电报电话咨询委员会的简称，它是国际电信联盟(ITU)前身。主要职责是研究电信的新技术、新业务和资费等问题，并对这类问题通过建议使全世界的电信标准化。

(2) PAL 制：即电视广播制式(Phase Alteration Line)，PAL 制又称为帕尔制。

(3) Ribbon：即功能区，是新的 Microsoft Office Fluent 用户界面(UI)的一部分。在仪表板设计器中，功能区包含一些用于创建、编辑和导出仪表板及其元素的上下文工具。

(4) MIME：即多用途互联网邮件扩展类型(Multipurpose Internet Mail Extensions)，是设定某种扩展名的文件用一种应用程序来打开的方式类型，当该扩展名文件被访问的时候，浏览器会自动使用指定应用程序来打开，多用于指定一些客户端自定义的文件名，以及一些媒体文件打开方式。

(5) PC 扩展卡：即计算机扩展卡，就是在主机的 PCI 插槽里面加一张 PCI 卡，扩展出来多个功能。

(6) 视频信号转换器：(Video Graphics Array，VGA)接口，VGA 即视频图形阵列。VGA 接口是一种显示模式。

(7) 光盘库：是一种带有自动换盘机构(机械手)的光盘网络共享设备。

(8) 地面互动投影：地面互动投影采用悬挂在顶部的投影设备把影像效果投射到地面，当参访者走至投影区域时，通过系统识别，参访者可以直接使用双脚或动作与投影幕上的虚拟场景进行交互，互动效果就会随着脚步产生相应的变幻。地面互动投影系统是集虚拟仿真技术、图像识别技术于一身的互动投影项目，包括水波纹、翻转、碰撞、擦除、避让、跟随等表现形式。

(9) 灰度图像：灰度数字图像是每个像素只有一个采样颜色的图像。

(10) 真彩色图像：是指图像中的每个像素值都分成 R、G、B 三个基色分量，每个基色分量直接决定其基色的强度，这样产生的色彩称为真彩色。

(11) 量化精度：是指可以将模拟信号分成多少个等级，量化精度越高，音乐的声压振幅越接近原音乐。

(12) 采样频率：也称为采样速度或者采样率，定义了每秒从连续信号中提取并组成离散信号的采样个数，它用赫兹(Hz)来表示。采样频率的倒数是采样周期或者叫作采样时间，它是采样之间的时间间隔。通俗地讲采样频率是指计算机每秒钟采集多少个信号样本。

(13) 声道数：是指能支持不同发声的音响的个数，它是衡量音响设备的重要指标之一。

(14) 采样定理：采样定理说明采样频率与信号频谱之间的关系，是连续信号离散化的基本依据。

第8章 Photoshop与PowerPoint制作技术

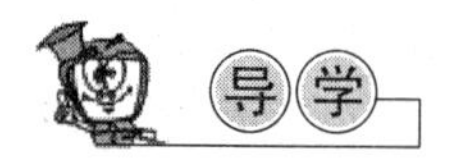

【内容与要求】

Photoshop是目前世界上公认的权威性图形图像处理软件，以其优越的性能和方便的使用性，被广泛应用于广告设计、室内设计、封面制作、网页图像设计、平面印刷、照片处理等领域。PowerPoint以其简单易学、制作方便、功能强大等特点，成为演示文稿制作的首选软件。在本章中，主要介绍Photoshop CS5图像处理与PowerPoint演示文稿的基本操作与制作技巧。

Photoshop制作技术：了解PhotoshopCS软件操作界面与基础知识，掌握Photoshop选择选区的方法，熟悉蒙版的使用技巧，图层的编辑操作，掌握选择绘画颜色的方法及绘画的各种工具与使用方法，熟悉图像色彩和色调控制、修饰图像的各种方法与常用技巧，掌握Photoshop图像处理滤镜的使用方法，掌握Photoshop制作GIF动画的基本技能。

演示文稿制作技术：了解PowerPoint 2010操作界面与基本操作；掌握演示文稿的编辑方法；熟悉演示文稿的外观，包括幻灯片版式、母版、配色方案和设计模板等功能的调整和设置；掌握演示文稿的动画效果设计技巧；了解演示文稿的放映方式。

【重点、难点】

本章的重点在于掌握Photoshop图像处理的基本方法与技巧，图像设计与处理流程，本章的难点是Photoshop动画设计与制作技巧，PowerPoint文字编辑和图形编辑方法，表格的建立和编辑，应用设计模板、配置幻灯片母版的方法，设置放映方式、PowerPoint的预设动画及幻灯片的切换方法。

Adobe Photoshop可以对多种点阵图像进行处理，这些图像的来源有多种渠道，可以用Photoshop直接创建新的图像，也可使用如Photoshop软件本身附带的一些图像、光盘图库中的图像、网上下载的图片，或是由其他矢量绘图软件创建的矢量图形转换成的点阵图像，如果配置了相应的设备，还可以引入用扫描仪扫描的图像、用数码相机拍摄的图像，及用视频软件捕捉的视频图像等。Photoshop与PowerPoint结合，可以创作出极具创新的优秀平面作品。

8.1 Photoshop制作技术

8.1.1 Photoshop CS基础知识

在Adobe Photoshop中，虽然不同来源的图像格式不同(例如BMP、JPG、GIF和TIF

等)，但都能在 Photoshop 中进行编辑。

1. Photoshop CS5 工作环境

如图 8-1 所示，Photoshop 工作区域是由顶端的窗口工作区、标题栏、菜单栏、工具选项栏，左端的工具箱，右端的控制面板，底端的状态栏和打开的一个或多个图像文件窗口等组成的。

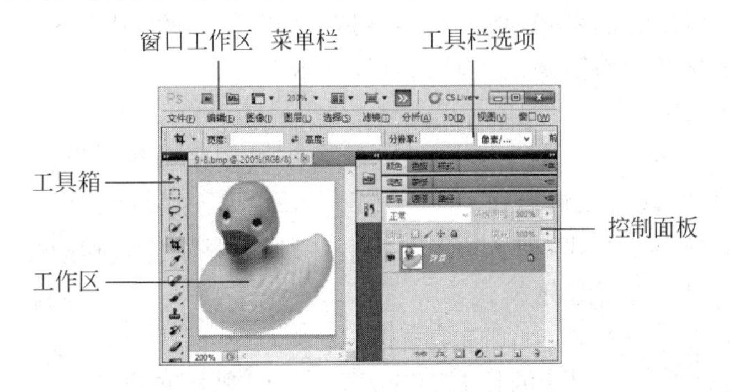

图 8-1 Photoshop 桌面环境

1) 工具箱中的工具

工具箱包含选择类工具、画笔美工类工具、绘图编辑类工具、图像观察类工具、前景色和背景色设置工具及工作模式切换按钮等，如图 8-2 所示。

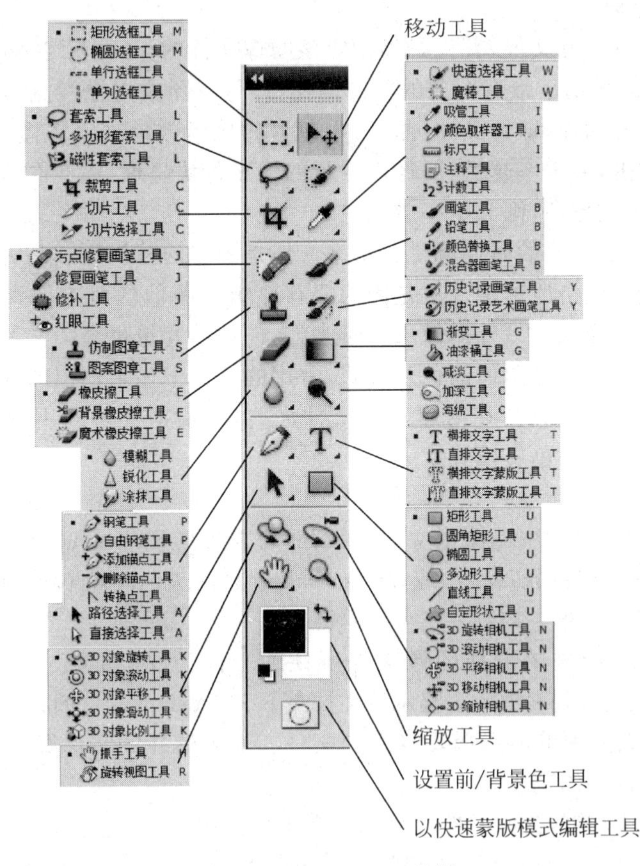

图 8-2 Photoshop 工具栏

2）工具选项栏

当选择某个工具时，工具选项栏的选项参数也会随之改变，这些参数有些是某一类工具共有的，例如“不透明度”、“模式”参数属于绘画工具的共同参数。而有些参数是某个工具独有的，例如铅笔工具的“自动抹掉”选项参数。

选择“窗口”→“显示或隐藏选项”命令可以控制工具选项栏中的显示或隐藏，另外也可双击工具箱中的工具图标使隐藏的工具选项栏显示。

3）切换工作模式

图像编辑模式可通过工具箱下方的标准编辑模式按钮和快速蒙版编辑模式按钮来切换，标准编辑模式是默认的编辑模式。

屏幕默认为标准显示模式，为了扩大显示区，可通过显示模式切换按钮切换到带菜单的全屏显示或不带菜单的全屏显示模式。

4）控制面板

Photoshop 有许多不同用途的控制面板，帮助我们观察和修改图像。例如当需要了解图像的颜色、坐标等信息时，可调出“信息”控制面板来观看，当需要操作图像的不同图层对象时，可借助“图层”控制面板来观察、操作。默认启动时，“导航器/信息”、“颜色/色板/样式”和“图层/通道/路径/历史记录/动作”三组控制面板在启动程序后自动成组显示在窗口右侧，控制面板可随意组合、拆分、显示、移动和关闭。

2. 图像文件存取

要建一个 Photoshop 文件，首先必须确定该图像文件的长、宽尺寸，即图像尺寸。

Photoshop 的图像属于带有图层的位图图像，即每层图像由像素点排列组成，每个像素点都具有颜色与位置属性，即每英寸（厘米）中包含的像素数量决定了图像的质量。相同区域所含的像素数越少，分辨率越低，图像由少量的像素色块呈现，因此图像色彩过渡不平滑、质量粗糙，反之像素数越多，则分辨率越高。

因此，图像文件最重要的属性就是分辨率。但是图像的分辨率越高，随之带来的缺点就是图像的存储容量也成倍地增加。这是因为要存储组成图像的所有像素的颜色信息，所以文件的存储容量就会增加。另外图像尺寸越大，文件存储容量也会随之增加。

文件的另一重要属性是图像的色彩模式，常用的有用于显示输出的 RGB 模式和用于印刷输出的 CMYK 模式。因此，在新建一个文件之前，要根据文件的用途，确定文件的输出尺寸、分辨率、文件大小和色彩模式。

1）打开文件

对于保存在磁盘、光盘中的图像文件，用下面的方法在 Photoshop 中打开。

（1）选择“文件”→“打开”命令，或在 Photoshop 桌面灰色区域双击，或使用热键 Ctrl+O，即可弹出“打开”对话框。

（2）在搜寻栏下拉框中选择图像文件所在的文件夹（例如 C:\Adobe\PhotoshopCS\Samples 文件夹），在文件列表框中会显示该文件夹下 Photoshop 支持的各种类型的文件名称。

（3）在文件列表框中单击选择要打开的文件。如果选择的文件存有缩览图，会在对话框底部显示选定文件的缩览图。

（4）单击“打开”按钮，图像文件就会显示在工作区中。

另外，打开文件的命令还有：“文件”→“最近打开文件”命令，表示在近期使用的文件列表中选择打开；“文件”→“打开为”命令，表示将未知格式的文件以指定格式打开。

2）新建文件

（1）新建文件。选择“菜单”→“新建”命令，或使用热键 Ctrl＋N，弹出如图 8-3 所示的“新建”对话框。

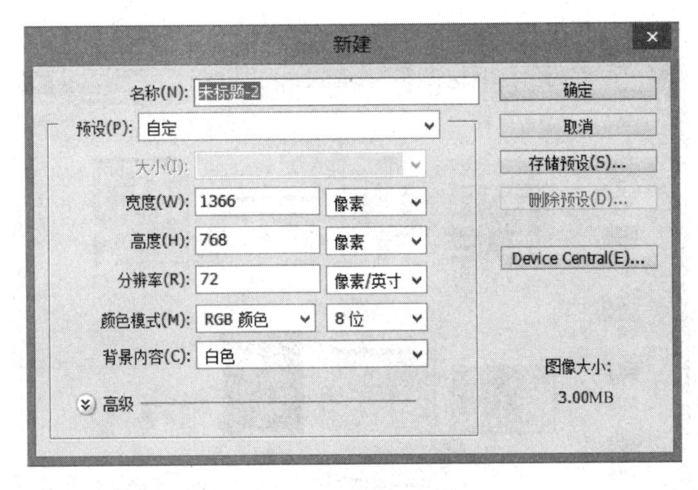

图 8-3 “新建”对话框

（2）在名称框中输入新建文件的文件名。如果不输入，会按照文件建立的次序自动默认为“未标题－n”，而文件的格式为 Photoshop 的 PSD 格式。新文件在第一次保存时，可指定文件的名称和格式。

（3）在宽度、高度框中输入新文件尺寸。尺寸度量单位有厘米、英寸、像素和点等，可以通过单击单位右侧的三角箭头在弹出的下拉菜单中选择。

（4）在分辨率框中输入新文件的分辨率。对于网上使用的图像，一般采用 72 像素/英寸，分辨率太高的图像会使显示尺寸比实际尺寸要大，而且文件容量大，也不利于网上传播。

（5）在模式下拉列表中选择图像的色彩模式。RGB 颜色模式适于彩色图像的显示与编辑，显示色彩逼真。所有的编辑操作都能对 RGB 颜色模式的图像起作用，但有些颜色打印时无法表现。而 CMTK 颜色模式适于图像的印刷输出，但一些操作命令无法对其操作。因此建议图像以 RGB 模式编辑，打印输出时再转换为 CMYK 模式。灰度模式只在处理黑白图像时才选用，在这种模式中只有从黑到白 256 个灰度级别。

（6）在内容单选框中选择图像文件的背景。若选择白色，则用白色填充背景，它是默认的背景色；若选择背景色，则将当前工具箱背景颜色作为新建图像的背景色；若选择透明，则图像无背景，只是一个透明图层。因为使用透明选项创建的图像只包含一个图层而不是背景，必须以能支持图层的 PSD、PDF 或 TIF 格式存储，透明图层默认用灰白方格来显示。

（7）单击“好”按钮确认。

3）关闭文件

打开的文件如果在 Photoshop 中进行了编辑修改，在结束时就要选择是否将其保存，下面是几种保存方法的区别。

（1）保存原文件

选择“文件”→“存储”命令或使用热键 Ctrl＋S，会把所做的修改在原文件上进行保存，如希望保留原文件，并将修改后的文件另存为一个文件，则选择“存储为”文件命令。

(2) 另存文件

选择"文件"→"存储为"命令，会弹出如图 8-4 所示的"存储为"对话框，该命令可以把当前文件的版本保存成另一个文件，当然首先要选择文件所需的文件夹位置，然后填写文件名称，接着在格式下拉选择框中选择图像文件格式(默认为 PSD 格式)。

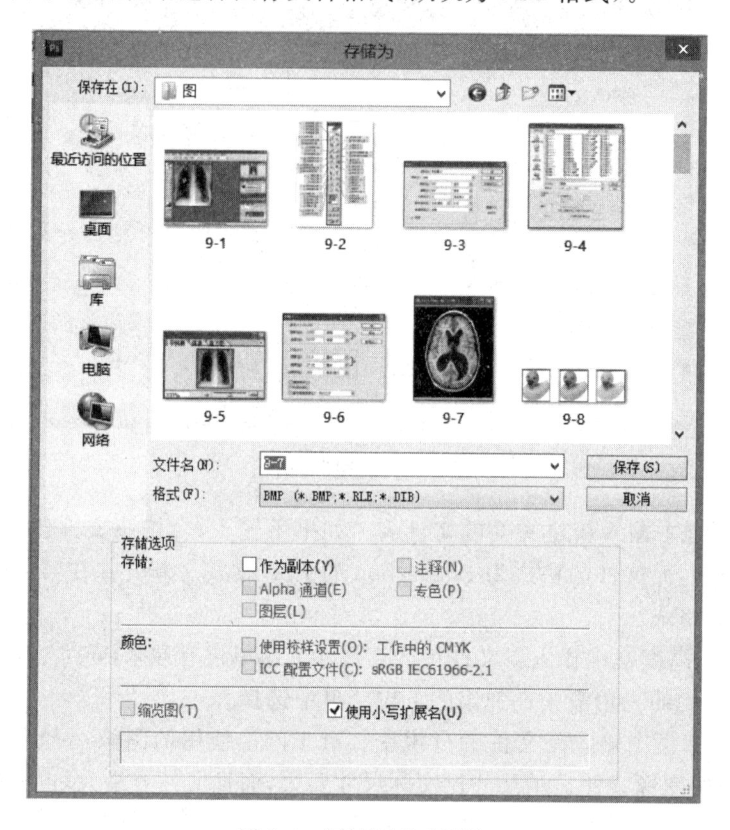

图 8-4 "存储为"对话框

3. 显示区域的控制

在显示区域，观察图像时可将图像缩放为 0.18%～1600%，通过当前文件窗口上方的标题栏，可了解文件的名称、当前的显示比例、文件的色彩模式，需要注意的是，图像查看类工具只影响图像的显示，不会影响图像的尺寸和文件大小。

1) 改变图像显示比例

(1) 热键：按 Ctrl+"+"键，为放大图像显示比例；按 Ctrl +"-"键，为缩小图像显示比例。

(2) 使用缩放工具。

① 选择工具。单击工具箱中的缩放工具将其选择，然后将鼠标移动到图像区，鼠标变成带有"+"的放大镜形状。

② 放大。单击鼠标，图像会以单击点为中心放大，最大可放大到 16 倍。当图像放大到工作窗口容纳不下整个图像时，窗口下方或右方会出现滚动条。

③ 缩小。当需要缩小显示比例时，仍需选择缩放工具，将鼠标移动到图像区，按下 ALT 键，鼠标会变成带有"-"的放大镜形状，此时在图像区每单击一次，显示比例就会逐渐

缩小，最小可到0.18%。

④ 拖曳放大。可使用缩放工具在图像区拖曳出一个矩形区，松开鼠标后，会将指定范围的图像快速放大至整个工作窗口。

⑤ 满屏显示。在当前工具为缩放工具或抓手工具时，可单击工具选项栏中的“满画布显示”按钮，会使图像恰好在屏幕窗口中完全显示。

(3) 使用视图菜单

除了用缩放工具外，还可通过视图菜单命令来改变图像显示比例。

① 放大：选择“视图”→“放大”命令来放大显示比例。

② 缩小：选择“视图”→“缩小”命令来缩小显示比例。

③ 100%：选择“视图”→“满屏显示”命令来满屏显示图像。

④ 打印尺寸显示：选择“视图”→“打印尺寸”命令显示实际打印尺寸。

2) 使用导航器控制面板

借助导航器控制面板可以更方便、快速地查看图像。

(1) 激活导航器控制面板。单击屏幕右侧控制面板组中的导航器标签使其激活，如果找不到该标签，可执行“窗口”→“显示导航器”命令显示该控制面板，如图8-5所示。

(2) 调整显示比例。在导航器控制面板中，可以通过向左或右拖动三角滑块使工作区的图像快速缩放，还可通过单击缩小或放大按钮、输入准确的缩放比例数据来控制显示比例。

(3) 滚动图像。导航器窗口中的红色框代表目前的可视区，当把鼠标放到红框内，光标会变成抓手工具，拖动鼠标就会在工作窗口滚动显示工具所指向的区域。

(4) 指定显示区。如果需要工作区只显示指定的区域，可在导航器窗口中的图像预览区按下Ctrl键并拖曳出矩形区，该区域的图像就会最大程度地显示在工作窗口，矩形区越小，图像工作窗口中的放大倍数越大。

3) 查看或改变图像文件尺寸

如果需要进一步了解或改变图像的尺寸、容量、分辨率等信息，可执行菜单“图像”→“图像大小”命令。在如图8-6所示的对话框中，可以观察和改变图像的宽度、高度值以及它的分辨率和像素大小。

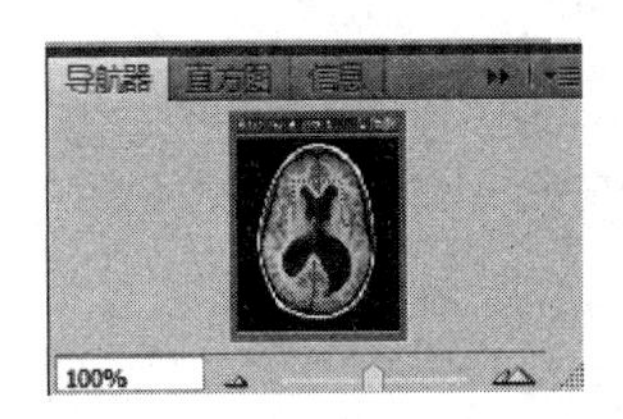

图8-5 导航器控制面板

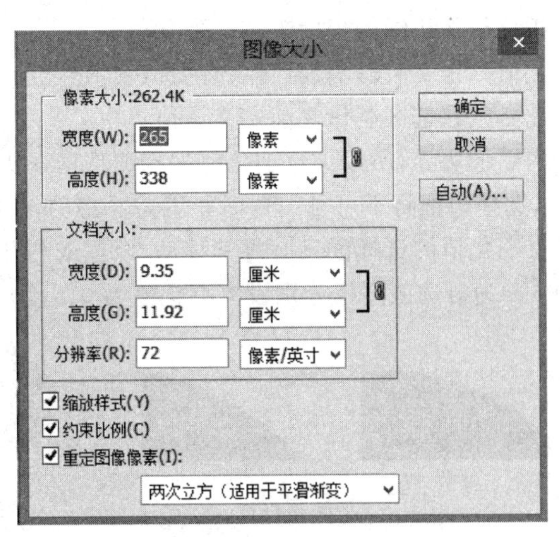

图8-6 “图像大小”对话框

在改变尺寸时想继续保留原图像的宽高比，可先选择"约束比例"复选框，此时在宽度和高度之间会出现链接图标，表示宽度和高度之间是互相约束的，当改变一个尺寸时另一个也会随之成比例改变，并且像素大小值也随之改变。当改变图像分辨率时，分辨率减少一倍，图像的像素大小会减少4倍。

8.1.2 选区与蒙版

在Photoshop操作中，使用正确的方法对要操作的图像范围进行选取是进行下一步操作的前提条件，本节从矩形选择、椭圆形选择、不规则选择、选择区域调整和图像的裁切几方面出发，对范围选取的方法与技巧做了详细的介绍。

1. 范围的选取

1）使用矩形和椭圆形选择工具

矩形选择工具可制作出矩形选择区，选择该工具后，将鼠标移动到图像区，按下十字光标并移动，会出现一个虚线框，松开鼠标，以起点到终点为对角线的浮动虚线范围内就是制作的矩形选择区。

如果按住Shift键拖动鼠标，会制作出正方形选区；按住Alt键拖动鼠标，起点会从选区的中心开始；而按住Shift+Alt键拖动鼠标，则会制作出从选区中心开始的正方形。

椭圆形选择工具与矩形选择工具使用方法相同，两者的唯一区别就是制作出的选区形状一个为矩形，而另一个为椭圆形。

2）设置消除锯齿

在选择工具的参数选项栏中，默认地选中消除锯齿选项，可使选择区的锯齿状边缘得以平滑，如图8-7所示，分别为消除锯齿与不消除锯齿的选区边缘。

3）羽化设置

选择框类工具和套索类工具都有羽化参数设置框。

羽化值也称为羽化半径，用来控制选择区边缘的柔化程度，当羽化值为0时，选择出的图像边缘清晰，当羽化值越大时，选区边缘越模糊。因此，在制作选择区前，视选择区的大小和需要柔化图像边缘的程度来定义羽化值。

羽化值的定义只影响其后制作的选区。定义后的羽化值将会一直保留到输入新的值为止。因此必须在选区制作之前定义该值。由于羽化是通过从选区边缘向内向外模糊指定像素范围的图像边界，所以一旦羽化值大到比选区还大时，会弹出警告信息"任何像素都不大于50%，选择边框将不可见"，这时候就需要将羽化值改小后才能选择。

具有羽化值的选择区只有将其移动、填色或剪切拷贝到另一位置时才能观察到羽化效果。图8-8为对选区图像分别设置羽化值为0、5、10、20后拷贝至新文件的效果。

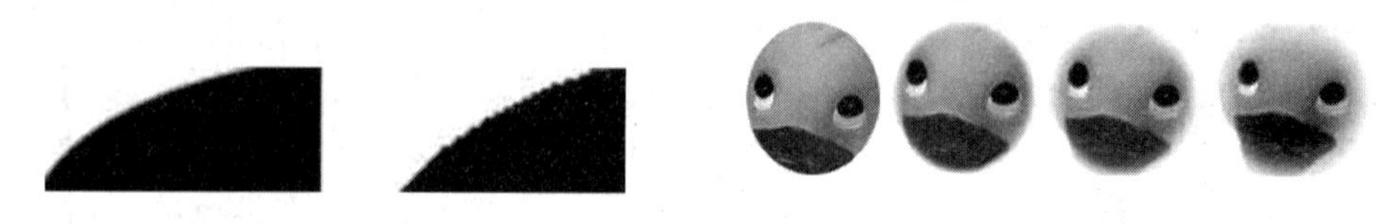

图8-7 消除锯齿　　图8-8 羽化效果

2. 制作不规则区域

1）使用套索工具

自由套索工具可在图像中手动自由制作出不规则形状区。选择自由套索工具，将鼠标移到图像区，光标会变成自由套索形状，在要制作选区的起点位置按下鼠标并沿图像的边缘拖动，鼠标经过的地方会出现浮动选择虚线，当松开鼠标后起点与终点之间会自动闭合，从而产生了不规则的选择区域。

多边形套索工具可手动制作出多边形选择区。它与自由套索工具的区别除了制作的选区是多边形状而不是随意形状之外，另一个区别就是使用时是多次单击而不是拖动鼠标。

磁性套索可紧贴图像反差明显的边缘自动制作复杂选择区，它与以上两个套索工具的区别就是选区是沿鼠标经过的区域自动产生的，而且制作出的选区曲线比较平滑。该工具最适于选择与背景反差比较明显的图像区。

在使用套索工具前可以设置消除锯齿选项和羽化参数值，还可设置磁性套索工具的特有选项，其参数设置如下。

（1）宽度：用来指定光标所能探测的宽度，取值范围为1～40像素。

（2）频率：用来指定套索定位点出现的多少，值越大定位点越多，取值范围为0～100，但定位点太多会使选择区不平滑。

（3）边对比度：用来指定工具对选区对象边缘的灵敏度。较高的值适用于探测与周围强烈对比的边缘，较低的值适用于探测低对比度的边缘，取值范围为1%～100%。

建议在边缘比较明显的图像上选择时，将套索宽度值和边对比度值设大一些；相反，在边缘反差较小的图像上选择时，可将以上两值设小一些，这样有利于精确选择。

2）使用魔棒工具

魔棒工具的特点是能在图像中，根据魔棒所单击位置的像素的颜色值，选择出与该颜色近似的颜色区域，该工具最适于选择形状复杂但颜色相近的图像区。

在工具选项栏的容差框中可输入0～255之间的数值，该值代表所要选择的色彩范围。输入的值越小，与所单击的点的颜色越近似的颜色范围将被选择；值越大，与所单击的点的颜色差别较大的颜色范围也会被选择。

3）选择制作选区的工作模式

所有选择工具都有工作模式选择按钮，如图8-9所示，默认模式是新选区模式，每个模式的特点如下。

（1）新选区。为默认模式，该模式下使用选择工具制作出的选择区为新选区，而原有选区会消失。

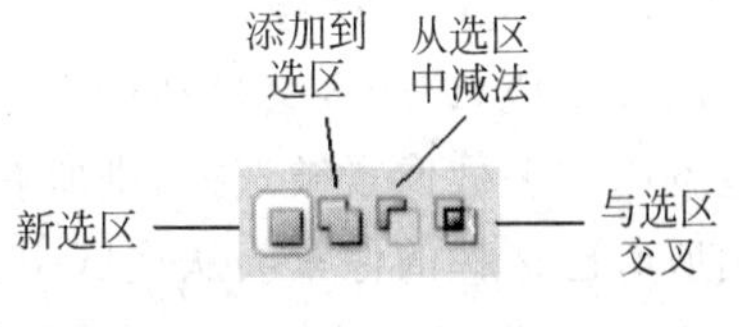

图8-9　选区的工作模式

（2）添加到新选区。选择该模式（或按住Shift键）后，再用选择工具制作另一个选区，结果选区为原有选区与新制作的选区的合并区。用这种相加模式可以使用任一种选择工具将其他未选择的区域填加到当前选区中。

（3）从选区中减去。选择该模式（或按Alt键）后，再用选择工具制作另一个选区，结果为原有选区减去新制作选区。

（4）选区相交。选择该模式（或按Shift＋Alt键）后，再用选择工具创建另一个选区，结果为原选区与新选区的相交区。

4）调整选择区的位置

（1）使用移动工具

移动工具主要用来将选区图像移动到目标文件的新位置上，目标文件既可以是当前文件，也可以是另一个文件。

使用移动工具的方法是：将移动工具移动到选区内部，当光标下出现剪刀形状后按住鼠标并拖动到目标位置后松手，如果是在当前文件中拖动选区，则原选区位置将会被背景色替代；如果是将选区拖动到另一个文件窗口后松手，则原始选区不会变化，另一个文件中会多出所拖动的选区图像。如果在当前文件中按住 Alt 的同时拖动选区，则会在移动的同时复制选区图像。

（2）调整选择区的位置

在制作完复杂形状的选区后，如需要调整选区的位置，只要确保当前工具为选择工具，然后将鼠标移到选区浮动虚线框内，变成空心箭头，按下鼠标拖动选区，就会改变选区的位置。按住 Ctrl 键的同时拖动选区可移动选区，按住 Ctrl＋Alt 键的同时拖动选区可复制并移动选区。

5）使用选择菜单调整选区

“选择”菜单中的一些命令可在已有选区的基础上羽化、调整、修改、保存选区。

（1）“选择”→“全选”命令，或使用热键 Ctrl＋A，可选择整个图像。

（2）“选择”→“取消选择”命令，或使用热键 Ctrl＋D，可取消选区。

（3）“选择”→“重新选择”命令，或按热键 Ctrl＋Shift＋D，重新选择上一次的选区。

（4）“选择”→“反选”命令，或按热键 Ctrl＋Shift＋I，可反选选择区以外的区域。

（5）“选择”→“羽化”命令，在已有选区的前提下，执行“选择”→“羽化”命令，或使用热键 Ctrl＋Alt＋D，在弹出的对话框中输入羽化值，会将已有选区进行羽化。在工具选项栏中设置羽化值后将影响以后所做的选区，而该命令设置羽化值则影响已存在的选区。假如在工具选项栏中定义了羽化值为 2，然后制作选区，接着又执行该命令设置羽化值为 5，则最终选区的羽化值为 2＋5＝7。

（6）“选择”→“修改”→“扩展（收缩）”命令，在弹出的扩展或收缩对话框中输入 1～16 范围内的像素值，会使选择边框按指定的像素数整体扩大或缩小。

（7）“选择”→“修改”→“扩边”命令，在弹出的对话框的宽度栏中输入 1～64 范围内的像素值，则新选区会在原来选择区的基础上，向两边扩伸产生指定的像素宽度的选择框。

（8）“选择”→“修改”→“平滑”命令，在弹出的对话框的取样半径框中输入 1～16 范围内的像素值，该命令会自动检查每个选择的像素，查找指定范围内任何未选择的像素，如果范围内的多数像素被选择，则所有未选择的像素会被添加到选区；如果多数像素未被选择，则所有已选择的像素会从选区中去除。结果将使选区趋于平滑。

（9）“选择”→“扩大选取”命令，可将已选择的区域扩大，扩大的原则是将魔棒选项栏中指定容差值范围内的相邻像素包含进来，是一种基于颜色的选区修改方式。

（10）“选择”→“选取近似”命令也可将已选择的区域扩大，与扩大选取不同的是不仅将魔棒选项栏中指定的容差范围内的相邻像素包含进来，而且还包含整个图像中容差范围内的其他像素。此方式也是基于颜色的选区修改方式。

（11）“选择”→“变换选区”命令，如需要一个倾斜的椭圆形选区，可以先在文件中制作一个正常的椭圆形，然后执行“选择”→“变换选区”命令，或使用热键 Ctrl＋T，此时选区四周会出现带控制手柄的控制框，如果要旋转选区，则将指针指向四角控制柄外，变成弯的双向箭头时拖拉鼠标来旋转选区；如果要缩放选区，则将鼠标指向控制柄，变成双向箭头后拖动来放大或缩小选区；最后按回车键确认（或按 Esc 键取消），结果使当前选区的大小、方向、角度等发生了变化。

很多情况下，当制作的选区尤其是复杂选区的大小、角度需要整体进一步调整时，使用该命令可得到更精确的选区。

3. 裁切图像

裁切工具可以用来裁切图像。裁切工具是一种特殊的选择工具，使用其裁切图像的步骤如下。

(1) 单击要裁切的图像文件窗口使其为当前文件，然后选择裁切工具。

(2) 单击“前面的图像”按钮，在宽度、高度、分辨率文本框中会显示当前图像的实际宽度、高度和分辨率。

(3) 用裁切工具在图像区拖曳，松手后起点与终点之间会创建出矩形裁切区（如果在选项栏输入宽高比例值则会以该比例创建矩形区），四周会出现控制手柄。

(4) 此时裁切区被灰色区屏蔽。如果需要调整裁切矩形区大小，可将指针指向四边的控制手柄，变成双向箭头后拖动，调整其宽度或高度。

(5) 按回车键确认裁切操作（按 Esc 键撤销），则图像其余部分被裁切，只剩下选出的区域。如果对裁切区进行了旋转、透视变形，则矩形裁切结果区内为变形后的图像。用此方法可以将图像多余的部分裁切掉。

另外，当对创建了矩形选区的图像选择“图像”→“裁切”命令时，也会对图像进行裁切，此时会弹出对话框询问是将选区外区域删除还是隐藏。

4. 通道和蒙版

在 Photoshop 中，通道存放的是图像颜色信息，如图 8-10 所示。另外，通道和蒙版技术相结合还可以存放选区，可以用复杂的方式操纵和控制图像的特定部分，以便进行进一步的图像处理操作。

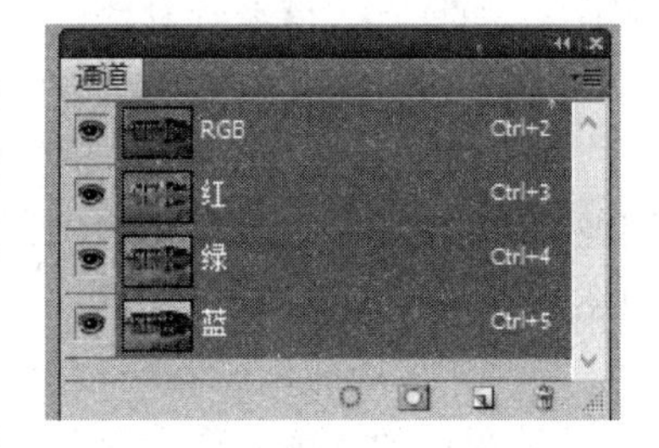

图 8-10 “通道”面板

1) 蒙版

当在暗室放大照片时，为了使指定的区域曝光，摄影师往往要将硬纸片中间部分按希望的形状挖空，将硬纸片作为蒙版遮挡在镜头与相纸之间，这样将只在未遮挡区对相纸曝光，而遮挡区则被保护。

PhotoshopCS 中的蒙版也是借用了同样的原理，在选区上创建了一个蒙版后，未被选择的区域会被遮盖，可以把蒙版看作是一个带孔的遮罩。利用快速蒙版，可以根据图像选区的特点快速制作出这个遮罩的孔的形状，这个孔就是我们所要的选择区。

用选择工具制作出选区，然后单击工具箱中的快速蒙版按钮就可以从正常编辑模式进入到快速蒙版编辑模式。在快速蒙版模式下，红色作为蒙版遮住了刚制作的选区以外的区域。该红色区域受保护，如果此时执行一些编辑操作命令，将只对未保护的区域也就是可见的选区起作用，受保护红色蒙版区域将不受影响。我们可以使用绘画工具用黑白色来编辑快速蒙版。

2）通道

对形状复杂的选区可以采用快速蒙版模式的方法来制作，但是快速蒙版是暂时的，当取消选择后它就消失了。因此在制作完复杂的选区后，可将选区存储在通道控制面板中，作为Alpha通道的一个蒙版。这个蒙版是永久的，即使取消选择后，也可以在需要时从Alpha通道中取出蒙版作为选区。

（1）将选区存储为一个蒙版

Photoshop提供了"选择"→"存储选区"命令来保存选区，此时弹出"存储选区"对话框，如图8-11所示。在"文档"下拉框中可选择将选区保存在当前文件还是新文件中，默认为当前文件，也可选择"新建"选项将选区保存在新的文件中。

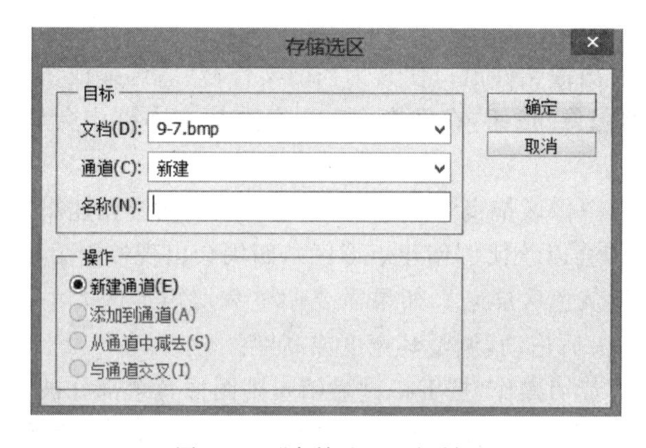

图8-11 "存储选区"对话框

将选区保存在通道中的好处是避免反复选择复杂的选区，当文件保存成支持通道的PSD、TIF等格式时，可在"存储选区"对话框中选择保存通道的信息，今后在打开文件时，取出通道中的选区，可继续对选区进行编辑操作。

（2）编辑通道中的蒙版

由于在快速蒙版方式下用绘画工具拖动来制作选区时很容易遗漏小的区域，虽然感觉图像完全被选择了，但只要将选区存储在通道中并观看Alpha通道的内容时，会发现选区中还会有一些黑色或灰色的小区域，这表明选区中还存在一些未选择或部分未选择的像素。

与快速蒙版的编辑相同，在通道中也可以使用绘画工具用黑、白、灰来编辑通道中的蒙版，使蒙版中的选区完全为白色、非选区完全为黑色，或者根据特殊需要用灰色来制作部分选区。

3）将蒙版作为选区载入

将不同的选区存储到通道后，在任何时候都可执行"选择"→"载入选区"命令，将存储到通道的选区载入到图像中，此时弹出"载入选区"对话框，如图8-12所示。

在"文档"下拉框中选择要载入哪个文件中的通道；在"通道"下拉框中选择载入哪个通道的选区；如果载入时选择了"反相"复选框，则将选区反选后载入。

在操作选项中，不同的选择会有不同的载入效果。

（1）新选区：新载入的选区将替换图像中已有的选区。

（2）添加到选区：得到的选区为载入的选区与图像中已有的选区相加的区域。

（3）从选区中减去：得到的选区为图像中已有的选区减去载入的选区。

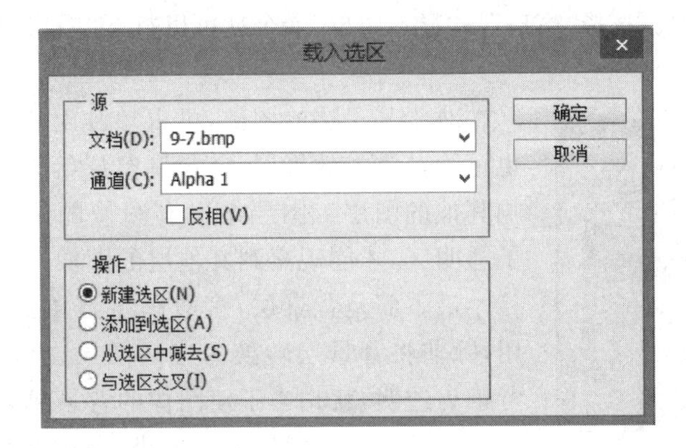

图 8-12　载入选区

(4) 与选区交叉：得到的选区为图像中已有选区与载入的选区的重叠区。

5. 图层蒙版

图层蒙版可以用来遮盖部分不要的图像。在图像中建立了一个图层蒙版的同时，在通道控制面板中也将增加一个额外通道，用户可以对它进行编辑和修改。当选中图层蒙版时，编辑操作只对图层蒙版内的图像起作用。

(1) 新建一幅图像，然后粘贴一幅图像，再制作一个文本范围。

(2) 在图层控制面板上单击"添加蒙版"按钮或执行"图层"→"添加图层蒙版"命令，产生一个图层蒙版，在图层控制面板的当前层的缩略图右侧会出现一个新缩略图，该缩略图即为新产生的蒙版内容。其中黑色区域将遮盖住当前层中的图像，白色区域则显示出当前层中的图像。

【例 8-1】 利用染发效果：打开"素材"文件夹下 P01.jpg 文件。利用蒙版技术和图像色彩和色调的调整方法，将该图中女孩头发的颜色由黑色染成红褐色，如图 8-13 所示。

操作步骤如下。

(1) 选择"文件"→"打开"命令，打开 P01.jpg 图片。

(2) 单击工具栏上的"以快速蒙版模式编辑"按钮，选择画笔工具，在女孩头发上涂抹，直至覆盖全部头发。

(3) 单击工具栏上的"以标准模式编辑"按钮，得到选区，按快捷键 Ctrl+Shift+I 进行反选操作，得到头发选区。

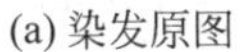
(a) 染发原图

(b) 染发后效果图

图 8-13　染发效果对比图

(4) 选择"图像"→"调整"→"色彩平衡"命令。

(5) 在"色彩平衡"对话框中，设置暗调的色阶为 19、−18、−42，中间调的色阶为 13、−20、−64，高光的色阶为 20、−13、−26。

(6) 按快捷键 Ctrl+D 取消选区，并将制作好的效果保存。

8.1.3　图层的应用

Photoshop 提供了观察、操作图层的窗口——"图层"控制面板，其中图层的内容、设置

和叠放顺序一目了然。选择“窗口”→“显示图层”命令就可以打开“图层”控制面板，如图 8-14 所示。

图 8-14 “图层”控制面板

对于某一层的图像，可以单独对它进行各种编辑操作，也可为其添加效果层、色彩调整层等，而这些操作丝毫不影响其他的图层。图层中没有图像的区域是透明的，正是有了透明区，才能观察到其他层的图像。

最下面是背景层，多数图层菜单命令对背景层不起作用，除非将背景层转换为普通图层。新建文件时如果选择背景为透明，就相当于使图像的背景成为普通图层。

由于图层会增加文件大小，因此在分层处理完成后，一般要将多层图像拼合成一个背景图层，既减少了文件大小，又可将其存储为不支持图层的其他图像格式。

1. 图层控制面板和菜单

在“图层”控制面板中，图层从上到下顺序显示，可以为每个图层命名，可以控制显示与否，图层内容缩览图会随时记录所做的修改并帮助用户快速查找图层。

高亮显示的为当前图层，工具箱中的工具和大多数操作命令只对当前图层起作用。因此在编辑图层时，首先要选择某个图层使其成为当前图层。如果多个图层要做相同的操作，可将它们与当前图层链接起来。

1）隐藏图层

（1）鼠标指向其中一个图层，单击左侧眼睛栏的眼睛图标使其不可见，该层被隐藏。

（2）再次单击眼睛栏又会使其显示。

（3）如果希望只有某个图层显示，其他图层全部隐藏，只要在该图层的眼睛图标上按 Alt 键并单击。

2）选择当前图层

操作命令和工具只对当前图层起作用（除非其他图层与当前图层链接），所以在操作执行前要养成选择当前图层的习惯。

选择当前图层的一种方法就是在“图层”控制面板中的图层名称位置单击，使图层高亮显示，此时该图层就是当前图层。当在隐藏的图层名称处单击后，不仅将其选为当前层，又会使其重新显示。

当前图层的眼睛图标旁边会显示一支笔，表示可以对该图层进行编辑操作。

3）删除图层

用以下几种方法都能将当前图层删除。

（1）单击“图层”控制面板右下角的删除图标。

（2）将该图层拖放到删除图标上。

（3）在“图层”控制面板菜单中选择“删除图层”命令。

（4）选择“图层”→“删除图层”命令。

4）命名图层

图层按创建的顺序以图层 1、图层 2、图层 3 等命名，最后创建的图层排列在所有图层的上方，为了查找方便，可以根据图层的特点对其重新命名。

(1) 在当前图层缩览图上右击，在关联菜单中选择命令(或在控制面板弹出菜单中选择“图层属性”命令)。

(2) 在弹出图层属性设置窗的名称栏中输入新的图层名称，还可在颜色栏中指定该图层在控制面板中所显示的颜色(便于在多个图层中根据颜色来快速查找图层)，单击“确定”按钮完成图层名称的修改。

5) 调整图层叠放顺序

(1) 在“图层”控制面板中，选择想要调整的图层。

(2) 按住鼠标左键，将图层向上或向下拖动，移至某一图层的下方出现一条粗线时松开鼠标左键，结果会将两层的叠放顺序改变，图像叠加效果也变了。

(3) 用图层菜单命令来调整图层顺序，只要选择要调整的图层，执行“图层”→“排列”命令进行调整。

6) 设置图层的锁定选项

为了防止误操作而破坏图层中的图像，可以通过 Photoshop 在“图层”控制面板上部新增的图层锁定选项来控制每个图层的可编辑性，如图 8-15 所示。

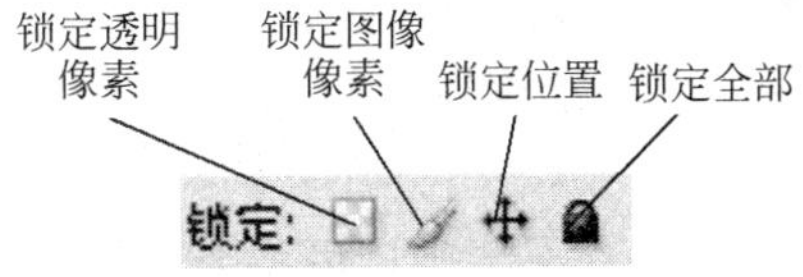

图 8-15 图层的锁定选项

可以根据需要，在相应的锁定选项上单击勾选，每个选项的特点如下。

(1) 锁定透明像素。对当前图层选择透明区锁定选项后，所有编辑操作只对图层中含有图像的区域起作用，而透明区被保护。

(2) 锁定图像像素。图像编辑锁定可保护当前图层的图像区和透明区，所有编辑绘画工具、编辑操作命令(除变换命令外)、滤镜命令对当前图层不起作用。

(3) 锁定位置。图层位置锁定选项可防止当前图层中的图像位置的移动，此时移动工具将不能移动图像。

(4) 锁定全部。选择该选项后，当前图层(或图层组)被保护，所有编辑绘画工具、编辑操作命令、滤镜命令和图层模式设置对当前图层都不起作用。

7) 图层的合并

多图层的文件在分层编辑完成后，如图像内容和位置不再修改，可用合并图层命令将图层合并，合并后所有图层的图像会叠加在一起合为一层，而叠加后无图像的区域会保持透明。

(1) 向下合并图层

要将两个图层合为一层时，可先选择上面的一层为当前层，并保证这两层可见，选择“图层”→“向下合并”命令，或使用热键 Ctrl+E，就会使两层合为一层。

(2) 合并可见图层

如果要合并多个图层，可先使这些图层可见，然后选择“图层”→“合并可见图层”命令，或按热键 Ctrl+Shift+E，使这些可见的图层合为一层，隐藏的图层仍然隐藏，不会合并。

(3) 合并链接图层

要合并多个图层，也可用链接图层的方法，首先选择当前层，然后在要合并的其他图层的链接栏位置单击使链接图标出现，将当前层与多个图层链接起来。最后选择“图层”→“合并链接图层”命令，就会将链接的图层合为一层。

2. 创建图层

1）创建新的透明图层

选择“图层”→“新建”→“图层”命令，会在当前层之上创建一个新的没有图像的图层，此时可用绘画填充工具在图层中绘制新的对象，将不同的对象绘制在不同的层上有利于单独对它们进行编辑。

该命令执行时会弹出“新图层”对话框。可在“名称”栏输入新图层的名称，在“颜色”列表框选择该层在控制面板中显示的颜色，在“模式”框中选择该层的工作模式，在“不透明度”框中定义该层的不透明度。勾选“与前一组编组”选项将使新层与前一层编组，新层中绘制的图像只在前一层图像区域内才能显示。

创建新图层还有一种快捷方法，就是单击“创建新的图层”按钮，结果会将创建的图层依次序自动命名为图层 n。

2）从背景创建图层

选择“图层”→“新建”→“图层背景”命令，会把当前文件的背景图层转换为普通图层。这样就可对其执行例如添加图层效果、蒙版、调节层等背景层不能执行的操作。相反，透明背景文件在执行“图层”→“新建”→“图层背景”命令后，又会将当前图层转换为背景图层。

3）从选区中创建图层

选择“图层”→“新建”→“通过拷贝的图层”命令，或使用热键 Ctrl＋J，可将当前文件的某个图层中的一部分选区图像从原图层中拷贝，然后放置到新的图层中。如果执行的是“图层”→“新建”→“通过剪切的图层”命令，或使用热键 Ctrl＋Shift＋J，则会将选区图像从原图层中剪切，同样放置到新的图层中。

4）用复制命令创建图层

上面两个创建图层的命令结果是：新图层中的图像是当前图层的选区图像。如果选择“图层”→“复制图层”命令，则新图层中的图像是当前图层的全部图像，即图层的完全复制。

5）创建填充图层

Photoshop 新增了一种特殊的图层，称为填充图层。该图层与普通图层的区别就是可以在创建之初就选择为图层填充的是纯色、渐变色还是图案，创建后的图层会被选择的颜色填充，但是这种填充色不是固定不变的，而是可随时修改的，这就使编辑工作更加灵活方便，通常用这种方法来创建图像文件的背景色。

下面通过实际操作来掌握创建填充图层的方法。

(1) 新建一个白色背景 RGB 文件。

(2) 显示“图层”控制面板。

(3) 选择“图层”→“新填充图层”命令，会弹出“新图层”对话框。

(4) 在对话框的“名称”框中输入新图层的名称，在“颜色”框中选择该图层将在控制面板中显示的颜色，在“模式”、“不透明度框”中定义该图层的模式及不透明度，确认后会弹出选择纯色、渐变色或图案的对话框。

(5) 如果选择的是填充纯色，则在“拾色器”对话框中的色域窗单击所选择的颜色。

(6) 如果选择的是填充渐变色，则在“渐变填充”对话框的渐变色下拉列表框中选择所列的一种渐变色，并在样式下拉列表框中选择一种渐变样式(是线形渐变还是圆形渐变等)，在角度框中输入渐变方向，在缩放框中可调整数值来控制渐变色扩散程度。

(7) 如果选择的是填充图案，则在“图案填充”对话框中选择所列的一种图案，在缩放框中可调整数值来控制填充的图案的大小。

(8) 单击“好”按钮确认后就会在当前层之上新创建一个填充图层，如图 8-16 所示分别为三种填充图层的效果图。

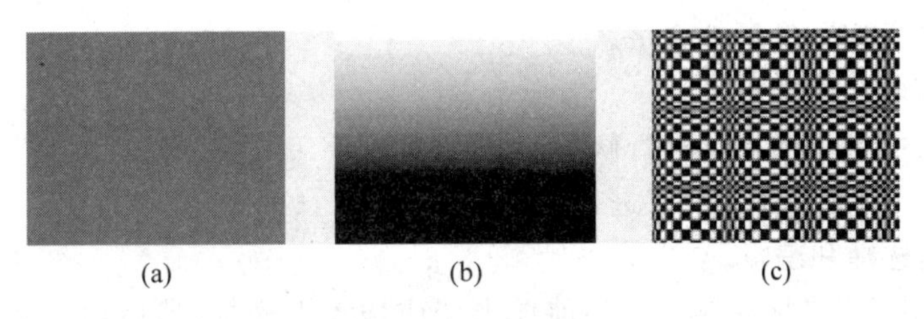

(a) (b) (c)

图 8-16 填充图层

除了用菜单命令创建填充图层外，也可单击控制面板下方的“新建特殊图层”按钮，在弹出的菜单中选择“纯色”、“渐变”、“图案”三者之一。

6) 创建文字图层

Photoshop CS 改进了文字处理功能，允许在图像区域直接输入并编辑文字，能随时对自动创建的文字进行字体格式、大小、段落格式和环绕等属性设置。

文字层的创建步骤如下。

(1) 选择工具箱中的文字工具。

(2) 指定当前前景色，该颜色将作为文字的颜色。

(3) 在文字工具选项栏中，默认选项是文字工具将以水平方向创建文字图层，如果选择文字蒙版工具，则表示要在当前层上制作文字选区。

(4) 选择工具栏上的“更改文字方向”按钮可以创建水平或垂直方向的文字。

(5) 在工具选项栏中选择文字的字体、尺寸、边界的平滑程度、段落的对齐方式等属性，如图 8-17 所示。

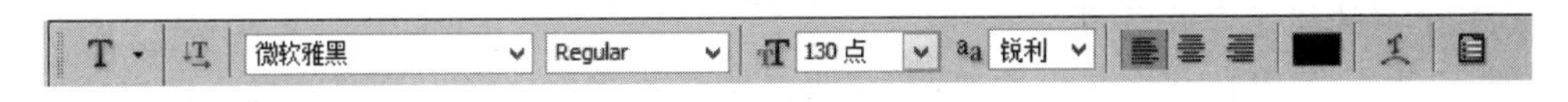

图 8-17 文字工具选项

(6) 在文件窗口要输入文字的地方单击，出现 I 字形插入点光标后输入文字，文字会以指定的颜色、字体、大小等显示在窗口中，如果需要换行可按回车键。用这种方法创建的文字称为点文字，当单击文字工具选项栏中的“确认”按钮后，就会创建以当前前景色填充的单色文字。此时在控制面板中就会自动创建文字图层。

(7) 如果要输入多行文字，可以在文件窗口中拖曳出一个矩形区，然后在该指定区域内输入文字，当输入到达区域边界时会自动换行，此种方法创建的是段落框文字。段落框文字的特点是：可将鼠标移到段落四周的手柄上，拖曳双向箭头来改变段落框的大小，也可将鼠标移到四周手柄外，拖动弯向箭头来旋转整个段落文本框。同样，当单击文字工具选项栏中的“确认”按钮后，就会创建以当前前景色填充的单色段落框文字。此时在控制面板中也会自动创建文字图层。

(8) 如果文字处理软件创建的文件中有大段的文字需要在 Photoshop 图像中出现，只需将文本选择并复制后，用文字工具创建段落框，选择“编辑”→“粘贴”命令粘贴在段落框的插入点位置即可快速创建段落框文字。

用以上两种创建文字的方法都会自动创建文字图层，在“图层”控制面板中会显示T标志。文字的字体、尺寸等属性使用的是当前工具选项栏中的设置值，而使用文字蒙版工具输入文字确认后，会在当前图层创建文字选区，如果对选区执行“编辑”→“填充”操作，就会在当前图层产生含有实际像素的文字。

文字层的编辑步骤如下。

如果要对文字层中的文字进行修改，首先选择文字工具，接着在“图层”控制面板中选择文字层，然后用下面的操作对文字进行选择。

(1) 文字的选择和编辑。

① 插入文字：将光标在某个文字前单击变成插入点光标，然后输入文字，会在原有文字中插入新输入的文字。

② 选择某些字符：文字层中的某些字符的属性需要修改时，就在要选择的字符上拖曳鼠标使文字高亮显示，表示这些字符被选择了。

③ 选择所有字符：在控制面板中选择当前文字层，则对文字层的所有文字或段落属性的修改会作用到所有字符上。

④ 替换文字：当选择文字后，用文字工具继续输入，新输入的文字会替换选择文字。

⑤ 删除文字：当选择文字后，按Delete键会将选择的文字删除。

除对选择文字进行上述文字编辑操作外，还可对其进行下面的属性编辑操作。

(2) 改变文字字符属性。

最常做的编辑操作就是修改文字的字体、大小、颜色等字符属性，此时只要在文字工具栏选项中指定新的字体、大小、颜色等选项，选择的文字就会改变。

(3) 修改段落属性。

对含有回车符的文字段落，可以通过“段落”控制面板来设置段落属性，如段落相对于段落框的对齐、缩进设置等(执行“窗口”→“显示段落”命令显示段落属性控制面板)。

(4) 文字的绕排样式设置。

Photoshop可以让文字产生波浪形、弯曲形等特殊绕排变形。只要选择文字层后，执行“图层”→“文字”→“变形文字”命令(或按工具选项栏中的“样式设置”按钮)，在弹出的“变形文字”对话框中指定某一个变形样式，并对样式的弯曲、水平扭曲和垂直扭曲参数进行设置后，当前文字层中的文字就会产生不同的变形效果。

(5) 改变文字的方向、角度。

① 选择“图层”→“文字”→“垂直”命令，可将文字层中的文字从水平方向改为垂直方向。

② 选择“图层”→“文字”→“水平”命令，可将文字层中的文字从垂直方向改为水平方向。

③ 选择“编辑”→“变换”→“旋转”命令，可将文字层中的文字进行旋转变形，变形后可对文字继续进行其他编辑。

(6) 文字层转换为普通图层。

一些滤镜命令不能作用于文字层，如果要对文字层进行滤镜变形操作，需要将文字层转换为普通图层，在“图层”控制面板上文字层与普通图层的区别是缩览图带有 T 标志，而普通图层中的文字不能进行文字编辑操作。有以下几种转换命令。

① “图层”→“栅格化”→“图层”命令，可将当前文字层转换为普通图层。

② “图层”→“栅格化”→“所有图层”命令，可将文件中所有的文字层转换为普通图层。

7) 创建样式层

Photoshop 可以为图层添加多达 10 种样式，如图 8-18 所示。

(1) 图层样式的编辑

设置图层样式后，“图层”控制面板中该图层的右侧会显示 f 图标，单击旁边的三角按钮可将图层样式展开，再次单击又可将其折叠。如要对某个样式进行修改，只需双击样式名称，会弹出“图层样式”对话框。

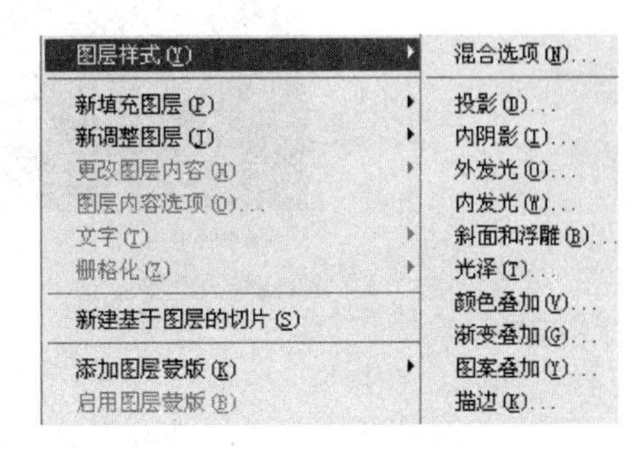

图 8-18 图层样式

当图层应用了多个样式后，样式对话框的左侧会在应用了样式的名称前显示√，只要取消√标记，该样式就会被取消。要重新设置某个样式参数，只要双击对话框中的样式名称，窗口中就会显示该样式的参数，此时可重新设置新的样式参数。

图层样式也可暂时隐藏，只要执行“图层”→“图层样式”→“隐藏所有效果”命令即可，隐藏并不等于删除，需要显示时可执行“图层”→“图层样式”→“显示所有效果”命令重新显示样式。如果某层的样式需要删除，可执行“图层”→“图层样式”→“清除图层样式”命令（或在控制面板中将样式层拖放到删除图标上）。

样式层也可通过执行“图层”→“图层样式”→“创建图层”命令将其转换为普通图层，转换后就不能用样式对话框修改样式参数了。

(2) “样式”控制面板的使用

只要在选择某个图层后，单击“样式”控制面板中的某个样式，则该样式就会被应用到当前图层中。如果当前图层已设置的样式需要保存到“样式”控制面板中，只需选择控制面板菜单命令中的“新样式”命令即可。

当选择“样式”控制面板弹出菜单下面列出的样式文件后，会将一些例如按钮、纹理、图像等样式文件载入到“样式”控制面板中。

也可执行存储样式命令，将当前样式窗中的所有样式保存到某个 *.asl 样式文件中，以后只要执行载入样式或替换样式命令就可将该样式文件追加或替换到当前样式窗中。

8.1.4 绘画和编辑

在 Photoshop 中，可以使用丰富多彩的颜色绘制各种具有创意的图像，也可以对已有的图像进行进一步的修饰与调整。在本节中介绍了选择绘画颜色的方法、绘画的各种工具与使用方法、图像色彩和色调控制、修饰图像的各种方法与常用技巧。

1. 选择绘画颜色

1) 设置前/背景色

单击工具箱的前景色块，会弹出“拾色器”对话框，如图 8-19 所示。

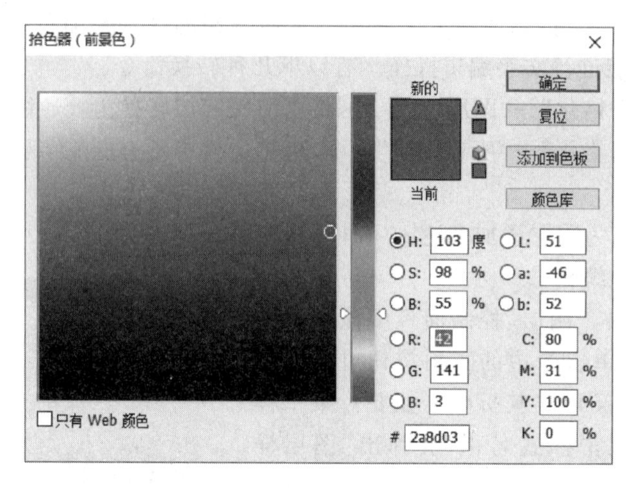

图 8-19 “拾色器”对话框

单击工具箱默认色块可使颜色设置为前黑后白，而单击前/背景切换按钮可使前景色与背景色互换。

2）用“颜色”控制面板选择颜色

执行“窗口”→“显示颜色”命令，显示“颜色”控制面板，将指针放到颜色条上变成吸管工具单击，就可将单击点的颜色设置为前景色。拖动三角滑块或输入颜色值也可选择颜色。默认颜色条为 RGB 颜色模式，也可在控制面板弹出菜单中选择另一种颜色模式，当选择 CMYK Spectrum(CMYK 色谱)时，可避免所选颜色超出打印范围。

3）用“色板”控制面板选择颜色

执行“窗口”→“显示色板”命令显示“色板”控制面板，只要在某一色板上单击，就会将该颜色指定为当前前景色，如图 8-20 所示。

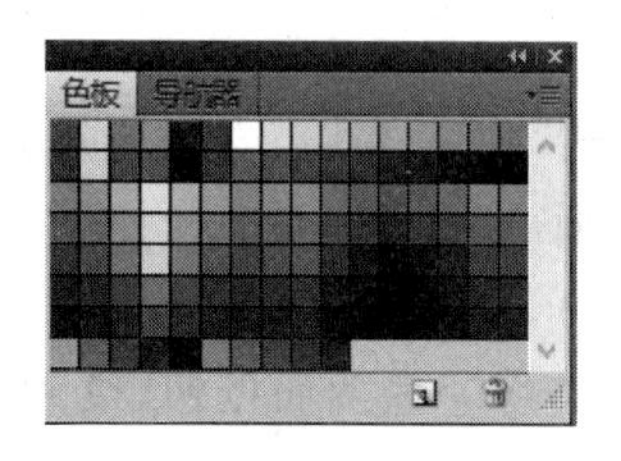

图 8-20 “色板”控制面板

4）用吸管工具在当前图像中选择颜色

如果需要将素材图像中的某一种颜色设置为前景色，可选择工具箱中的吸管工具，将工具移到图像中单击，可将图像中单击点的颜色选择为前景色。单击点的颜色取样平均值取自于工具选项栏的取样大小所设置的范围。

5）为选择区填充前景色

执行“编辑”→“填充”命令，会弹出“填充”对话框。在“内容”选项下拉框中选择前景色，表示用当前的前景色填充选区。“内容”下拉框中的其他选项的说明如下。

（1）背景色：指定用当前的背景色填充。

（2）黑色：指定黑色填充。

（3）白色：指定用白色填充。

（4）50%灰色：指定用 50%灰色填充。

（5）历史记录：将所选区域恢复到图像的某个状态。

（6）图案：用定义好的图案填充选区。当选择该选项后，在自定义图案下拉框中可选择已定义的某个图案。

在模式下拉列表框中，默认为正常模式，即填充色代替了原始图像选区色。

在不透明度设置中，输入 1%～100%的值来指定所填颜色或图案的不透明度。100%为完全填充，低于 100%为部分透明填充，数值越低，填充内容越透明。

填充选项设置完毕后，单击“好”按钮，则选定的颜色填充到选区中。

此外，使用热键 Alt＋Delete 可用当前前景色填充选区，使用热键 Ctrl＋Delete 可用当前背景色填充选区。

6）为选区描边

执行“编辑”→“描边”命令可以为选区的边框描边上色，但必须在弹出的“描边”对话框（如图 8-21 所示）中输入描边的宽度值，并单击颜色色块选择描边的颜色（默认色为当前前景色），以及选择是在选区边框的内部、居中还是外部描边上色。确认后就会以指定的颜色、指定像素的宽度为选区边框描边上色。

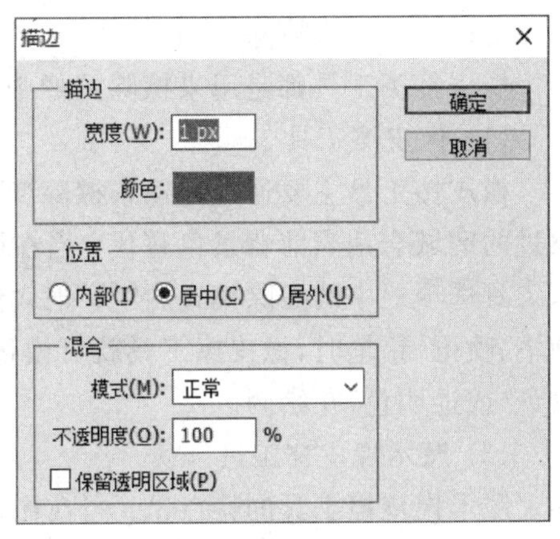

图 8-21 “描边”对话框

2. 设置工具选项

选择绘画工具后，通常在工具选项栏中设置以下工具选项（除非使用工具默认值绘图）。

1）选择画笔

在画笔下拉框中显示的是系统默认的可用画笔，它们的大小、软硬、形状都不同，在一些画笔下还显示该画笔的直径值。当单击某个画笔后，就会将该画笔指定为当前画笔，当前绘画工具会使用当前画笔工作。如图 8-22 所示为使用不同的画笔绘制的图案。

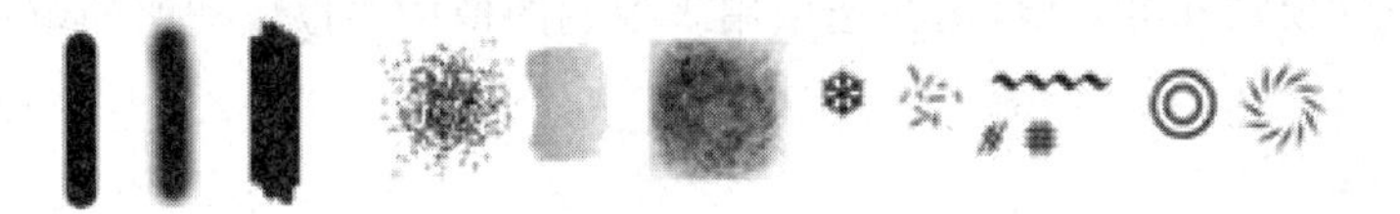

图 8-22 选择不同画笔形状

2）设置绘画模式

通常绘画采用正常模式，表示当前绘画工具用前景色在图像区绘制时与底色不会互相混合，而选择其他绘画模式绘制时，会与底色以不同的方式混合，结果为混合后的颜色。

3）设置动态画笔效果

在绘画工具选项栏的最右侧的按钮上单击，可弹出动态画笔效果参数设置窗。默认的笔画起笔与落笔的形状是一致的，即该选项值均为“关”，当改为“渐隐”后，并设置步长值（1～9999），则会在指定步长内使画笔的尺寸逐渐减少到 0，或使不透明度逐渐减弱到 0，或使绘画颜色从前景色逐渐变为背景色（所谓步长就是画笔笔尖的一个笔画点，步长值越大表示笔画点越多，笔画线条也就越长）。

4）恢复默认选项值

当对工具设置了选项参数后，Photoshop CS 会自动保留该选项值，该工具会一直使用该值来绘画，除非重新设置新的选项。如果需要使工具的选项设置恢复到默认值，可单击工具选项栏中的“工具”图标，在弹出菜单中选择复位工具或复位所有工具。

3. 绘画工具的使用

1）画笔、铅笔工具

（1）画笔工具：绘制的线条边缘比较柔和，类似于传统的毛笔。

（2）铅笔工具：绘制的线条边缘强硬，类似于铅笔。

2）橡皮擦工具

在以上绘制过程中，出现错误时除了用"历史记录"控制面板来将操作完全撤销外，也可用橡皮擦类工具来擦除局部。

橡皮擦类工具都是用来擦除图像中具有颜色色值的像素的，它们的擦除特点如下。

（1）橡皮擦工具

橡皮擦工具主要通过拖动来擦除颜色，首先要确定所使用的画笔。当在背景上擦除时，擦过的区域会用当前背景色替代；当在图层上擦除时，擦过的区域会用透明色替代，只有选择工具选项栏中的擦除模式为"块"时，才会是真正意义上的橡皮擦。而当选择擦除模式为画笔、喷枪、铅笔时，橡皮擦工具就可模仿不同的绘画工具，擦除时相当于使用绘画工具用背景色（或透明色）在绘画。

（2）魔术橡皮擦工具

魔术橡皮擦工具的特点是：当在图层中单击某一点，会自动擦除图层中所有与取样点颜色相近的图像像素并使其透明。当在背景的某点处单击时，则会使符合条件的像素透明，背景会自动转换为普通图层（该工具类似于先用魔棒工具选择符合条件的像素，然后清除这些像素）。

（3）背景色橡皮擦工具

背景色橡皮擦工具用来在图层中拖动擦除图像像素使其透明，在确定了所使用的画笔后，还要指定擦除模式和容差值，这些选项用来控制图像中要擦成透明的范围和边界的锐化程度。

3）历史画笔工具

历史笔类工具与"历史记录"控制面板相结合，可以部分恢复修改图像。

（1）历史记录画笔工具

在指定历史记录画笔工具的色彩混合模式、不透明度和画笔选项后，通过在图像区拖动来将图像恢复到历史记录中的某一状态，或者部分地恢复这个状态。

（2）历史记录艺术画笔

历史记录艺术画笔工具在指定不同的绘画方式、逼真度和容差值等参数后，通过在图像区拖动来用不同的色彩和艺术形式模仿绘画纹理恢复图像。

4）填充工具

（1）使用油漆筒填充工具

油漆筒填充工具通过在图像中单击来填充图像中与所选取样点颜色相近的区域，填充方式有两种，用前景色填充或用图案填充，使用前需要在工具选项栏的填充选项中设定，当选择图案时，可在其后的图案下拉框中选择一种图案，而选择前景时，则表示要用当前前景色填充。

（2）使用渐变填充工具

渐变填充工具的特点是可在选区内填充在多种颜色间逐渐过渡的混合渐变色。在渐变填充工具选项栏中，默认的工具是线形渐变工具，另外还有 4 种渐变工具可供选择，它们是根据渐变颜色间混合方向的不同来区别的，例如线形渐变工具会使渐变色沿直线方向渐变，而径向渐变工具会沿圆形半径方向渐变。

在选择了某种渐变工具后，可在工具箱的前景/背景色块上定义当前的前景色和背景色，此时工具选项栏的渐变样式色条框中显示的就是这两种颜色的渐变色，当然，也可单击渐变样式色条右侧的三角按钮，在弹出的渐变样式预置窗中选择其他渐变过渡色样式，如图 8-23 所示。

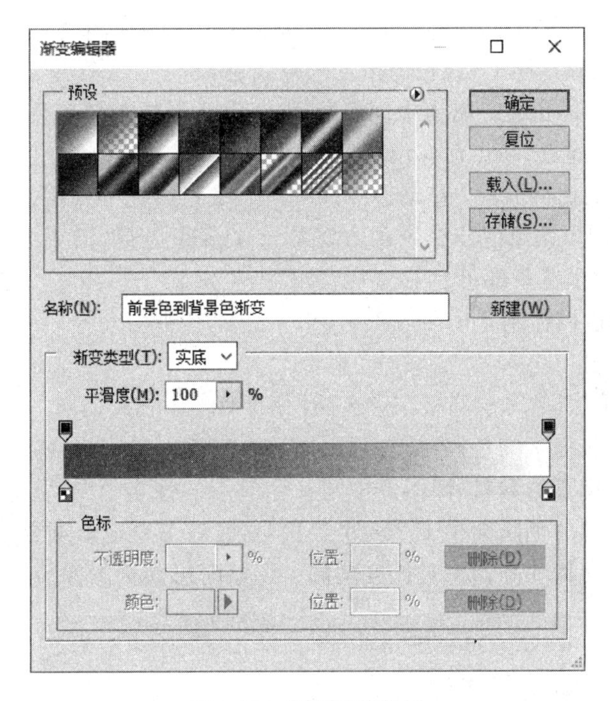

图 8-23　“渐变”编辑器

在工具栏的模式下拉框中可选择渐变填充的模式。如果将反向选项勾选后，表示将当前渐变颜色反向。勾选仿色选项，可使渐变的色调过渡更加平滑。勾选透明区域选项，表示在渐变时使用透明度蒙版。

当将以上设置完成后，就可在当前图层的选择区中将鼠标在起点按下，拖动到终点松手，渐变的起始色就会在起点开始填充，逐渐过渡到终点的终止色。过渡的方向是由选择的工具决定的，图 8-24 显示了在一个圆形选区中，用相同渐变色样式(白到黑)，选择几种不同的渐变工具，起点在圆心，终点在圆周，拖动绘制的不同填充效果。

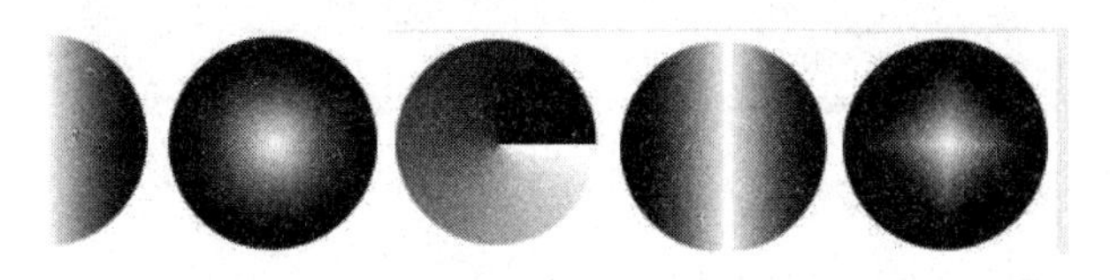

图 8-24　渐变填充工具

如果在渐变样式预览窗中没有所需要的渐变样式色，可在工具选项栏的渐变样式色条上单击，在弹出的编辑窗中指定新的渐变起始色、中间过渡色和终止色，方法如下。

① 先在窗口上部的渐变样式预置窗中选择一种类似的渐变样式，此时渐变预览条显示的就是该样式的渐变色条。

② 定义新的渐变样式：单击“新建”按钮，并在渐变样式名框中输入渐变名称。

③ 改变起始色：单击渐变起点色标，表示要对其进行修改，然后再单击颜色选择框，在弹出的窗口中选择一种颜色，该颜色就会作为新的渐变起始色。

④ 改变终止色：单击渐变终点色标，表示要对其进行修改，然后再单击颜色选择框，在弹出的窗口中选择一种颜色，该颜色就会作为新的渐变终止色。

⑤ 改变中间色：单击中间色标(如果没有该色标，只要在渐变预览条下方某一点单击就会自动添加一个色标)，同上，为它也指定一种颜色。

⑥ 改变中间色标的位置：拖动中间色标可改变该色标在渐变色条中的渐变位置。用同样的方法也可改变起点、终点色标位置。

⑦ 改变渐变色的比例分配：拖动中点图标可改变过渡色的比例分配。

⑧ 删除色标：如果用第⑤步介绍的方法添加了多个色标，需要删除多余的色标时，只要将其向下拖离渐变预览条即可。

4. 图像色彩和色调控制

1）图像色调控制

(1) 色阶。选择“图像”→“调整”→“色阶”命令，如图 8-25 所示。观察图像的色调分布直方图，横轴方向代表像素的色调，从左到右显示为暗色值(0)到亮色值(255)之间的所有色阶值，纵轴方向代表像素的数量，即图像中同一色值下的像素总数，如果图像没有包含从最暗到最亮的颜色，图像的色阶会少于 256 个层次，这时就需要拖动下方的黑、灰、白三个滑块来分别调整暗调、中间调和高调使对比度增加。调整时可预览图像的效果。

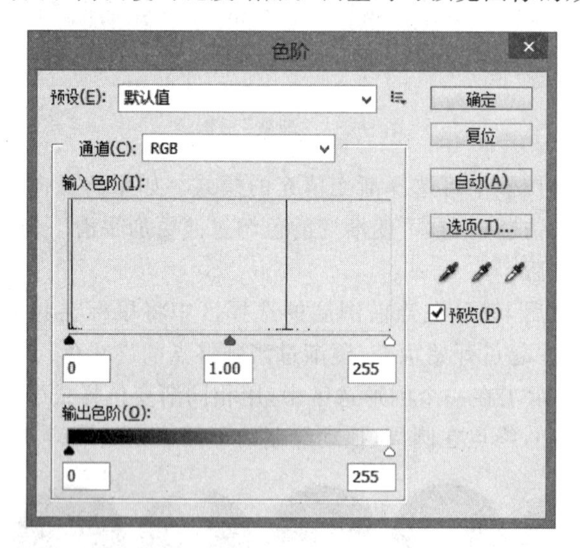

图 8-25　调整色阶

(2) 直方图。显示色调值分布的范围。

(3) 自动色阶。自动将图像中最亮的像素变成白色，最暗的像素变成黑色。该命令对灰度图像的调整效果尤其明显。

(4) 自动对比度。找到图像的最亮与最暗的像素，然后忽略暗部区最暗的 0.5%的暗色，或忽略亮部区最亮的0.5%的亮色，找到图像中最具典型的暗色和亮色，分别将它们变为黑色和白色。结果使图像的亮区更亮，暗区更暗，中间区层次加大，自动地调整了图像的对比度。

(5) 曲线。除了可以调整图像的亮度外，还可以调整图像的对比度、色彩。它比色阶调整更加灵活、多样，功能更加强大。曲线调整命令特别适合对中间调的调整。

(6) 亮度/对比度。粗略地调整图像的亮度和对比度，使用这个命令比使用色阶、曲线命令要方便、简单，能更直观地预览亮度、对比度的调整结果。

2) 消除偏色

由于原始照片本身的问题，或者也许是扫描中出现了偏色，就要使用色彩平衡命令来消除。这次我们不再直接在原始图像背景上调色(这种调色方法会直接影响原始图像的实际像素值)，而是采用调整图层的方法。调整图层相当于在背景图像上增加了一个有色透明层，透过它观看到的图像色彩会发生变化，但这种变化不会影响背景的实际像素值，而且调整图层可以随意修改和删除。

(1) 单击“图层”→“新调整图层”→“色彩平衡”命令，会弹出“新图层”对话框。

(2) 在名称栏中输入调整图层的名称，如果选择了“与前一图层编组”选项，则表示该调整图层只对其下的一层起作用，否则将对其下所有图层起作用。同创建新图层一样，调整图层也有颜色、不透明度与模式设置。

(3) 设置完毕后，单击“好”按钮，紧接着弹出“色彩平衡”对话框，如图8-26所示。

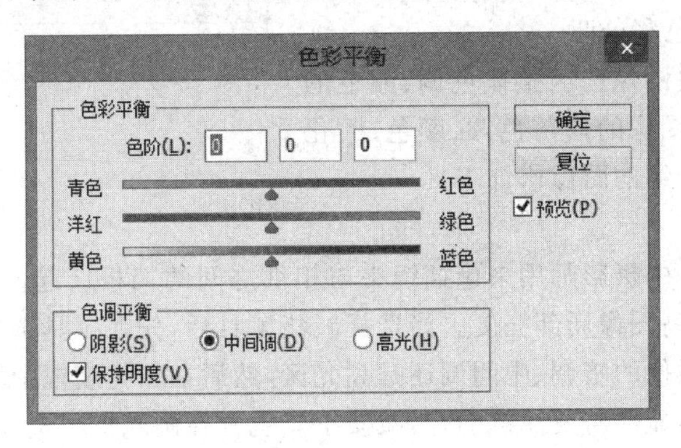

图8-26 调整色彩平衡

(4) 首先在“色调平衡”单选框中选择重点要调整图像的阴影、中间调还是高光。对于RGB图像，应选取“保持明度”选项，以防止在更改颜色时更改了图像中的光度值。此选项可保持图像的整体亮度不变。

(5) 三个颜色条上的值分别显示红色、绿色和蓝色通道的颜色变化，范围为－100～100。如果需要增加某种颜色的饱和度，就将三角滑块拖近该颜色；如果需要降低某种颜色的饱和度，就将三角滑块拖离要在图像中减少的颜色。例如，为了降低图像中的红色，可以将红色条的滑块向左边拖动远离红色。观察图像色彩随参数改变的预览效果，直到满意后确认，完成调整图层的创建。

3) 替换图像中的颜色

(1) 选择“图像”→“调整”→“替换颜色”命令，默认情况下，对话框的选择区域显示一个黑色矩形，代表当前选区的蒙版，如图8-27所示。

(2) 选择对话框中的吸管工具，在窗口顶部的颜色容差设置框中设置取样的容差值，例如20，然后将指针放在图像选区内，单击要替换的颜色取样点(例如黄色)，则选区中与取样点容差范围内的所有黄色像素就被选择了，此时对话框中黑色矩形里的白色区为选中的颜色区，但该白色区可能并没有将所有黄色选择。

(3) 选择加色工具，设置较小一些的容差值，在其他黄色区域单击或拖动，将未选择的黄色添加到选区中，直到对话框窗显示的区域相同。

(4) 如果容差值设置过大，就需要选择减色工具，在不需要选择的区域单击取样，将选择的颜色从白色选区中减去。

(5) 要替换的颜色选区选择好后，就可以在窗口下部的变换框中分别拖动色相、饱和度、明度滑块来为选区重新设定颜色，结果色会显示在窗口右下角的取样框中。

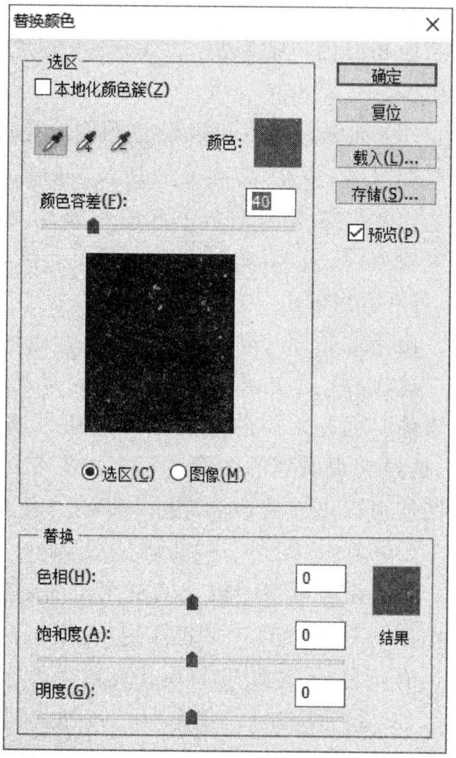

图 8-27 “替换颜色”对话框

4) 调整局部颜色和色调

上面介绍的是对图像选区整体色调、颜色的一些调整命令，而对图像的局部色调、颜色、柔化等处理就需要下面介绍的图像修饰工具。

(1) 减淡工具

减淡工具与暗室中摄影师用来遮挡镜头与相纸之间的挡板所起的作用是一样的，都是为了降低曝光量，提高图像局部亮度。当选择减淡工具后，先在工具选项栏的色调范围选框中选择主要是调整图像的暗调、中间调还是高光区，然后在曝光度框中输入数据，值越大，一次调整的效果就越明显。需要注意的是，减淡工具也要在画笔框中选择画笔尺寸、边界合适的笔刷，及画笔结束效果参数设置，画笔尺寸越大，一次调整的范围就越大。

(2) 加深工具

加深工具更像摄影师在镜头与相纸之间用手形成的孔形挡板，孔中区域图像的曝光量会增加，降低了图像局部的亮度。当选择加深工具后，同样需要在工具选项栏设置与减淡工具相同的参数，而二者的作用则恰好相反。

(3) 海绵工具

海绵工具也是模仿摄影师用海绵擦拭相纸局部区域使饱和度增加这一特点，用来对图像局部区增加或降低饱和度(黑白照片则是增加或降低对比度)。当选择海绵工具后，在工具选项栏可选择工具的工作模式是加色还是去色，在压力选项中输入工具的压力值，值越大，一次调整的效果就越明显。当然，海绵工具也要选择画笔框中合适的笔刷，笔刷的大小，决定一次调整的范围。

5. 路径的使用

路径是由一些点连接起来组成的一段或多段有方向的线段或曲线，是由钢笔工具或几何形状工具创建的。路径的用途基本分为三大类：通过路径进行绘画、通过路径得到复杂选区及剪贴路径的应用。

路径不同于用绘画工具绘制的线条，用绘画工具在工作区拖动鼠标绘制的线条由图层中实际的像素点组成。而用钢笔工具、几何形状工具在创建工作路径模式下创建的路径线条，只要不对路径执行描边或填充操作，图层中就不会出现实际的像素点。路径通常保存在路径控制面板中。使用路径绘画的好处就是：可以用钢笔类工具对路径进行调整、修正，使路径曲线符合要求后才正式用描边、填色命令上色，这样避免了用绘画工具绘画的不精确性。

Photoshop 的几何形状工具和改进后的钢笔工具，既可以快速创建常用的几何形状路径，又可以在工具的创建形状图层模式下，在创建路径的同时产生新的填充图层，路径区域则成为该图层的显示蒙版，这种模式下，Photoshop 模仿矢量绘画的特点，不管对路径进行何种缩放等操作，都不会使路径绘画区的图像产生失真现象。

与其他制作选区的工具相比，路径工具可以使路径与要选择的区域边缘很好地吻合，产生更为精确、平滑流畅的路径曲线。路径可以转换为选区，选区也可转换为路径。

路径除了在绘图中广泛使用外，在选择复杂形状的图像区时，也可围绕图像区创建特殊形状路径，执行路径控制面板弹出菜单中的建立选区命令后，就可将路径转换为选区。

6. 修饰图像

1) 用仿制图章工具修饰图像

仿制图章工具，像它的名字那样，可以在图像的任意位置单击取样，还可以对多图层图像取样，取样后在目标图像中拖动鼠标时，可在鼠标经过的区域仿制出一个以取样点为中心的部分或全部源图像。而图案图章工具则只能仿制已定义的图案。

(1) 选择仿制图章工具，在工具控制面板上选择合适的笔刷。

(2) 将鼠标移到图像中，按住 Alt 键在某一点单击来定义取样点。要确保取样点的图像与要擦除的图像会很好地融合在一起。

(3) 将鼠标移到不需要的图像区域位置，拖动鼠标，则取样点的图像将替代被擦除的图像区域。注意：在拖动鼠标时，十字线光标会随鼠标移动，它代表仿制图章工具正在仿制的点，如果拖动的范围过大，会将不希望仿制的区域仿制。因此，在所要仿制的取样点周围的区域不是很大时，建议重复取样，然后在目标位置单击或小范围拖动鼠标仿制取样点的图像。

(4) 用以上方法，选择较小的笔刷，重复多次可将图像中任何不想要的污点、斑点和景物用取样点附近的图像替换掉。取样点不但可在当前图像中定义，也可在另一文件中定义。

2) 锐化模糊及涂抹工具

模糊工具可将明显的过渡区域模糊柔化，选择模糊工具，在工具选项栏选择合适的笔刷，设置合适的压力值(笔刷尺寸越大，模糊的范围就越大，压力值越大，工具作用的效果越明显)，将鼠标移到要模糊的区域，单击或拖动鼠标，则鼠标经过的区域就变得模糊了。

锐化工具与模糊工具作用相反。

涂抹工具也可以模糊图像，它与模糊工具的区别就是不仅可模糊涂抹处的图像，还可以使涂抹处颜色均匀。用涂抹工具可以消除图像中细小的斑点和划痕，也可轻微地修改图像。

7. 自动操作

在图像编辑过程中，对于大量重复性的工作，可以利用 Photoshop 提供的自动操作功能来完成。也就是将重复性的操作命令录制成一个动作，以后就不用手工一步一步地操作，而是按所录制的动作自动对图像进行处理，可以提高工作效率。

1）创建动作

（1）显示“动作”控制面板。Photoshop 的自动操作是在“动作”控制面板中完成的，执行“窗口”→“动作”命令来显示“动作”控制面板，如图 8-28 所示。

图 8-28 “动作”面板

“动作”控制面板显示的是系统默认的动作集，如果“动作”控制面板已经改动，也可执行控制面板弹出菜单的复位动作命令恢复默认动作集的显示。

所谓动作集就是一些动作的集合，在“动作”控制面板中，将功能类似的动作归类放置在一个动作集中，单击三角形按钮，可将动作集展开，可显示出该动作集中所含的所有动作，默认动作集中是系统提供的一些常用动作。单击三角按钮还可将每个动作展开，可显示出该动作所含的所有操作命令，再次单击三角按钮可折叠显示动作或动作集。

（2）创建新动作集。单击默认动作前的三角按钮将其折叠。现在执行“动作”控制面板弹出菜单中的“新序列”命令或单击控制面板下方的“新建动作集”按钮，在对话框中输入新动作集的名称，确认后就会在“动作”控制面板中显示所建的动作集。

（3）创建新动作。执行“动作”控制面板弹出菜单的新动作命令或单击建立新动作按钮，在弹出的对话框的名称栏中输入动作的名称并在序列下拉框中选择新动作属于哪个动作集。当单击“记录”按钮后，就会进入动作录制状态，此时“动作”控制面板中的录制动作按钮变为红色，以后的操作都将会录制下来。

（4）停止录制。单击“动作”控制面板下方的停止按钮，结束动作的录制。

当对大量的不同文件进行相同的操作但命令参数不同时，使用插入菜单项目命令可将这些操作及命令录制到动作中，当动作执行时命令才被执行，如果命令具有对话框，执行会暂停在对话框状态，直到输入确认后才继续执行动作。

2）编辑动作

执行弹出菜单中的复制或删除命令，可将选择的动作集、动作或命令复制或删除。

如果动作中需要添加新命令，只需单击“录制”按钮，执行一遍新命令，最后单击“停止录制”按钮即可，需要注意的是，如果当前选择的是某个动作，则新命令将添加到该动作所有命令的最后面，如果当前选择的是动作中的某个命令，则新命令将添加到所选命令的后面。

执行弹出菜单中的动作选项命令，可重新在选项对话框中输入名称命名动作。

如果动作中的操作命令顺序需要重新调整，可在“动作”控制面板中将动作中的某个操作命令拖动到新位置即可。

如果动作中的一些命令参数需要更改，可选择动作后，执行弹出菜单中的“再次记录”命令，在对话框中重新输入命令的新参数后，新的参数会被录制下来。

如果要存储一个动作集，首先选择该动作集，然后选择弹出菜单存储动作命令，在存储对话框中选择存储位置及输入动作集的名称，单击“存储”按钮后将其存储。当需要该动作集时，选择弹出菜单载入动作命令即可。另外，在弹出菜单的底部，列出了系统提供的一些常用的图像处理动作，选择后就可将它们载入到“动作”控制面板中。如果执行弹出菜单替换动作命令，则会用选择的动作替换“动作”控制面板中已有的动作。

如果执行清除全部动作命令，则会将“动作”控制面板中的所有动作清空。

3）条件模式更改

使用“文件”→“自动”→“条件模式更改”命令可自动将多种模式的图像更改为指定的模式，如图 8-29 所示。

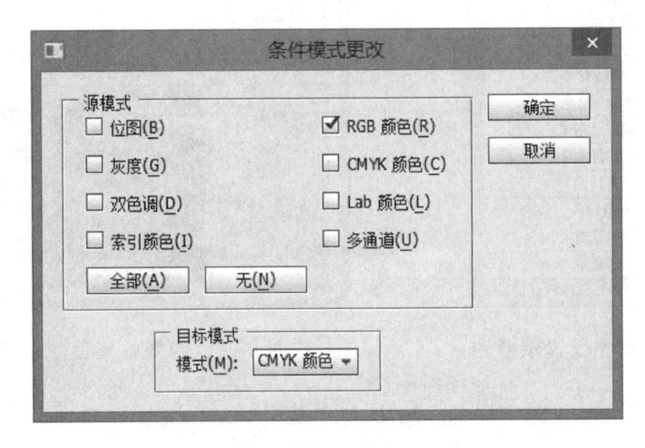

图 8-29　条件模式更改

在源模式选项框中，可指定选择要更改的源图像模式，只有指定模式的图像才能进行模式转换，如果单击 ALL 按钮，则表示所有模式的图像都能进行转换。

在目标模式选框中，可选择转换后的模式，表示执行此命令后图像模式会转换为指定的模式。

如果在录制的动作中有图像模式转换操作，使用本命令比使用“图像”→“模式”→“更改”命令对大量不同色彩模式的图像进行转换更加方便。

【例 8-2】 制作文字特效：使用动作面板，创作木纹效果作为背景；使用文字工具，输入“奋斗”二字，并做修饰；利用图层和图层混合选项制作木刻字效果；添加合适相框。制作效果可见图 8-30。

操作步骤：

（1）执行“文件”→“新建”命令，在“新建”对话框中，设置图片宽度为 600 像素、高度为 400 像素。

（2）打开“动作”面板，载入纹理类动作，如图 8-31 所示。

（3）在“纹理”中，找到“花纹红木”，单击“播放选区”按钮，并设置切变效果，产生木纹效果，并生成“图层 1”，如图 8-32 所示。

（4）鼠标拖曳“图层 1”至“创建新的图层”按钮上，创建新图层“图层 1 副本”。

图 8-30　文字特效效果图

(5) 使用“横排文字工具”输入文字“奋斗”,并使用文字工具栏设置字体为“华文行楷”、字号为“110 点”。

(6) 右击文字图层,在弹出的快捷菜单中选择“栅格化图层”。

图 8-31　动作设置示意图

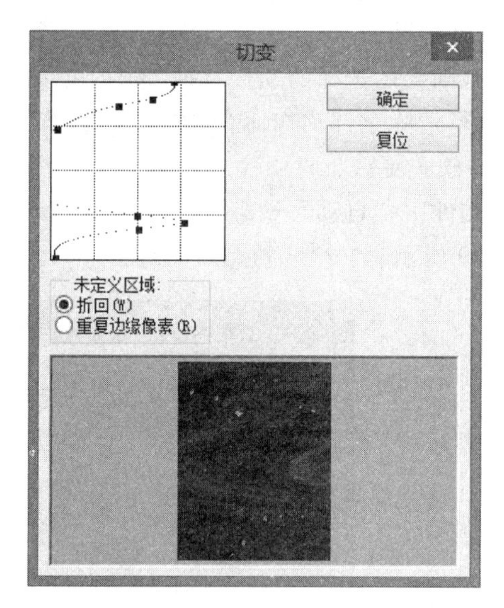

图 8-32　切变效果设置示意图

(7) 按住 Ctrl 键,单击文字图层,选中文字部分,按 Ctrl+E 键,向下合并“图层 1 副本”图层。

(8) 使用 Ctrl+Shift+I 键反选,按 Delete 键删除多余的木纹部分,再使用 Ctrl+Shift+I 键反选,得到木纹文字。

(9) 单击鼠标右键,在图层快捷菜单中选择“混合选项”命令,在“图层样式”对话框中选择“斜面和浮雕”命令,设置浮雕样式为“枕状浮雕”,方法为“雕刻清晰”,深度为 100%,大小为 7,软化为 3。

(10) 打开“动作”面板,使用“铝制画框动作”,将制作结果保存。

8.1.5　常用滤镜

Photoshop 图像处理软件为用户提供了众多有特色效果的图像处理滤镜,还支持许多第三方提供的滤镜。常用的滤镜组如图 8-33 所示,其功能如下。

(1) 像素化滤镜组:使图像产生各种纹理材质效果。

(2) 扭曲变形滤镜组:使图像产生三维、波浪、漩涡等不同的几何变形效果。

(3) 杂色滤镜组:通过为图像添加像素点或去除杂色像素点来改善图像的质量。

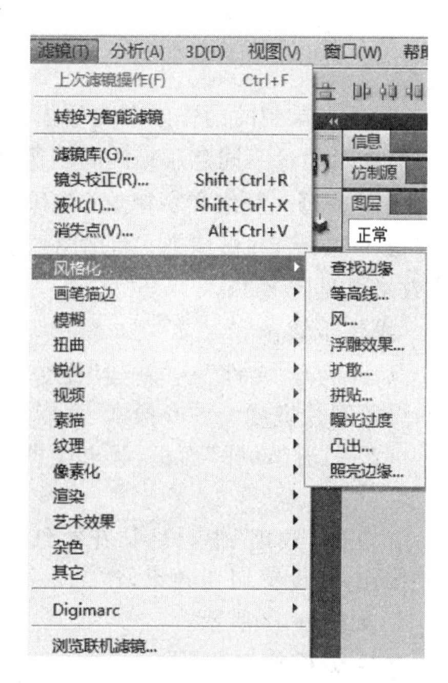

图 8-33　Photoshop“风格化”滤镜菜单

(4) 艺术效果滤镜组：使图像产生精美绘画式艺术效果。

(5) 模糊或锐化滤镜组：使图像产生各种模糊效果或清晰效果。

(6) 画笔描边滤镜组：使图像产生艺术效果的同时，强调图像轮廓与笔画的线条特征。

(7) 素描滤镜组：使图像产生不同风格的手绘素描效果。

(8) 风格化滤镜组：使图像产生不同的色块效果。

(9) 渲染滤镜组：通过为图像添加像素点或去除杂色像素点改善图像的质量。

1. 模糊滤镜组

模糊滤镜组中的滤镜可以降低图像像素间的对比度，使图像变得柔和模糊。

(1) 模糊：通过平均所有相邻像素值来使图像产生模糊柔化效果。

(2) 进一步模糊：效果要比模糊滤镜的模糊柔化强3～4倍。

(3) 高斯模糊：不像前两种滤镜那样对所有像素进行模糊处理，而是通过高斯曲线的分布，选择性地模糊图像。

(4) 动感模糊：对图像像素沿特定方向进行线形位移来模仿运动模糊效果。

(5) 径向模糊：该滤镜可以使图像的画面具有强烈的动感模糊效果。在"模糊方法"单选框中选择"缩放"，就会使图像沿半径线产生放射线状模糊效果；选择"旋转"，图像会沿同心圆产生圆形旋转模糊效果。在"品质"单选框中，可以选择模糊 效果的质量；而拖动数量滑块，可控制模糊的强度，范围在1～100，值越大，模糊效果越强烈。

(6) 特殊模糊：只模糊颜色相近的像素，而边缘不受影响。

2. 锐化滤镜组

锐化滤镜组中的滤镜与模糊滤镜相反，可以提高图像相邻像素间的对比度来使图像更清晰。锐化滤锐组中也有4种使图像产生不同锐化效果的滤镜，它们的特点如下。

(1) 锐化：通过提高图像中所有像素的对比度来使图像更清晰。

(2) 进一步锐化：清晰图像的效果要比锐化滤镜更明显。

(3) 锐化边缘：只对反差明显的图像轮廓区进行锐化，图像大部分区域的细节仍保留。

(4) USM锐化：可以调整图像边缘的对比度，结果会在边缘的两侧产生更亮或更暗的线条，这种对图像边缘的强调结果，会使焦点模糊的图像更加清晰。

3. 扭曲滤镜

扭曲变形滤镜主要用来使图像产生各种扭曲变形，与普通的缩放、旋转、扭曲变形不同，该滤镜组中的滤镜会对选区图像沿各个不同方向变形，产生三维、波浪、漩涡等复杂的几何变形效果。

(1) 波纹：在图像上创建起伏的图案来产生水面的波纹效果。

(2) 挤压：使图像产生向内或向外挤压变形效果。

(3) 球面化：将图像扭曲变形，产生用透镜观看图像的效果。

4. 杂色滤镜

杂色滤镜组中的滤镜可以为图像添加粗糙的杂色颗粒或将细微的杂色斑点消除，从而使图像质量得到改善。

(1) 添加杂色滤镜：可以为图像添加随机像素点，使图像产生粗糙颗粒效果。

(2) 去斑：该滤镜在保持图像细节的前提下通过轻微模糊图像来使微小斑点消失，能消除图像中细小的斑点或划痕，适合去除扫描图像时产生的印刷网纹或蒙尘。

(3) 蒙尘与划痕：能有选择地减少图像的杂色，消除图像中较大的斑点和划痕。

(4) 中间值：用指定范围内的像素的亮度中间值替换中心像素来减少图像的杂色。

5. 渲染滤镜

渲染滤镜组中的滤镜可以用来渲染美化图像，有的可以模拟各种灯光效果，有的可为图像创建三维造型，还有的能模拟不同镜头拍摄的光晕效果。

光照效果滤镜的作用就是能提供不同的光源、光照类型和光线属性来为图像添加不同的光线照射后的效果，在对话框的样式下拉列表框中共有十几种不同的光源样式供用户选择。当选择某种样式后，可在预览窗中观察到当前光源的预览效果，如图 8-34 所示。

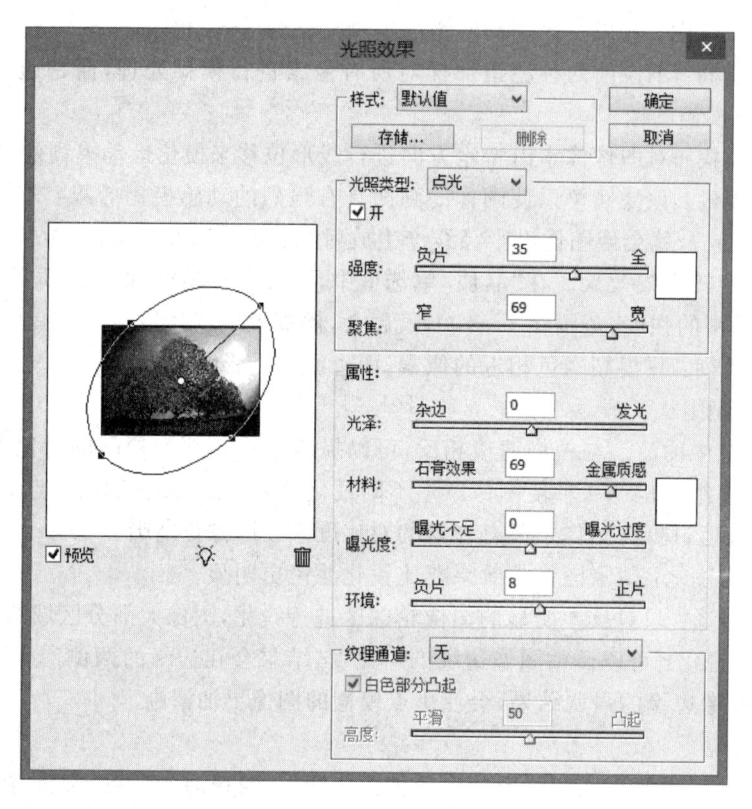

图 8-34 “光照效果”滤镜

一般在当前光源的四周会出现椭圆形的边框，可以拖动边框上的控制手柄来改变光照的方向和范围，而拖动代表当前光源的小圆圈图标则会改变灯光的高光点位置。

单击预览窗底部的“添加光源”图标，可在选择的样式基础上为图像添加新的光源、光源的高光点，方向和范围的调整同上。

当需要删除某个光源时，只要单击代表光源高光点的小圆圈图标将该光源选择后，单击预览窗底部的“删除光源”图标将当前光源删除即可。

当勾选光照类型选框下的“开”复选框后，还可在下拉列表框中选择三种灯光类型(全光源、平行光和点光)中的一种。

拖动“强度”滑块可以调节当前光源的发光强度，而拖动“聚焦”滑块可以调节当前光源的聚焦范围，单击右侧的色块可选择当前光源的颜色。

在属性框中，拖动“光泽”滑块可调节被照射体的表面光滑度，拖动“材料”滑块可调节被照射体以何种材料特点来反射和吸收光线（向左拖动会偏向于塑料材料，向右拖动会偏向于金属材料），拖动“曝光度”滑块可调节图像整体的曝光程度，拖动“环境”滑块来调节环境光的效果，单击其右侧的色块可选择环境光的颜色。

如果在此之前在 Alpha 通道中已填充了一种灰度模式的纹理图案，在纹理通道下拉选择框中可选择 Alpha 通道，这样可将通道中的纹理填充到光照范围内，从而产生特殊的光照纹理浮雕效果，纹理浮雕的立体效果可通过拖动高度滑块来调节。

6. 风格化滤镜

风格化滤镜组中的滤镜会在原图像基础上，重点强调图像的边缘或使图像像素移位，使图像产生不同风格的绘画或印象派艺术效果。

(1) 浮雕效果：使图像产生浮雕效果。

(2) 风：在图像中添加细小的水平线来模仿被风吹过后的效果。

(3) 云彩：在图像中产生当前前景色与背景色的随机色，模拟云彩效果。

8.1.6 GIF 动画制作

将已经制作完成好的多帧的 PSD 图像转换成 GIF 格式的动画图像，操作步骤如下。

(1) 在 Photoshop CS5 的工作区找到“动感”命令，单击此命令后即可进入到动画编辑的环境中，如图 8-35 所示。

图 8-35　Photoshop CS5 动画编辑窗口

(2) 如果是在 Photoshop CS5 的环境中制作了多图层的 PSD 格式图像，则可以看到如图 8-36 所示的窗口。

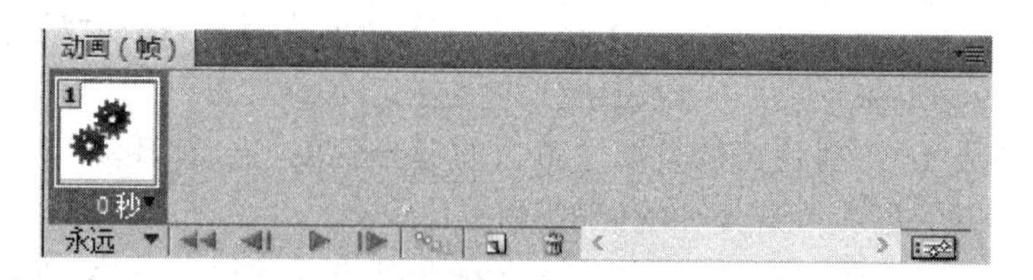

图 8-36　动画控制窗口

(3) 调整每帧显示的动画图层,如图 8-37 所示。

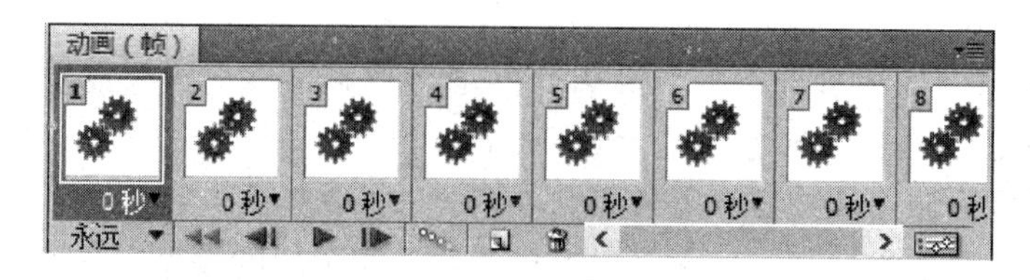

图 8-37　每帧显示的动画图层

(4) 此时可以单击"动画播放"按钮▶就可以观看连续播放的动画了。

(5) 如果希望调整每帧动画的播放速度,可以单击动画控制窗中的 0 秒处,设置每帧动画的播放间隔时间。也可以按住 Shift 键同时单击最后一帧动画全选,再单击 0 秒处,设置全部帧动画的播放时间间隔。

(6) 如果希望在任意的二帧动画之间插入过渡帧动画,可以在动画控制窗下面单击"动画过渡"按钮,此时弹出"动画过渡"对话框,选择设置插入的过渡帧动画的数目。如图 8-38 所示为"过渡"对话框,加入过渡帧动画后,播放的效果会产生两帧动画之间的淡入淡出的特殊效果。

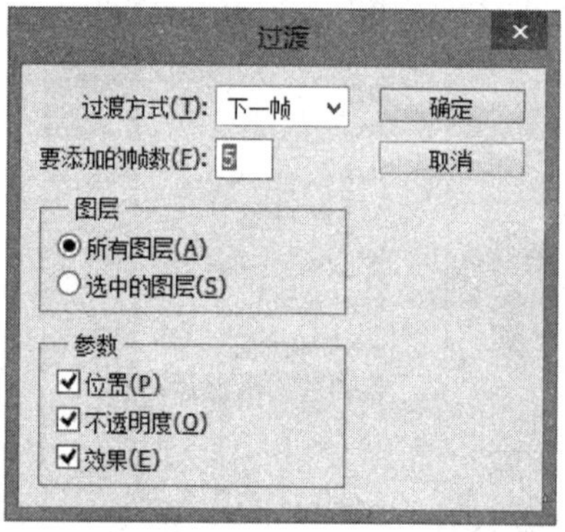

图 8-38　"过渡"对话框

(7) 如果希望复制当前的帧,可以单击动画控制窗口下面的"复制当前帧"按钮,将当前帧向后复制相同帧。

(8) 如果希望删除当前帧,可以用鼠标直接拖动动画控制窗内选中的帧,拖放到"删除选中帧"按钮处,即可删除此帧。

(9) 最后如果希望保存 GIF 动画文件,可以在菜单中选择"文件"→"存储为 Web 和设备所用格式"命令,选择相关选项,选择文件保存类型为 *.gif 格式,单击"保存"按钮即可完成保存 GIF 动画文件的操作。

8.2　演示文稿制作技术

PowerPoint 2010 是当前非常流行的幻灯片制作工具。用 PowerPoint 可制作出生动活泼、富有感染力的幻灯片,用于报告、总结和演讲等各种场合。借助图片、声音和图像的强化效果,PowerPoint 2010 可使用户简洁而又明确地表达自己的观点。PowerPoint 具有操作简单、使用方便的特点,用它可制作出专业的演示文稿。

8.2.1 演示文稿的基本操作

1. PowerPoint 启动与退出

1) 启动 PowerPoint 2010

(1) 单击"开始"按钮 →"所有程序"→ Microsoft Office → Microsoft Office PowerPoint 2010 选项 Microsoft PowerPoint 2010 。

(2) 双击桌面上的 PowerPoint 快捷方式图标 。

(3) 双击本机中存在的 PowerPoint 文档。

提示：PowerPoint 2010 能以兼容的模式打开早期的 PowerPoint 版本文档。

2) 退出 PowerPoint 2010

(1) 不退出 PowerPoint 2010 系统，只关闭幻灯片文件：单击"文件"→关闭"选项" 关闭，确认是否存盘后关闭幻灯片文件。

(2) 退出 PowerPoint 2010 系统：单击 Excel 窗口右上角的"关闭"按钮 ，或单击左上角 下拉列表中的"关闭"选项，或单击"文件"选项卡中的"退出"按钮 退出 。确认是否存盘后关闭系统。

2. PowerPoint 2010 的主窗

启动 PowerPoint 2010 后可看到它的主界面(如图 8-39 所示)，PowerPoint 会自动生成一个新的幻灯片。PowerPoint 2010 的界面是由标题栏、菜单栏、工具栏选项卡、工作区、状态栏等部分组成。

图 8-39 PowerPoint 2010 主界面

3. 创建演示文稿

创建新的空白演示文稿的步骤如下。

(1) 单击“文件”→“新建”选项。

(2) 选择“空白演示文稿”选项,再单击“创建”按钮,即可生成新演示文稿,如图 8-39 所示。

(3) 也可以直接单击“快速访问工具栏”中的“新建”按钮。

【例 8-3】 创建模板演示文稿的步骤如下。

(1) 单击“文件”→“新建”选项,打开如图 8-40 所示的工作窗口。

图 8-40　新建空白演示文稿

(2) 单击“样本模板”并选择其中一种模板样式。

(3) 单击“创建”按钮,即可生成新模板演示文稿,如图 8-41 所示。

4. 保存和打开演示文稿

1) 保存演示文稿

单击“快速访问工具栏”中的“保存”按钮,弹出一个“另存为”对话框。在“文件名”文本框中输入文件名,单击“保存”按钮将所新建的演示文稿保存。

2) 打开演示文稿

单击“文件”→“打开”选项,弹出一个“打开”对话框,选择演示文稿所在的位置,单击“打开”按钮即可。或在文件夹中直接双击打开所需演示文稿。

5. 演示文稿的浏览

PowerPoint 2010 为了建立、编辑、浏览、放映幻灯片的需要,提供了多种不同的视图,各种视图间的切换可以通过状态栏上的视图快捷键来实现。也可以打开“视图”菜单,从中挑选相应的命令进行切换。

1) 普通视图

普通视图包含三个窗格,即大纲窗格、幻灯片窗格和备注窗格。这些窗格使得用户可以在同一位置使用演示文稿的各种特征。拖动窗格边框可调整不同窗格的大小。

图 8-41　新模板演示文稿

(1) 大纲窗格：大纲窗格适合用来构思整个演示文稿的框架，把握总体思路，编排幻灯片的演示顺序，所有正文文本部分可以在大纲中编辑，但大纲中不显示各种图形、图像等。

(2) 幻灯片窗格：在幻灯片窗格中，可以查看每张幻灯片中的文本外观，它是演示文稿详细设计的区域，可以对单个幻灯片的文字、图形、对象、配色等进行加工处理。

(3) 备注窗格：备注窗格使得用户可以添加与观众共享的演说者备注或信息，可以提示演示时容易遗忘的部分。如果需要备注中含有图形，必须向备注视图中添加备注。

2) 幻灯片浏览视图

在此视图中，用户能清楚地看到整个演示文稿中的幻灯片的排列顺序和前后搭配的效果，这些幻灯片是以缩略图显示的，同时也提供幻灯片切换效果、预设动画、动画预览、排练计时等功能。

3) 幻灯片放映视图

幻灯片制作完毕后应当检查其效果。在幻灯片放映视图中，用户可以首先在屏幕上对初稿进行审阅。此时幻灯片按顺序在全屏幕上显示，单击鼠标右键或按回车显示下一张，按Esc键或放映完所有幻灯片后恢复原样。

8.2.2　演示文稿的编辑

1. 文字的编辑

1) 编辑版式中的文字

(1) 添加文字

在 PowerPoint 2010 中，幻灯片上的所有文本都要输到文本框中。每张新幻灯片上都有相关的提示，让用户在什么位置输入什么内容，这些提示称为“占位符”。单击占位符，将选中文本框，然后就可以在其中输入文本了。

输入幻灯片标题时，一般不用按 Enter 键，当一行不足以放下整个标题时，PowerPoint 会自动换行。输入正文时，如要另起一段，可按 Enter 键，否则不必。

(2) 删除文字

使用键盘上的 Backspace 键或 Delete 键可以逐个删除文字；或者也可以用鼠标选中要删除的文字，然后按 Delete 键。

(3) 移动文字

可以用鼠标移动文字，方法是在选中的文本上按下鼠标左键，拖动到目标位置后放开即可；也可以先选中要移动的文字，用“编辑”菜单上的“剪切”、“粘贴”命令配合完成操作。

(4) 复制文字

选中要复制的文字，单击工具栏上的“复制”按钮复制所需文字，然后移动光标到需要插入的位置，设置插入点。最后单击“粘贴”按钮，文字即被复制到插入点处。

2) 使用文本框插入文字

虽然 PowerPoint 提供了很多版式，但当用户希望在幻灯片的任意位置插入文本时，总是受到版式的限制。这时可以利用文本框来解决这一问题。单击“插入”选项卡，选择“文本框”选项，可在弹出的下拉菜单中选择“横排文本框” 横排文本框(H) 和“垂直文本框” 垂直文本框(V) 两种编排方式。

3) 移动文本集

将鼠标放在文本框的边框上，此时鼠标应避免落在方块的尺寸控制柄上，当鼠标箭头变为十字箭头时，按住鼠标左键，移动鼠标到需要的位置，然后放开左键即可。如果在移动过程的同时按住 Ctrl 键不放，此时原文本框会被保留，同时复制该文本框到新位置上。

4) 缩放文本框

将鼠标移动到文本框的尺寸控制柄(8 个空心方块)上，此时指针变成双向前头，指示缩放的方向。按住鼠标左键，鼠标指针会变成十字形，移动到需要的位置，放开鼠标左键，即可改变文本框的大小。注意，系统会根据缩放后的文本框尺寸再做最后的调整，因此缩放后的尺寸并非最终的尺寸。

5) 设置文本框

用户可以根据需要来改变系统默认的文本框格式以达到更好的表达效果。

在文本框上右击，在弹出的菜单中(如图 8-42 所示)单击“设置形状格式”选项，PowerPoint 2010 会显示“设置形状格式”对话框(如图 8-43 所示)，设置完成后单击“关闭”按钮。

6) 在文本框中输入文字

要在文本框中输入文字，必须使文本框处于编辑状态。用拖动的方法画好文本框，释放鼠标左键后，文本框自动处于编辑状态，可以立即进行文字的输入。但对文本框本身做了一些编辑之后(如移动、改变大小等)，文本框本身并不处于编辑状态，这时无法输入文字。解决的方法是选定文本框，右击弹出浮动菜单，选择“编辑文本”选项，可将

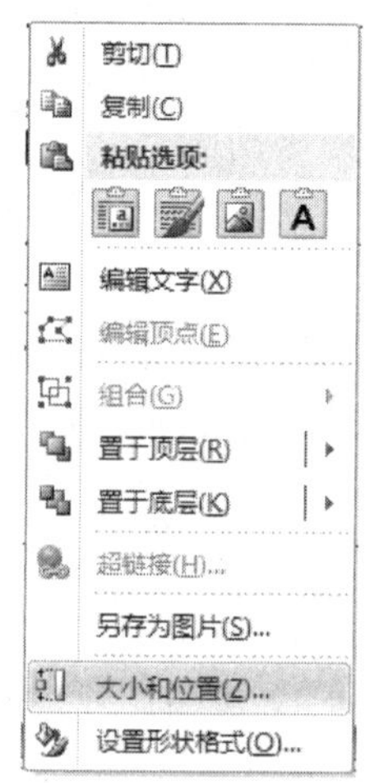

图 8-42　右键菜单

图 8-43 “设置形状格式”对话框

文本框变成编辑状态。

2. 文字的格式化

1）字体的格式化

文本的基本格式设置包括设置文字的属性和对齐方式。其中文字的基本属性有设置字体、字号、字型、文字颜色、字符间距。设置文字的属性，可选中所需文字后，单击“开始”→“字体”按钮，弹出的“字体”对话框如图 8-44 所示，进行设置后单击“确认”按钮即可。

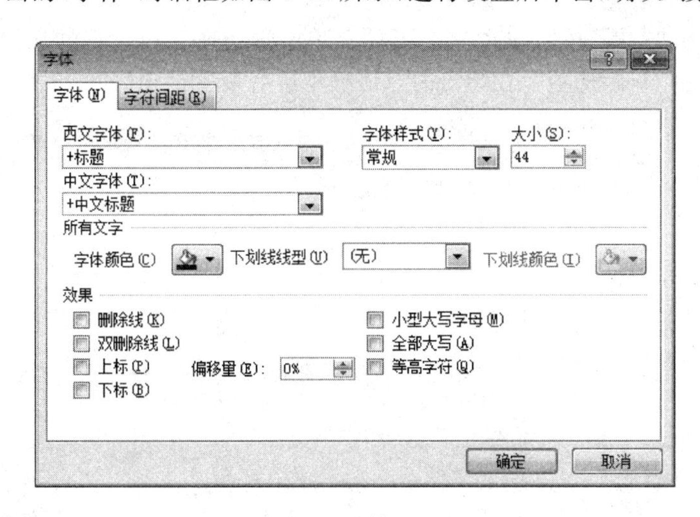

图 8-44 “字体”对话框

2）文字的对齐方式

(1) 段落对齐

用来实现设置文本在幻灯片中的相对位置。单击“开始”→“段落”选项卡中的“左对齐”

、“右对齐”、“居中”、“分散对齐”、“两端对齐”命令来设置对齐格式。

(2) 字体对齐

用来实现同一行中各个文字的对齐方式，单击鼠标右键，在右键菜单中选择“设置文字效果格式”选项(如图 8-45 所示)，在弹出的对话框(如图 8-46 所示)中可设置“顶端对齐”、“中部对齐”、“底端对齐”等对齐方式。

图 8-45　设置文字格式

图 8-46　“设置文字效果格式”对话框

3) 段落格式化

在 PowerPoint 2010 中，可以调整行间距、段前和段后间距，方法如下：单击“开始”→“段落”选项组中的“行距”按钮，在打开的菜单中选择适当的行距(如图 8-47 所示)。也可以在菜单中选择“行距选项”，在弹出的对话框中进行段落设置(如图 8-48 所示)。

图 8-47　“调整行距”菜单

图 8-48　“段落”对话框

3. 编辑幻灯片

1) 删除幻灯片

在除了“幻灯片放映”外的所有视图状态中都能执行删除操作。单击“开始”选项卡中的

“删除”选项，就可以删除幻灯片。

如果不小心删掉了一张有用的幻灯片，就可以选择“快速访问工具栏”上的“撤销”选项或按 Ctrl+Z 组合键来恢复这张幻灯片。

2）复制幻灯片

在 PowerPoint 中使用“开始”选项卡中的“复制”和“粘贴”选项可以复制幻灯片，步骤如下。

(1) 切换到“幻灯片浏览”视图。

(2) 选择要复制的幻灯片。当要复制的幻灯片超过一张时，可按住 Shift 键选择要复制的各张幻灯片。

(3) 选择“开始”选项卡中的“复制”选项。

(4) 选择要复制到它后面的那一张幻灯片。

(5) 选择“开始”选项卡中的“粘贴”选项。

3）移动幻灯片

使用“开始”选项卡移动幻灯片的方法与复制幻灯片的方法有些类似，只是第(3)步有些不同。选择要移动的幻灯片后，选择“开始”选项卡中的“剪切”选项，然后选择要移动到它后面的那一张幻灯片，再进行“粘贴”操作就可以了。

4）重新安排幻灯片

可以改变演示文稿中幻灯片的次序。在“普通”视图的“大纲”选项卡中，使用拖曳的方法可来回移动幻灯片，步骤如下。

(1) 单击要移动的幻灯片图标。

(2) 在“大纲”选项中把该图标拖上或拖下。

也可以选择幻灯片上的一段信息，通过单击和拖曳将它移动到理想的位置，也能把它移到另一张幻灯片上。

在“幻灯片浏览”视图下重新安排幻灯片，可执行下列操作。

(1) 选择要移动新位置的幻灯片。

(2) 把幻灯片拖动到新位置，当拖动幻灯片时，垂直线将标出它表现的地方。

(3) 放开鼠标按钮就把该幻灯片插入到新位置了。

4. 插入图片和艺术字

1）插入图片

(1) 插入剪贴画

单击“插入”选项卡中的“剪贴画”按钮，打开“剪贴画”窗格，可以根据需要在“搜索文字”文本框中输入剪贴画的类型，单击“搜索”按钮即可查找到需要的类型的剪贴画(如图 8-49 所示)。

(2) 插入来自文件的图片

在幻灯片中插入图片，只需在要插入图片的位置单击“插入”选项卡中的“来自文件的图片”按钮，打开“插入图

图 8-49 “剪贴画”窗格

片”对话框(如图 8-50 所示),定位插入图片的位置后单击“插入”按钮即可。

图 8-50 “插入图片”对话框

(3) 使用自选图形

PowerPoint 有很多标准图形,利用“插入”选项卡中的“形状”选项就可完成这些图形的插入和编辑。

单击“插入”选项组中的“形状”按钮,在打开的菜单(如图 8-51 所示)中选择一种自选图形的形状。再把鼠标指针移到演示文稿中要插入图形的地方,单击以添加图形,然后用改变图形大小的方法来确定它的大小。

2) 插入艺术字

艺术字以制作者输入的普通文字为基础,通过添加阴影、改变文字的大小和颜色,可以把文字变成多种预定义的形状,用来突出和美化这些文字。PowerPoint 利用艺术字功能创建旗帜鲜明的标志或标题。艺术字在幻灯片上是作为一个对象存在的,可以对它进行移动、复制、删除操作或调整它的大小。方法如下。

(1) 选择第一张幻灯片。

(2) 单击“插入”选项卡中的“文本”选项组中的“插入艺术字”按钮 ,打开“艺术字快速样式”按钮 ,出现下拉菜单,如图 8-52 所示。

(3) 从中选择一个艺术字式样,单击“确定”按钮,工作区出现一个新的文本框,可在文本框内输入所需内

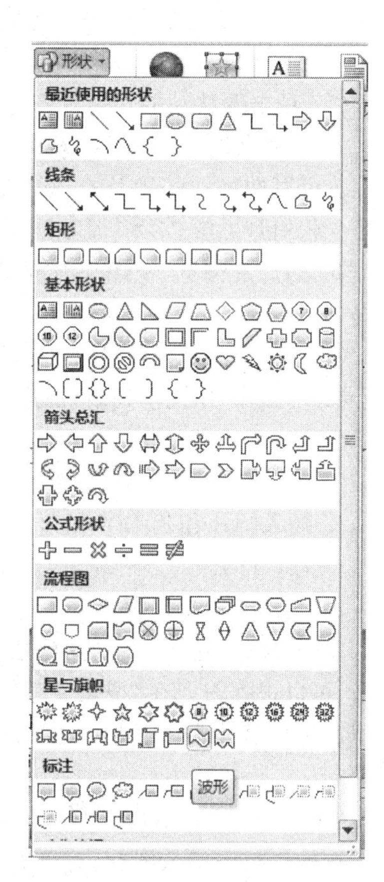

图 8-51 “自选图形”菜单

容。同时界面上也出现“格式”选项组，里面包含很多编辑艺术字的工具，可在“文本效果”菜单中更改各种艺术效果(如图 8-53 所示)。

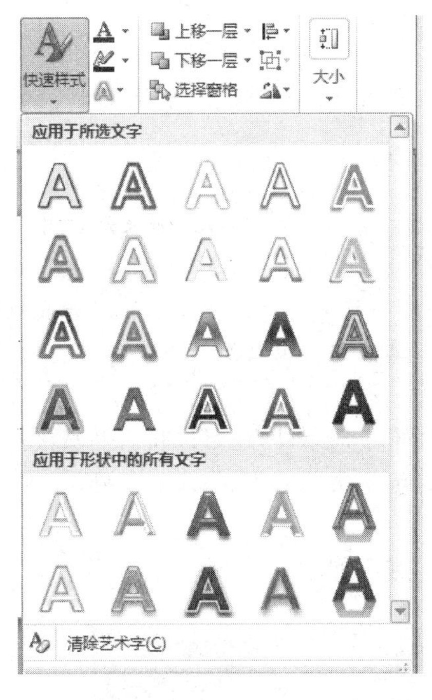

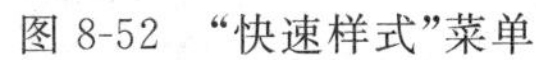
图 8-52 “快速样式”菜单

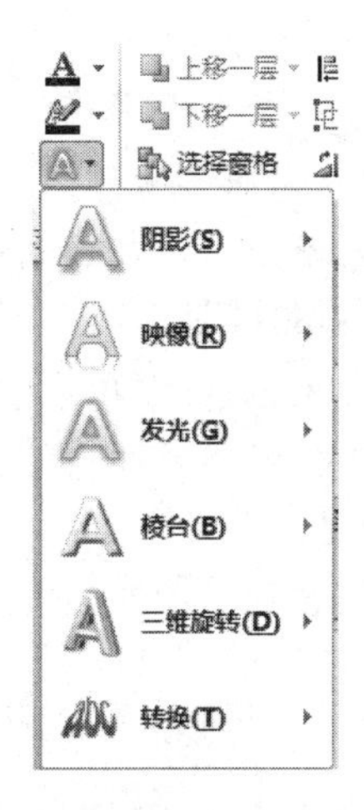

图 8-53 “文本效果”菜单

5. 插入媒体对象

为了丰富演示文稿的表达效果，除了给演示文稿添加图片、剪贴画和自选图形外，还可以为其插入其他多媒体元素。

1) 插入影片

这里的影片包括日常生活和工作中遇到的所有视频类型，例如 Flash、AVI、MPEG、WMV 等。单击“插入”选项卡“媒体剪辑”选项组中的“影片”按钮，打开如图 8-54 所示的菜单，在菜单中可以选择影片的来源。

2) 插入声音

插入声音与插入影片的方法类似，单击“插入”选项卡“媒体剪辑”选项组中的“声音”按钮，选择声音的来源即可。

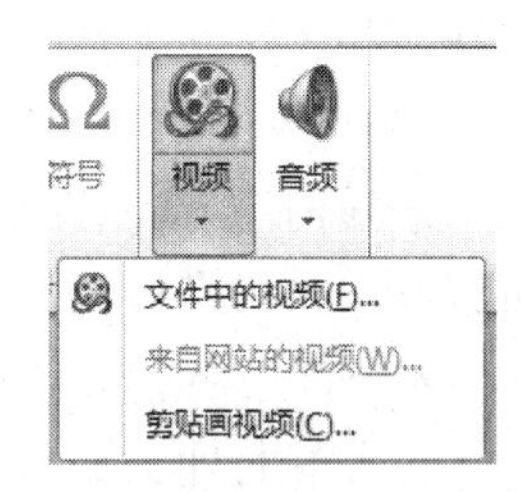

图 8-54 “影片”菜单

提示：动画、影片或声音将按其在幻灯片中的显示顺序依次播放。如果在插入影片或声音之前幻灯片上没有显示动画，则将先播放影片和声音，即使以后将新动画应用于此幻灯片时也是如此。

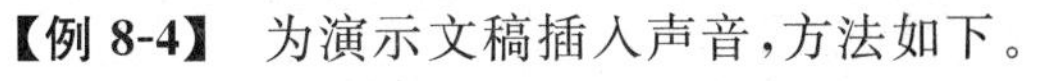

【例 8-4】 为演示文稿插入声音，方法如下。

(1) 打开所需演示文稿。

(2) 单击“插入”选项卡“媒体剪辑”选项组中的“声音”按钮，在打开的菜单中选择“文件中的声音”选项，打开“插入声音”对话框。

(3) 选择一种声音文件，单击“确定”按钮，打开如图 8-55 所示的提示框。

(4) 单击“自动”按钮完成声音的添加，在工作区中将出现一个小喇叭图标。

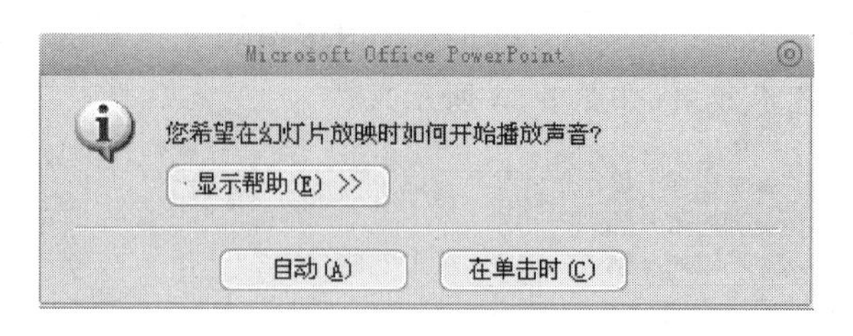

图 8-55 提示框

提示:单击"自动"按钮是使显示幻灯片时播放声音或电影。如果幻灯片中还有其他媒体效果,如动画、声音或电影等,将在该效果后播放。单击"在单击时"按钮是使单击后播放声音或电影,该设置将作为触发器,因为必须单击指定的对象才能播放声音或电影。也可以让声音和影片跨多个幻灯片播放或重复播放,甚至还可以让影片全屏播放。

6. 演示文稿的打印

建立了演示文稿,除了可以在计算机上做电子演示外,还可以将它们直接打印成教材或资料。打印前要先进行页面设置,页面设置是演示文稿显示、打印的基础。

1) 页面设置

单击"设计"选项卡中的"页面设置"按钮,弹出如图 8-56 所示的"页面设置"对话框。

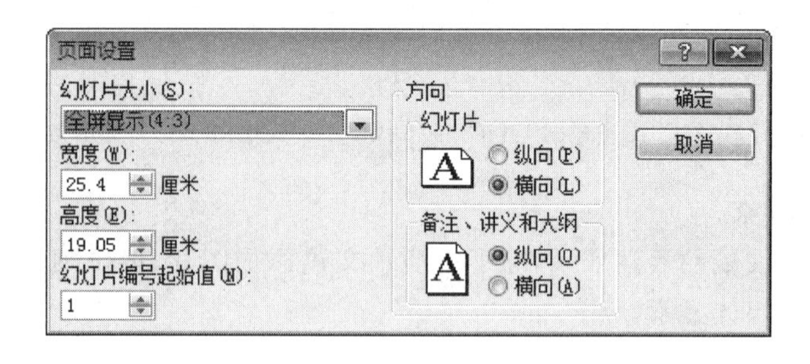

图 8-56 "页面设置"对话框

在"幻灯片大小"下拉列表框中选择幻灯片的标准尺寸,也可以在"宽度"和"高度"数值框中重新设置幻灯片的尺寸。在"幻灯片编号起始值"数值框中可以设置幻灯片的编号的起始值。如果用户文稿只是整体文稿的一部分,就可以把初始值设成想显示的页号。在"方向"选项区中,可以设置"幻灯片"、"备注页、讲义和大纲"的显示和打印方向,可以设置成"纵向"或"横向"。演示文稿中的所有幻灯片必须维持同一方向,即使幻灯片设置为"横向",仍可以纵向打印备注页、讲义和大纲。

2) 打印预览与打印

设置好打印页面后,可以使用"打印预览"命令再浏览一遍,以避免打印失误,确定后才可进行打印。

单击"文件"选项卡中的"打印"选项,即可在窗口中看到打印预览模式(如图 8-57 所示)。根据需要选择"设置"下拉列表框内的选项,通过调整显示比例,可以分别以单页幻灯片或大纲视图的效果进行预览。

预览后没有问题,可直接单击打印预览页中的"打印"按钮,实现打印。

图 8-57　打印预览模式

8.2.3　演示文稿的外观

一份演示文稿仅有内容是没有办法吸引观众的眼球的，还要对演示文稿的外观进行设置。PowerPoint 2010 提供了幻灯片版式、母版、配色方案和设计模板等功能，可方便地对演示文稿的外观进行调整和设置。

1. 幻灯片版式

在创建幻灯片时，PowerPoint 2010 提供了 31 种幻灯片版式，用于制作不同类型的幻灯片。除空白版式外，所有版式都包含一些对象的占位符，在不同的对象占位符中可以插入不同的内容，如文字、图形、图表等，如图 8-58 所示。

用户可以更改以前使用的自动版式。方法是单击“开始”选项卡“幻灯片”选项组中的“版式”按钮 版式 ，如图 8-59 所示。选择需要的版式，系统会将其应用到当前幻灯片上。重新应用版式后，幻灯片上原来的内容都将保留，并根据原来版式的安排套用新的版式。

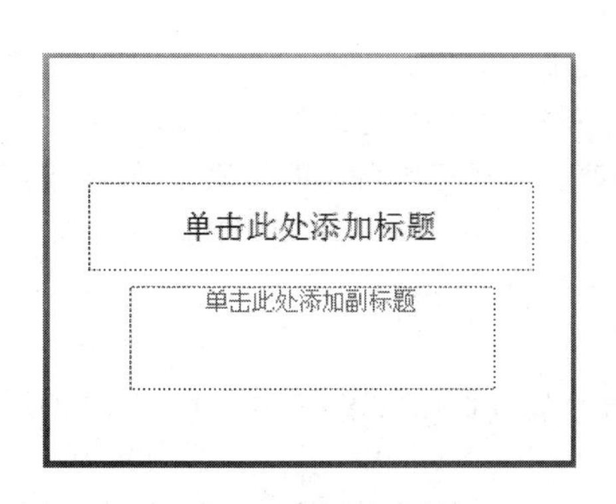

图 8-58　版式占位符

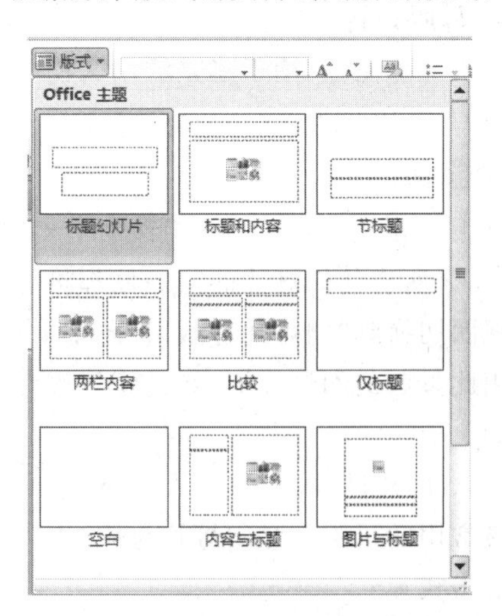

图 8-59　“幻灯片版式”窗格

提示：可以在使用模板创建演示文稿后，利用 PowerPoint 提供配色方案来修改颜色。

2. 选用主题

使用 PowerPoint 2010 提供的主题，可以美化演示文稿的显示效果，吸引大家的注意力。

单击"设计"选项卡，在"主题"选项组中单击任意一个主题，该主题即可应用到所有幻灯片中，如图 8-60 所示。

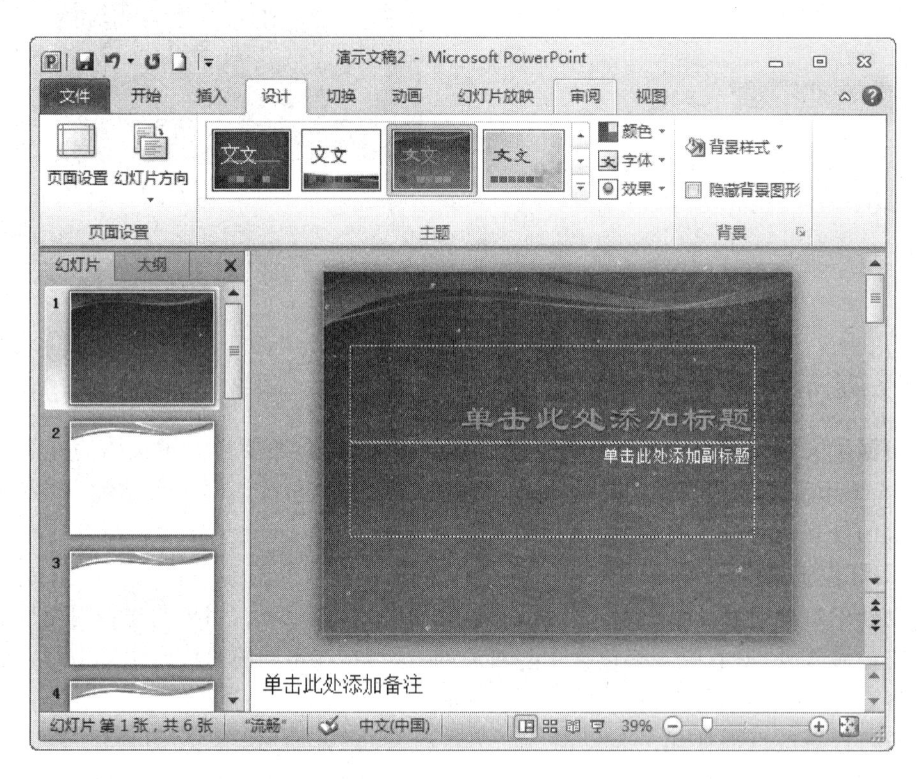

图 8-60　选用主题效果

3. 母版设置

母版又称主控，用于建立演示文稿中所有幻灯片都具有的公共属性，是所有幻灯片的底版。幻灯片的母版类型包括幻灯片母版 幻灯片母版 、讲义母版 讲义母版 和备注母版 备注母版 。

母版主要是针对于同步更改所有幻灯片的文本及对象而定的，例如在母版上放入一张图片，那么所有的幻灯片的同一处都将显示这张图片，如果想修改幻灯片的"母版"，那必须要将视图切换到"幻灯片母版"视图中才可以修改。即对母版所做的任何发动，将应用于所有使用此母版的幻灯片上，要是想只改变单个幻灯片的版面，只要对该幻灯片做修改就可达到目的。

1）幻灯片母版

最常用的母版就是幻灯片母版，因为幻灯片母版控制的是除标题幻灯片以外的所有幻灯片的格式。

单击"视图"选项卡"演示文稿视图"选项组中的"幻灯片母版"按钮，即可进入"幻灯片母版”视图，如图 8-61 所示。

幻灯片母版上有 5 个占位符，用来确定幻灯片母版的版式。但这些占位符只起占位和引导用户操作的作用，并没有实际内容。占位符中的文字是无效的，仅起提示作用，可以任意输入，但它们的格式决定了幻灯片上相应对象的格式。

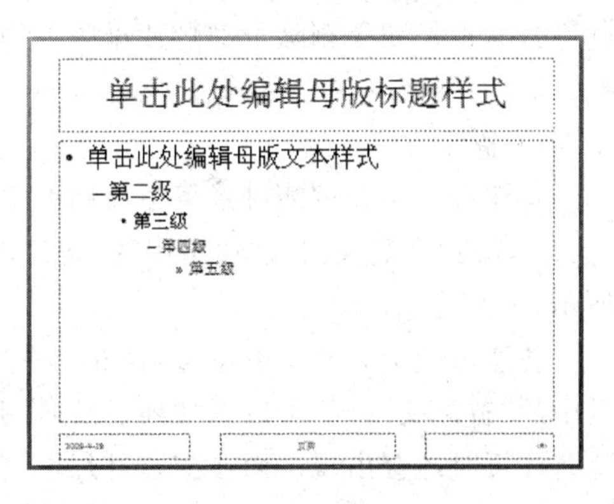

图 8-61 “幻灯片母版”视图

1) 更改文本格式

在幻灯片母版中选择对应的占位符，如标题式样或文本式样，可以设置字符格式、段落格式等。

要想在标题区域或文本区域添加各幻灯片都共有的文本，必须使用文本框。因为文本框是独立的对象，母版中的独立对象将出现在每一张幻灯片上。不能在母版的占位符中输入要在所有幻灯片中显示的文本，因为这时输入的文本属于占位符的一部分，不会在所有幻灯片中显示。

(2) 设置页眉、页脚和幻灯编号

单击“插入”选项卡“文本”选项组中的“页眉和页脚”按钮，会弹出如图 8-62 所示的对话框。

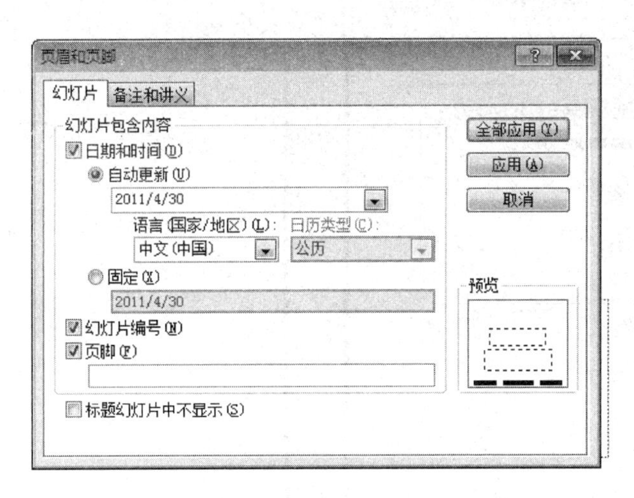

图 8-62 “页眉和页脚”对话框

在“幻灯片”标签中选中“日期和时间”选项，表示在“日期区”显示的时间生效；选中“自动更新”选项，则时间域的时间就会随制作日期和时间的变化而变化；选中“固定”选项，则用户可自己输入一个日期或时间；选中“幻灯片编号”选项，则在“数字区”自动加上一个幻灯片数字编码；选中“页脚”选项，可在“页脚区”输入内容，作为每页的注释；如果不想在标题幻灯片上见到这些页脚内容，可以选中“标题幻灯片不显示”。

拖动各个占位符，把各区域位置摆放合适，不可以对它们进行格式化。

(3) 向母版插入对象

要使每一张幻灯片都出现某个对象，可以向母版中插入该对象，如学校徽标、文稿标题等。注意，通过幻灯片母版插入的对象，只能在幻灯片母版状态下编辑，其他状态页无法对其进行编辑。如果删除了幻灯片母版上的占位符，那么幻灯片上的相应区域就会失去格式控制，从而变成一块空白，该对象也从幻灯片上消失了。

2）备注母版

备注母版主要供演讲者备注使用的空间以及设置备注幻灯片的格式。可以单击“视图”选项卡“演示文稿视图”选项组中的“备注母版”按钮，系统却会进入备注母版视图（如图 8-63 所示）。

备注母版上有 6 个占位符，这 6 个占位符都可以参照幻灯片母版的修改方法进行修改，其中的“备注文本区”可以添加项目编号，并且添加的项目只有在备注页视图或在打印幻灯片备注页时才会出现。而在演示过程中、备注窗格中或将演示文稿保存为网页后，添加的项目均不会显示出来。

3）讲义母版

可以打印幻灯片作为讲义以了解演示的大体内容或为以后作为参考。讲义只显示幻灯片而不包括相应的备注，并且与幻灯片、备注不同的是，讲义是直接在讲义母版中创建的。

单击“视图”选项卡“演示文稿视图”选项组中的“讲义母版”按钮，即可进入“讲义母版”视图（如图 8-64 所示）。在讲义母版视图中有 4 个占位符和 6 个代表小幻灯片的虚框，增加的“页面区”用来记录标题等信息。可以单击“插入”选项卡中的“页眉页脚”选项，在弹出的对话框中对页眉、页脚进行设置。

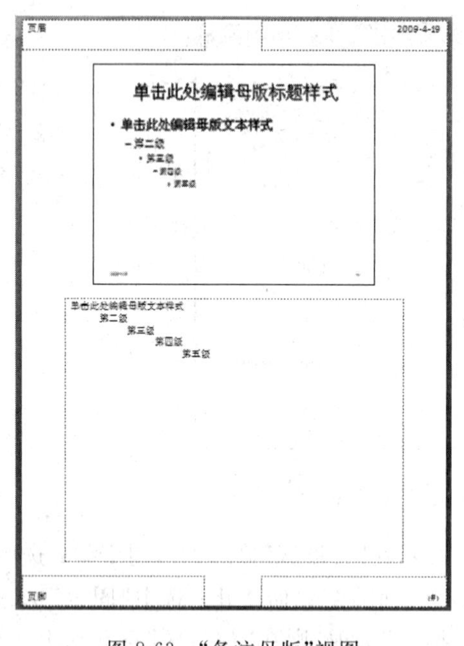

图 8-63 “备注母版”视图

图 8-64 “讲义母版”视图

4）母版的背景设置

可以为任何母版设置背景颜色，而幻灯片母版的背景设置最不常用。通过对母版的设置，可以使每一张幻灯片具有相同的背景。

单击“设计”选项卡“背景”选项组中的“背景样式”按钮 背景样式，就会出现一个下拉菜单，如图 8-65 所示。

在“背景”对话框中，打开颜色下拉列表就可以设置母版的背景，在其中的填充选项中可以选择图片作为背景。

【例 8-5】 自定义幻灯片母版背景，并忽略幻灯片母版背景图形，方法如下。

(1) 激活幻灯片母版中需要设置背景的幻灯片，单击“幻灯片母版”选项卡“背景”选项区中的“背景样式”按钮 背景样式 ，在下拉列表中单击“设置背景格式”选项即可打开“设置背景格式”对话框 设置背景格式(B)... ，如图 8-66 所示。

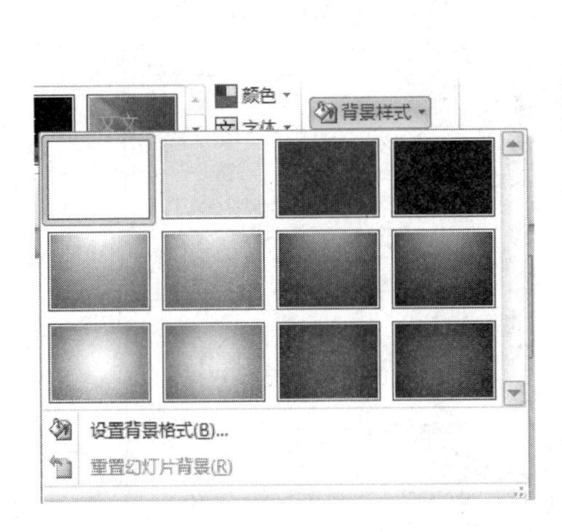

图 8-65 “背景样式”菜单

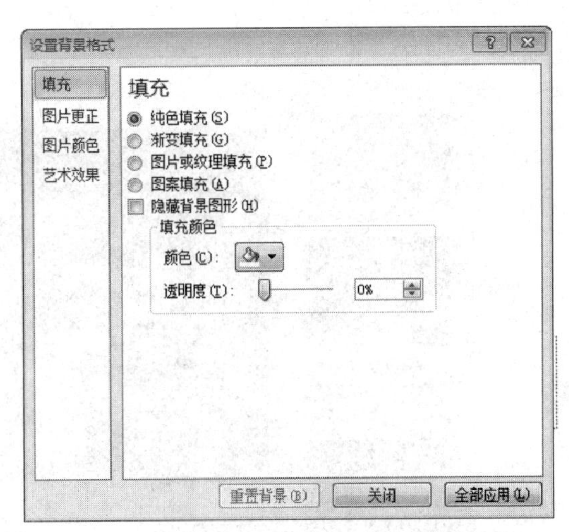

图 8-66 “设置背景格式”对话框

(2) 在该对话框中，可以对幻灯片母版中的幻灯片背景进行无填充、纯色填充等自定义设置，例如，选中“填充”选项区中的“图片或纹理填充”单选框，并在下面的属性设置选项中进行相关属性的设置。单击“关闭”按钮，即可将当前设置应用于当前幻灯片中。若单击“全部应用”按钮，则可将当前设置应用于整个幻灯片母版中。

(3) 若要取消已经设置的背景，可以单击“幻灯片母版”选项卡“背景”选项区中的“背景样式”按钮，在下拉菜单中选中“重置幻灯片背景”选项 ，单击即可取消已经设置的幻灯片背景。

(4) 要忽略所选幻灯片主题中的背景图形，可选中“幻灯片母版”选项卡“背景”选项区中的“忽略背景图形”复选框，即可忽略所选幻灯片主题中的背景图形。

8.2.4 演示文稿的动画效果

制作演示文稿的目的是为了在听众面前展现。制作过程中，除了精心组织内容，合理设计每一张幻灯片的布局，还需要应用动画效果控制幻灯片中的文本、声音、图像及其他对象的进入方式和顺序，以突出重点，控制信息的流程并增加演示的趣味性。

1. 自定义动画效果

当需要控制动画效果的各个方面时，例如随意组合视觉效果、设置动画的声音和定时功能、调整设置对象的动画顺序等，就需要使用自定义动画功能。使用“幻灯片放映”→“添加动画”命令为幻灯片中的各个对象设置动画效果，以及激活该动画的方式(鼠标单击动作或等待某一时间自动出现)。例如,可以将文本设置为按字母、词或段落出现,或使插入的图片或图表按照一定顺序出现等。

【例 8-6】 插入、删除自定义动画效果,方法如下。

(1) 选择“动画”选项卡,即可在界面中看到各种动画效果设置按钮,单击“高级动画”选项组中的“添加动画”按钮,弹出一个下拉列表,选择所需的动作效果添加,如图 8-67 所示。

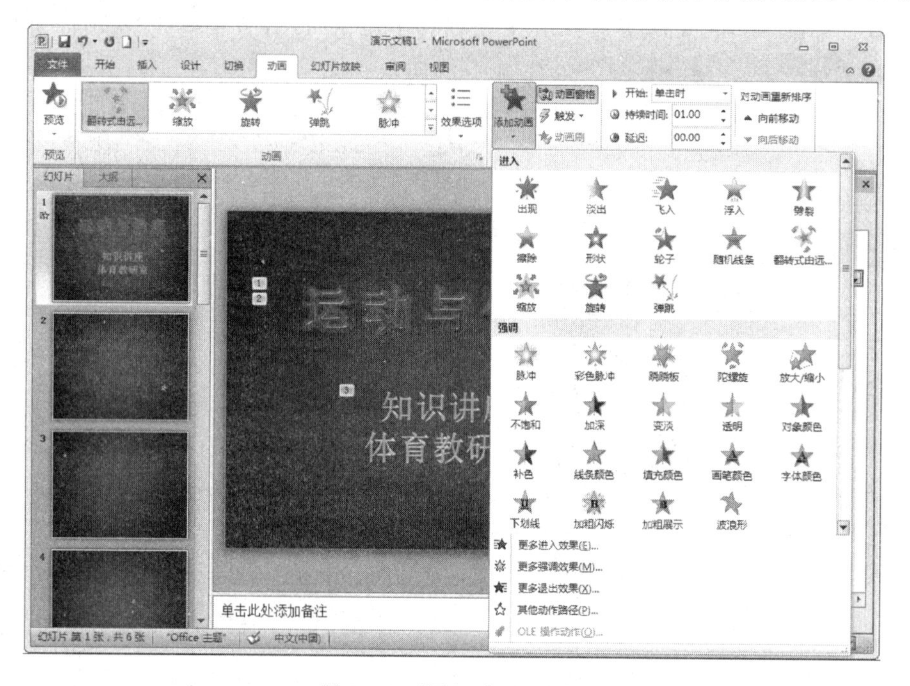

图 8-67 “添加动画”列表

(2) 添加动作效果后,可在任务窗格中更改动作的开始、方向和速度。

(3) 继续选择添加其他动作效果,如强调重点字体、退出时的动作、动作路径设置等。

(4) 若要设置添加的动作进入动画播放时间,可在窗格中选中某个动作,单击鼠标右键,选择“效果选项”命令。在弹出的对话框(如图 8-68 所示)中选中“计时”选项卡,在“延时”选项中更改时间后,单击“确认”键即可。或者直接在“计时”选项组中修改。

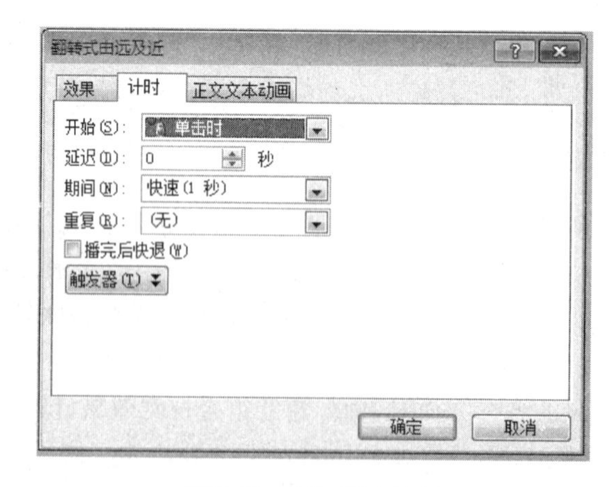

图 8-68 “计时”选项卡

(5) 若要删除自定义动画效果，选中要删除的一项，在弹出的列表中选择“删除”即可。

2. 片间切换

在演示文稿插入过程中，幻灯片的切换方式是指演示文稿播放过程中幻灯片进入和离开屏幕时产生的视觉效果，也就是让幻灯片以动画方式放映的特殊效果。PowerPoint 2010 提供了多种切换效果，包括盒状收缩、溶解、随机水平线、中部向上下展开、从全黑淡出等。在演示文稿制作过程中，可以为指定的一张幻灯片设计切换效果，也可以为一组幻灯片设计相同的切换效果。

增加切换效果的最好场所是幻灯片浏览视图，在这种视图方式下，可以为任何一张、一组或全部幻灯片指定切换效果，以及预览幻灯片切换效果。

选择要切换的幻灯片，在“切换”选项卡中选择任意一种样式（如图 8-69 所示）即可实现。还可以在该选项组中设置切换声音和切换速度。

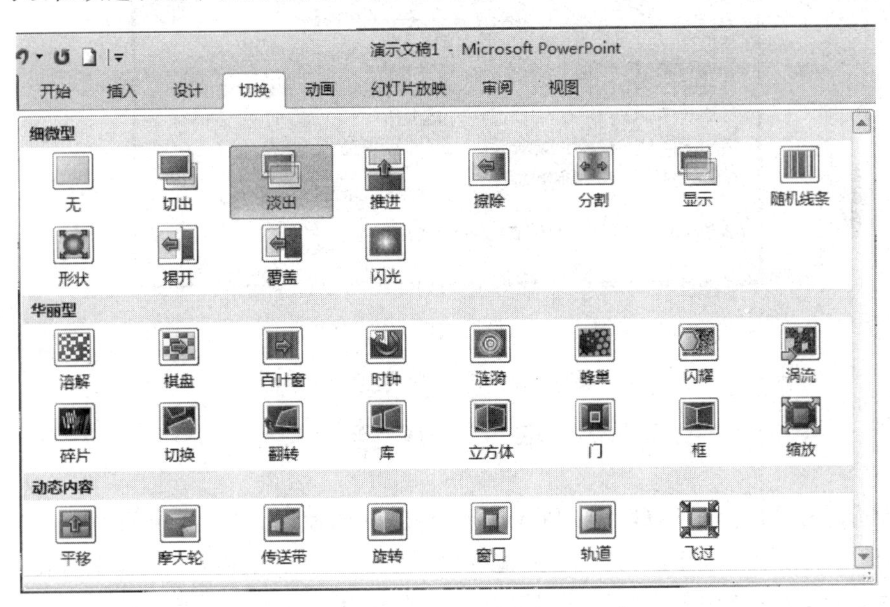

图 8-69 “切换方案”样式列表

8.2.5 演示文稿的放映

演示文稿制作完毕，还要经过最后一道工序，那就是播放出来。如何把演示文稿播放好，是制作和播放过程中的一项重要任务。放映演示文稿可以通过以下几种方法来实现。

1. 放映方式

打开一个演示文稿，单击“幻灯片放映”选项卡中的“从头开始”选项（如图 8-70 所示），这时屏幕上出现整屏的幻灯片。单击（或按键盘空白键）可切换到下一张幻灯片。按 Esc 键可中断放映，返回幻灯片“普通”视图窗口。

提示：单击“幻灯片放映”按钮 可实现当前幻灯片的放映。

2. 自定义放映

单击“设置幻灯片放映”按钮，弹出如图 8-71 所示的对话框，可以按演讲者的实际情况设置放映类型、放映选项、换片方式等。

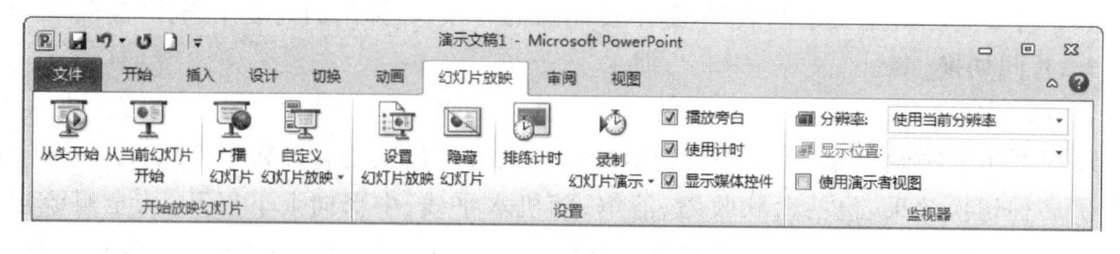

图 8-70 “幻灯片放映”选项卡

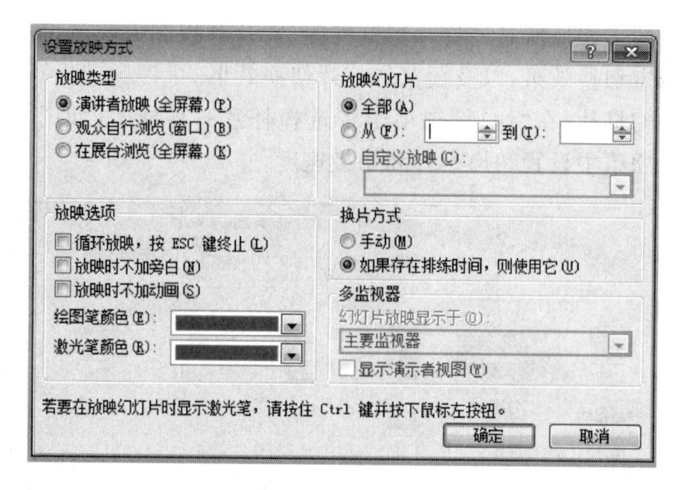

图 8-71 “设置放映方式”对话框

本章小结

本章介绍了 Photoshop CS5 与 PowerPoint 2010 的使用方法，要求同学们通过对例题的学习，同时加强上机动手能力的训练，能够熟练掌握它们的使用技巧，制作出具有个人创意的优秀作品，使其表述的内容清晰、精炼、具有表现力。并期望读者们通过学习能够达到“知而获智”的目的。

【注释】

(1) CMYK：用于印刷的四分色(Cyan-青，Magenta-品红，Yellow-黄，Black-黑)。

(2) RGB：RGB 色彩模式是工业界的一种颜色标准，是通过对红(R)、绿(G)、蓝(B)三个颜色通道的变化以及它们相互之间的叠加来得到各式各样的颜色的，RGB 代表红、绿、蓝三个通道的颜色，这个标准几乎包括了人类视力所能感知的所有颜色。

(3) 灰度：使用黑色调表示物体，即用黑色为基准色、不同饱和度的黑色来显示图像。

(4) 蒙版：蒙版就是选框的外部(选框的内部就是选区)。

(5) 羽化：软件 Photoshop 中一种处理图片的工具，羽化能将尖锐的、刻板的图片的棱角模糊化处理。

(6) 魔棒：在 Photoshop 中的工具面板中选中魔棒工具，围绕被选物画闭合的回路就可以选中物体。

(7) 通道：在 Photoshop 中，在不同的图像模式下，通道是不一样的。通道层中的像素颜色是由一组原色的亮度值组成的，通道实际上可以理解为是选择区域的映射。

(8) Alpha 通道：Alpha 通道是一个 8 位的灰度通道，该通道用 256 级灰度来记录图像中的透明度信息，定义透明、不透明和半透明区域，其中黑表示透明、白表示不透明、灰表示半透明。

(9) 图层：图层就像是含有文字或图形等元素的胶片，一张张按顺序叠放在一起，组合起来形成页面的最终效果。图层可以将页面上的元素精确定位。

(10) 色阶：色阶是表示图像亮度强弱的指数标准，也就是我们说的色彩指数，图像的色彩丰满度和精细度是由色阶决定的。

(11) 滤镜：Photoshop 滤镜主要用来实现图像的各种特殊效果。

(12) PSD：PSD 是 Adobe 公司的图形设计软件 Photoshop 的专用格式。PSD 文件可以存储成 RGB 或 CMYK 模式，还能够自定义颜色数并加以存储，还可以保存 Photoshop 的图层、通道、路径等信息。

(13) 路径：路径是使用绘图工具创建的任意形状的曲线，用它可勾勒出物体的轮廓，所以也称之为轮廓线。

(14) 套索：在图像处理中起着很重要的作用，是最基本的选区工具，在 Photoshop 中用来对图像中的某一部分进行选择。

(15) 图层蒙版：图层蒙版可以理解为在当前图层上面覆盖一层玻璃片，这种玻璃片有透明的、半透明的、完全不透明的。

(16) 色彩平衡：通过对图像的色彩平衡处理，可以校正图像色偏、过饱和或饱和度不足的情况，也可以根据制作需要，调制需要的色彩，以便更好地完成画面效果。

(17) 栅格化图层：栅格化图层可以将文字图层、形状图层、矢量蒙版和填充图层的内容转换为平面光栅图像。

(18) 容差：在选取颜色时所设置的选取范围，容差越大，选取的范围也越大，其数值在 0～255 之间。

(19) 色调：色调指的是一幅画中画面色彩的总体倾向。

第9章 网站技术概论

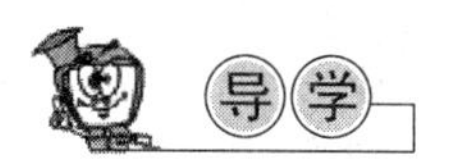

【内容与要求】

随着 Internet 的发展，网站在生活、工作中起到了越来越重要的作用。在飞速发展的信息社会，人们不但要具备在网络上寻找信息的能力，而且也要具备开发制作网站的能力。随着网站开发工具的不断完善，开发网站已不是难事，人们有能力并且也应该具备网站设计与制作的能力。

本章首先介绍网站的构成与分类，并讲解了网站设计与规划的流程，要求掌握网站的基本概念和制作流程。

然后利用 Dreamweaver 开发工具，学习并制作静态网站的基本框架。案例从基础网页着手，由浅入深地介绍了网站元素制作的相关知识与典型案例，使读者能够制作出更加美观和实用的网站。

最后介绍了动态网站的概念和常用技术，以 ASP＋Access 框架为例，讲解了动态网站的基本制作流程。

【重点、难点】

本章的重点是了解网站技术的发展现状、网站分类及功能，熟悉使用 Dreamweaver 建立网页的基本元素、会使用网页模板以及在网页中加入简单的代码。难点是在网页中加入代码实现指定功能。

随着互联网的飞速发展，网站建设技术也日新月异，包括 ASP. NET、HTML5、XML 以及移动端 APP 等新技术不断丰富我们的生活。本章将对网站技术由浅入深地加以介绍。

9.1 网站技术概述

这一节将对网站进行初步介绍，并开始学习网站的规划与设计。

9.1.1 网站技术简介

网站(Website)是指在互联网上，根据一定的规则，使用 HTML 等语言制作的用于展示特定内容的相关网页的集合。简单地说，网站是一种通信工具，就像布告栏一样，人们可以通过网站来发布自己想要公开的信息，或者利用网站来提供相关的网上服务。人们可以通过网页浏览器来访问网站，获取自己需要的信息或者享受网上服务。许多公司都拥有自己的网站，他们利用网站来进行宣传、产品资讯发布、招聘等。随着网页制作技术的流行，很多个人也开始制作个人主页，这些通常是制作者用来自我介绍、展现个性的地方。也有提供专业企业网站制作的公司，通常这些公司的网站上提供人们生活各个方面的资讯、服务、新闻、旅游、娱乐、经济等。

1. 网站构成

网站是由网页集合而成的，而大家通过浏览器所看到的画面就是网页，网页可以看成是一个 HTML 文件，浏览器是用来解读这份文件的。也可以说，网页是由许多 HTML 文件集合而成的。至于要多少网页集合在一起才能称作网站，没有具体规定，即使只有一个网页也能被称为网站。

在 Internet 的早期，网站还只能保存单纯的文本。经过几年的发展，当万维网出现之后，图像、声音、动画、视频，甚至 3D 技术开始在 Internet 上流行起来，网站也慢慢地发展成现在看到的图文并茂的样子。通过动态网站技术，网站还可以实现如信息管理系统等更加复杂的功能。

2. 网站分类

网站有多种分类，笼统意义上的分类是动态和静态的页面，原则上讲静态页面多通过网站设计软件来进行重新设计和更改，相对来说比较滞后，当然现在有些网站管理系统，也可以生成静态页面，称这种静态页面为伪静态。动态页面通过网页脚本与语言处理自动更新的页面，例如论坛就是通过网站服务器运行程序，自动处理信息，按照流程更新网页。根据动态网站所用编程语言网站可分为 ASP 网站、PHP 网站、JSP 网站和 ASP. NET 网站等。

根据网站的用途，网站可以分为门户网站（综合网站）、行业网站、娱乐网站等。门户网站是指通向某类综合性互联网信息资源并提供有关信息服务的应用系统。门户网站最初提供搜索服务、目录服务，后来由于市场竞争日益激烈，目前门户网站的业务包罗万象，成为网络世界的“百货商场”或“网络超市”。

根据网站的持有者，网站可以分为个人网站、商业网站、政府网站等。个人网站通常包括主页和其他具有超链接文件的页面，是指个人或团体因某种兴趣、拥有某种专业技术、提供某种服务或把自己的作品、商品展示销售而制作的具有独立空间域名的网站。

根据网站的商业目的，网络可分为营利型网站（行业网站、论坛等）和非营利性型网站（企业网站、政府网站、教育网站等），如图 9-1 所示为教育网站。

9.1.2 网站设计与制作流程

由于目前所见即所得类型的工具越来越多，使用也越来越方便，所以制作网页已经变成了一件轻松的工作，不像以前要手工编写一行行的源代码那样。一般初学者经过短暂的学习就可以学会制作网页，于是有人认为网页制作非常简单，就匆匆忙忙制作自己的网站，可是做出来之后与别人一比，才发现自己的网站非常粗糙。建立一个网站就像盖一幢大楼一样，它是一个系统工程，有自己特定的工作流程，只有遵循这个步骤，按部就班地一步步来，才能设计出一个满意的网站。

1. 确定网站主题

网站主题就是建立的网站所要包含的主要内容，一个网站必须要有一个明确的主题。特别是对于个人网站，不必像门户网站那样做得内容大而全，包罗万象。所以个人网站的制

图 9-1　教育网站：中国医科大学计算机中心网站

作需要找准一个自己最感兴趣的内容做深、做透、做出自己的特色，这样才能给用户留下深刻的印象。网站的主题无定则，只要是感兴趣的和合法的，任何内容都可以，但主题要鲜明，在主题范围内将内容做到大而全、精而深。

2. 搜集材料

明确了网站的主题以后，则要围绕主题开始搜集材料。想让网站吸引用户，就要尽量搜集材料，搜集的材料越多，以后制作网站就越容易。材料既可以从图书、报纸、光盘、多媒体上得来，也可以从互联网上搜集，然后把搜集的材料去粗取精、去伪存真，作为自己制作网页的素材。

3. 规划网站

一个网站设计得成功与否，很大程度上决定于设计者的规划水平，规划网站就像设计大楼一样，图纸设计好了，才能建成一座漂亮的楼房。网站规划包含的内容很多，如网站的结构、栏目的设置、网站的风格、颜色搭配、版面布局、文字图片的运用等，只有在制作网页之前把这些方面都考虑到了，才能在制作时驾轻就熟，胸有成竹。也只有如此制作出来的网页才能有个性、有特色，具有吸引力。

4. 选择合适的制作工具

尽管选择什么样的工具并不会影响设计网页的好坏，但是一款功能强大、使用简单的软件往往可以起到事半功倍的效果。网页制作涉及的工具比较多，首先就是网页制作工具了，目前大多数人选用的都是所见即所得的编辑工具，这其中的优秀者是 Dreamweaver。除此之外，还有图片编辑工具，如 Photoshop；动画制作工具，如 Flash；视频处理工具，如 Windows Movie Maker；还有网页特效工具，如有声有色等。有许多这方面的软件，可以根据需要灵活运用。

5. 制作网页

材料有了，工具也选好了，然后就需要按照规划把想法变成现实，这是一个复杂而细致的过程，一定要按照先大后小、先简单后复杂的步骤来进行制作。所谓先大后小，就是说在制作网页时，先把大的结构设计好，然后再逐步完善小的结构设计。所谓先简单后复杂，就是先设计出简单的内容，然后再设计复杂的内容，以便出现问题时好修改。在制作网页时要多灵活运用模板，这样可以大大提高制作效率。

6. 上传测试

网页制作完成后，要发布到 Web 服务器上，才能通过 Internet 浏览。目前上传的工具有很多，有些网页制作工具本身就带有 FTP 功能，利用这些 FTP 工具，可以很方便地把网站发布到自己申请的主页存放服务器上。网站上传以后，要在浏览器中打开自己的网站，逐页逐个链接地进行测试，发现问题，及时修改，然后再上传测试。全部测试完毕就可以把网址告诉给朋友，让其浏览。

7. 维护更新

网站要注意经常维护更新内容，保持内容的新鲜，不要一成不变，只有不断地给它补充新的内容，不断进行维护更新，才能够吸引住浏览者。

以上便是网站建设的基本步骤，读者需按照确定网站主题、搜集材料、规划网站、选择工具、制作网页、上传测试、维护更新这一系列步骤按部就班地做，才能设计出一个美观并实用的网站。

9.2 网站的基本元素与制作

通过上一节的学习，相信读者对网站有了一个宏观的了解。从本节开始，将由简入难地对网站的建立和制作进行学习，首先将介绍网站开发工具 Dreamweaver。

9.2.1 网站开发工具 Dreamweaver

Dreamweaver 是美国 Macromedia 公司开发的集网页制作和管理网站于一身的所见即所得网页编辑器，它是第一套针对专业网页设计师特别发展的视觉化网页开发工具，利用它可以轻而易举地制作出跨越平台限制和跨越浏览器限制的充满动感的网页。这一节，将简要介绍 Dreamweaver 的版本、安装、启动、窗口布局和网页编辑视图。

1. 历史版本介绍

Dreamweaver 1.0（发布于 1997 年 12 月，Dreamweaver 1.2 发布于 1998 年三月）；

Dreamweaver 2.0（发布于 1998 年 12 月）；

Dreamweaver 3.0（发布于 1999 年 12 月）；

Dreamweaver 4.0（发布于 2000 年 12 月）；

Dreamweaver MX（发布于 2002 年 5 月），如图 9-2 所示；

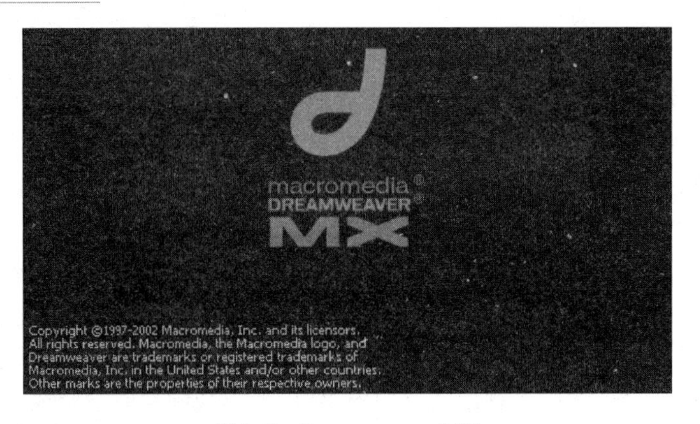

图 9-2　Dreamweaver MX

Dreamweaver MX 2004（发布于 2003 年 9 月）；

Dreamweaver 8（发布于 2005 年 8 月），如图 9-3 所示；

图 9-3　Dreamweaver 8

Dreamweaver CS3（发布于 2007 年 7 月）；

Dreamweaver CS4（BETA 发布于 2008 年 5 月 17 日）；

Dreamweaver CS4（正式版发布于 2008 年 9 月 23 日）。

2．安装启动 Dreamweaver

本章将介绍更新的 Dreamweaver CS5，如图 9-4 所示。当然以上所介绍的其他版本都包含基本的网站建设功能，读者可以自行选择相应版本。Dreamweaver CS5 的安装界面是标

图 9-4　Dreamweaver CS5

准的 Windows 程序安装界面，用户通过安装程序向导就可以顺利地完成安装。当安装完毕，在“开始”→“程序”菜单中将会增加 Macromedia 一项，选中其后的 Macromedia Dreamweaver CS5 就可以启动，如图 9-5 所示。

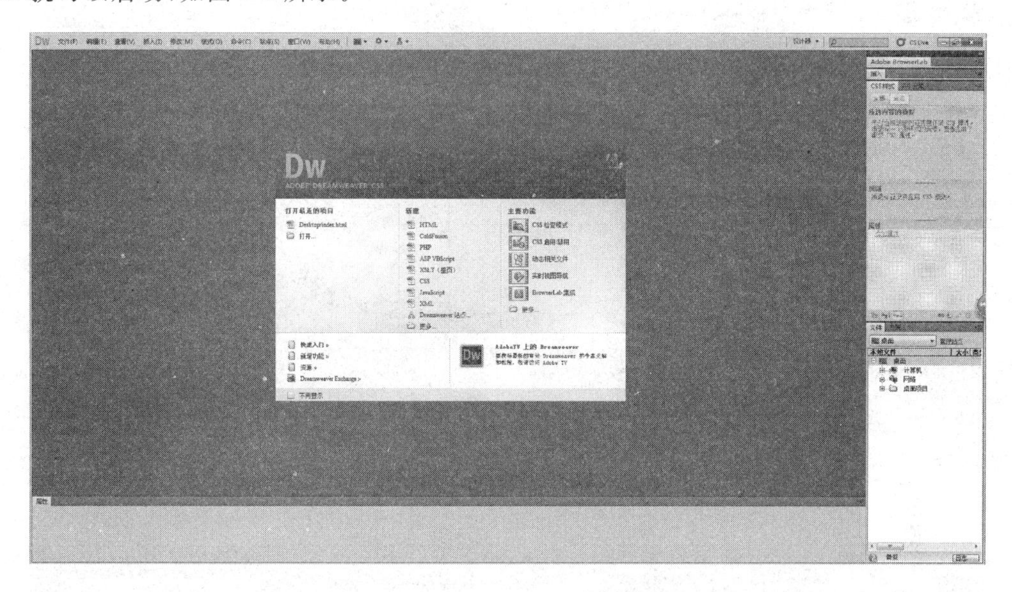

图 9-5　Dreamweaver CS5 初始界面

另一种常用的打开 Dreamweaver CS5 的方法是在 Windows 资源管理器中右击需要编辑的 HTML 文件，在弹出的菜单中选择“使用 Dreamweaver CS5 编辑”，即可启动 Dreamweaver CS5，并将所需编辑的 HTML 文件打开。

3. Dreamweaver 布局

启动 Dreamweaver CS5，新建或打开一个网页文档后，可打开 Dreamweaver CS5 文档编辑窗口，如图 9-6 所示。

图 9-6　Dreamweaver CS5 布局选择

在工具栏上可进行“工作区设置”，分别为代码、拆分和设计，目的是让用户从中选择一种工作区布局，如图 9-6 所示。

(1) 选择“设计”工作区。在这种视图下，看到的网页外观和浏览器中看到的基本是一样的。通常 Dreamweaver CS5 默认是可视化视图，如图 9-7 所示。这种布局方式留出了很大的屏幕空间用来显示网页内容，让网页设计者工作起来更加方便。该工作区中的全部“文档”窗口和各种面板被集成在一个更大的应用程序窗口中，并将面板组设计放在右侧。这种方式适合用户在 Dreamweaver 中使用可视化工具制作网页。

(2) 选择“代码”工作区。如果想查看或编辑源代码，可以单击工具栏上的“代码”按钮进入源代码视图，这种布局方式是针对代码编写者的习惯设计的，将大量的屏幕空间用来显示网页中的代码，极大地方便了程序员的工作。这种方式适合用户编写网页代码，如 HTML、CSS、ASP、JSP 和 PHP 等，如图 9-8 所示。

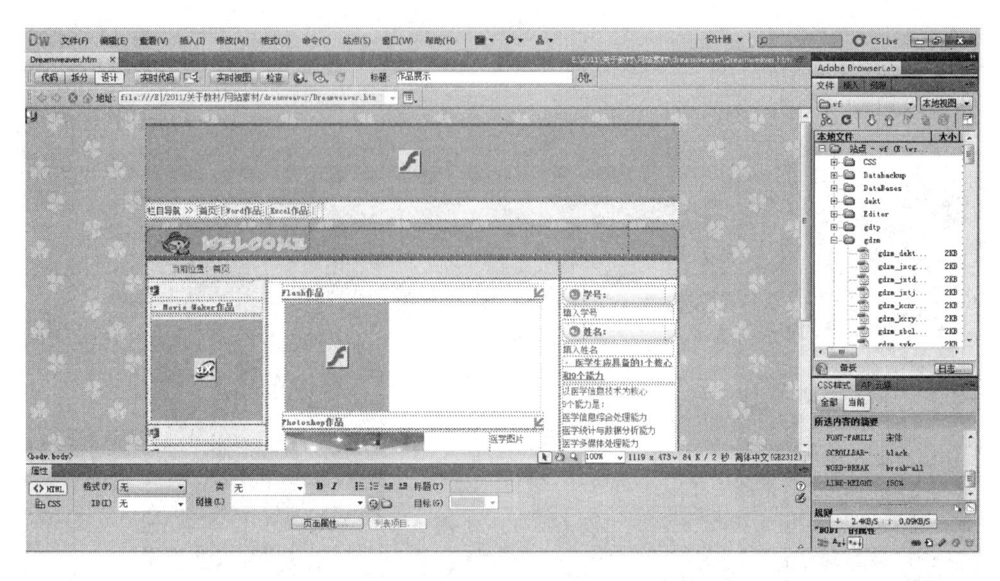

图 9-7　Dreamweaver CS5 设计视图

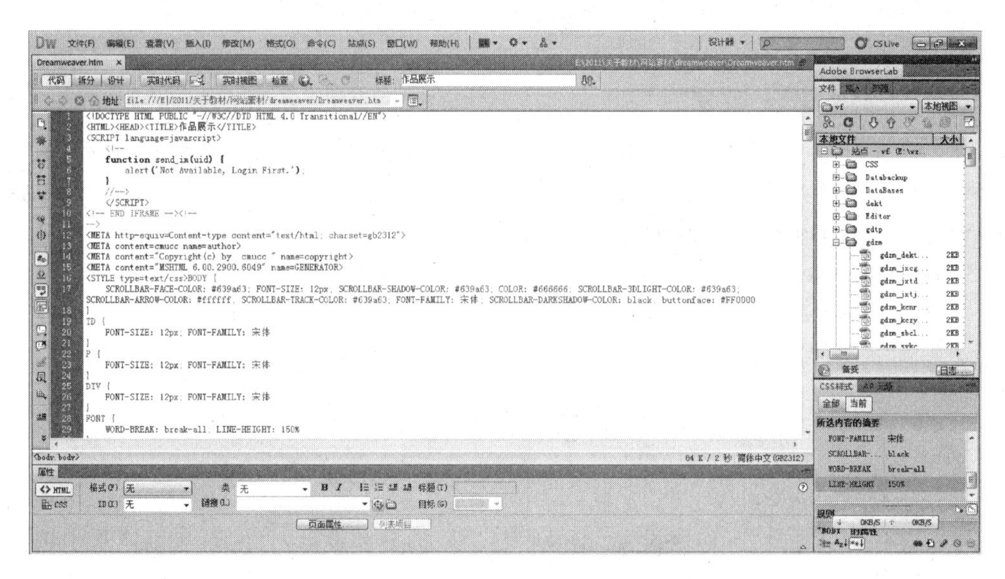

图 9-8　Dreamweaver CS5 代码视图

(3) 拆分视图。单击工具栏上的“拆分”按钮可以进入“拆分”视图，在这种视图下编辑窗口被分割成了两部分，一部分是源代码，另一部分是可视化编辑窗口，这样在编辑代码时可以同时查看编辑区中的效果，如图 9-9 所示。

用户可根据自己的习惯来选择工作区布局视图，在编辑的过程中也可以很方便地进行切换。

4. Dreamweaver 工具栏

在“窗口”→“工作区布局”中可以选择布局方式，选择“经典”进入经典编辑视图。在经典视图下，工具栏会增加常用的网页元素编辑工具栏，如图 9-10 所示。

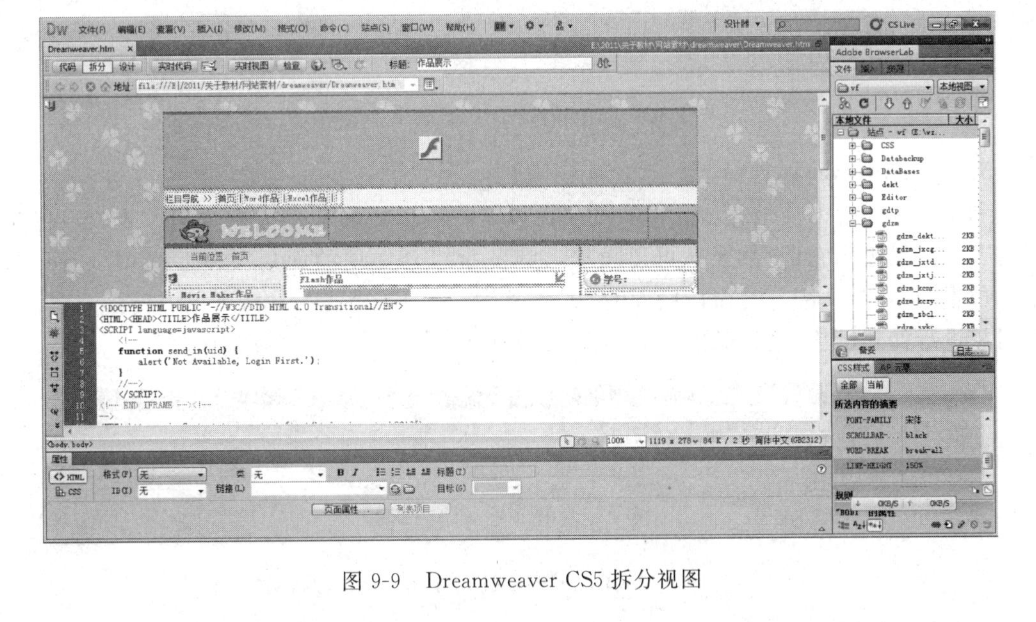

图 9-9　Dreamweaver CS5 拆分视图

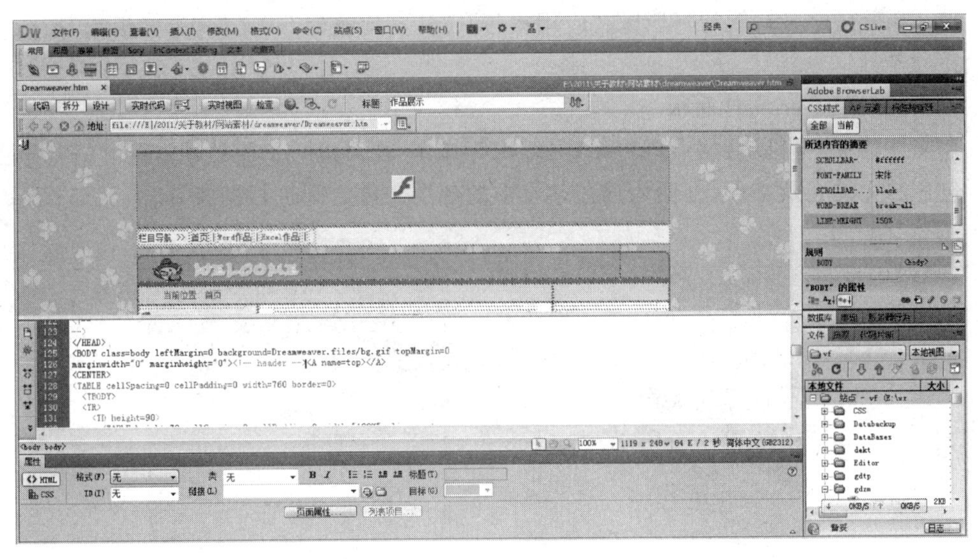

图 9-10　Dreamweaver CS5 经典编辑视图

网页的内容虽然多种多样，但是它们都可以称为对象。简单的对象包括文字、图像、表格等，复杂的对象包括导航条、程序等。大部分的对象都可以通过“插入”工具栏插入到文档中，如图 9-11 所示。

图 9-11　Dreamweaver CS5 工具栏

工具栏有“常用”、“布局”、“表单”、“数据”、“文本”等选项，单击相应的选项，就会切换到其他的子工具栏，如图 9-12 所示，即切换并显示“表单”工具栏。

图 9-12　Dreamweaver CS5 表单工具栏

5. Dreamweaver 属性面板

利用面板能很方便地完成大多数的属性设定。可以将面板摆放到任何位置，也可以在不需要的时候关闭它们，甚至还可以根据习惯随意组合常用的面板。在 Dreamweaver 中，根据位置的不同，一部分是窗口底部的"属性"面板，在底部"属性"中，可以方便地对各种网页对象进行如超链接、高、宽等操作，如图 9-13 所示。

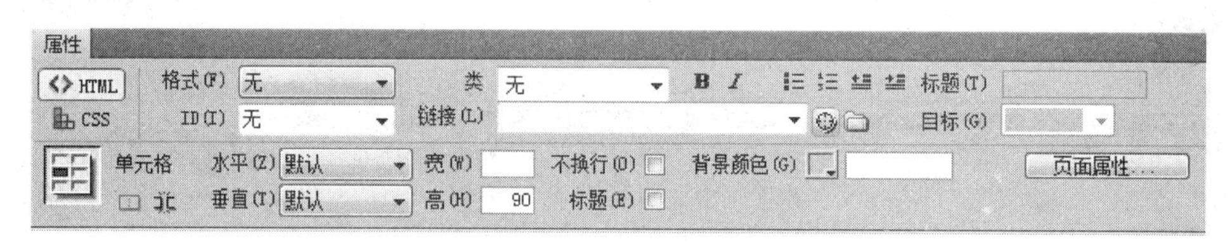

图 9-13　Dreamweaver CS5 属性面板

另一部分是窗口右侧的"设计"、"应用程序"、"标签检查器"、"文件"等面板组，如图 9-14 所示。

6. Dreamweaver 文件面板

在文件面板中可以对站点进行新建、编辑等操作，也可以一目了然地看到并打开整个站点所包含的文件夹及文件，方便用户在站点中的各个文件之间进行切换，如图 9-15 所示。

图 9-14　属性面板组

图 9-15　文件面板

9.2.2 建立自己的网站

通过前面的学习，相信读者对网站有了一个宏观的了解，从本小节开始，将由简入难地对网站的建立和网页的制作进行学习，本节首先学习网站的建立和最基础的静态网页的制作。

网站是由一个或多个网页构成的，从文件的角度也可以这样理解，整个网站是一个文件夹，而这个文件夹中包含着构成这个网站的 HTML 网页文件。一个完整美观的网站，整个网站文件夹中通常还包含多媒体文件，如 Flash 文件、图像文件、视频文件等，也就是说通常见到的网页都是依托在网站中，这个网站也叫 Web 站点。在设计网页之前首先要创建一个 Web 站点，然后才能制作基于 Web 站点的网页。

1. 准备工作

在网站建设之初，要建立一个文件夹来存放网站，假设把网站的内容存放到硬盘 D 盘中的名字为 My_website 的文件夹中，首先要在硬盘 D 盘上创建文件夹 My_website。

2. 定义站点

新建站点可以通过“文件”面板来完成。展开“文件”面板组，单击“文件”面板中的“管理站点”命令，如图 9-16 所示。

此时将打开“管理站点”对话框，在其中单击“新建”按钮，如图 9-17 所示。

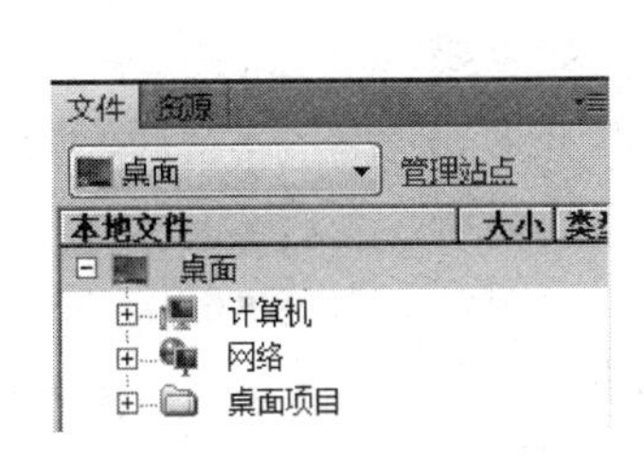

图 9-16 管理站点

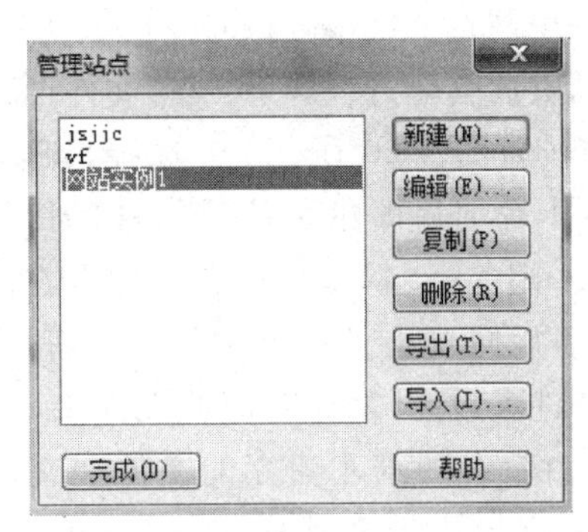

图 9-17 “管理站点”对话框

在打开的对话框的左侧有 4 个选项卡，即“站点”、“服务器”、“版本控制”和“高级设置”，如图 9-18 所示。本节制作的网站都为静态网页，不涉及动态网站数据库问题，只需要定义“站点”选项卡即可。它是一个创建站点的向导，可以带领用户逐步完成站点的创建，在站点名称上输入自己定义的网站名称，如“个人作品展示”；在本地站点文件夹中选择网站所在的文件夹，也就是刚刚建立的“D:\My_website\”，设置完毕后单击“保存”即可。

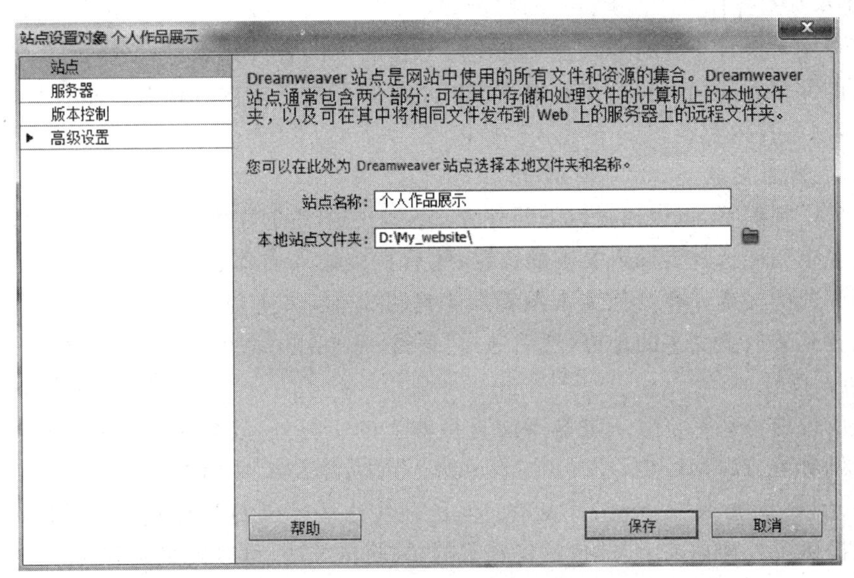

图 9-18 定义站点

这样就完成了站点的定义，在“文件”面板中可以看到刚刚建立的站点，如图 9-19 所示。如果要修改站点信息，可以在“管理站点”对话框中单击“编辑”对站点信息进行修改。在后面的学习中，要在这个站点(文件夹中)建立网页、增加多媒体文件，使网站内容不断地丰满，达到美观实用的目的。

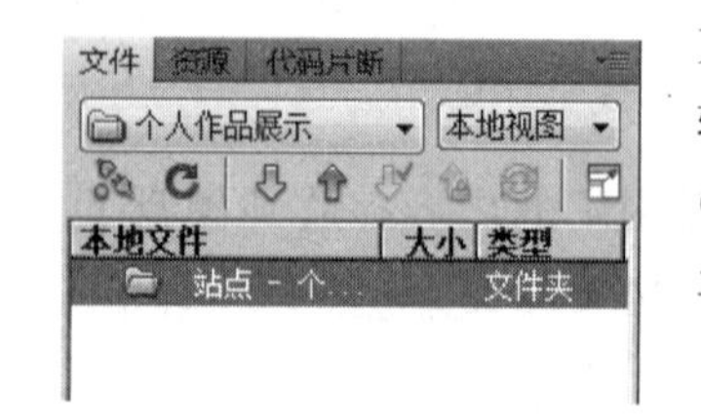

图 9-19　新建的站点

3. 新建网页

在站点文件夹中还可以建立其他文件夹分别存放各种资料素材及网页文件，以便把相关的文件分类放置到一起。首先要添加的是首页，首页是浏览者在浏览器中输入网址时，服务器默认发送给浏览者的该网站的第一个网页。Dreamweaver 中默认的首页文件名为 Index. html。

添加网页的具体过程如下：在“文件”面板中选择建立的站点，在站点位置右击，在弹出的快捷菜单(如图 9-20 所示)中选择“新建文件”，就会在站点文件夹下生成一个新的 HTML 文件，命名后即建立了一个 HTML 网页文件；如果要建立文件夹，则选择“新建文件夹”，即会在站点文件夹下生成文件夹，命名后即建立了一个文件夹。而站点即网站，其实就是一个大文件夹，打开站点对应的文件夹，本例中为“D:\My_website\”，就会看到刚才建立的文件和文件夹，同样的，如果在文件夹中直接添加文件或文件夹，在 Dreamweaver 的“文件”面板中也会显示出来。

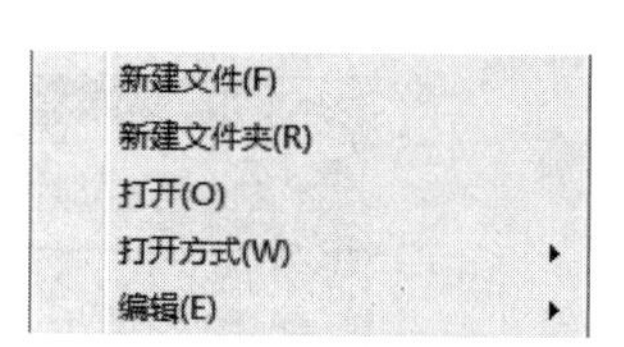

图 9-20　右键快捷菜单

注：关于一个网站的所有文件及文件夹，都应存于建立的文件夹内(本例中为 D:\My_website\)。

9.2.3　文本与图像

本节将学习插入和编辑网页文件的文本和图像。

1. 文本基本操作

文本在网页设计中具有非常重要的作用。在网页的各种元素中，文本元素都是最简单且最基本的元素。任何网页都需要通过文本介绍网页的基本内容以及显示各种标题、导航信息，并显示各种内容。

1) 插入普通文本

在“设计”视图下，可以通过以下两种方法在文档中添加文本。一种是在文档窗口中输入文本。也就是先选择要插入文本的位置，然后直接输入文本。另一种是复制在其他编辑器中已经生成的文本。在其他文本编辑器中拷贝文本，切换到 Dreamweaver 文档窗口，将插入点设置到要放置文本的地方，然后选择“编辑”→“粘贴”命令。

2) 插入符号

这里所说的特殊字符除了键盘不能直接输入的字符外，还包括 HTML 本身具有的转义字符。例如在 HTML 中，引号用“" ”表示，大于号用“> ”表示，小于号用“<”表示，& 符号用“& ”表示。但是记住这些转义符号比较困难。Dreamweaver 在这方面提供了一种输入字符(包括特殊字符)的简单方法，可以按照如下方法进行操作。

(1) 在文档中，将插入点放置在需要插入特殊字符的位置。

(2) 选择“窗口”→“插入”命令，打开“插入”工具栏，单击工具栏上的“文本”选项卡，如图 9-21 所示，从中选择某一标记按钮，或者选择“插入”→HTML→“特殊字符”命令，然后从子菜单中选择要插入字符的名称。

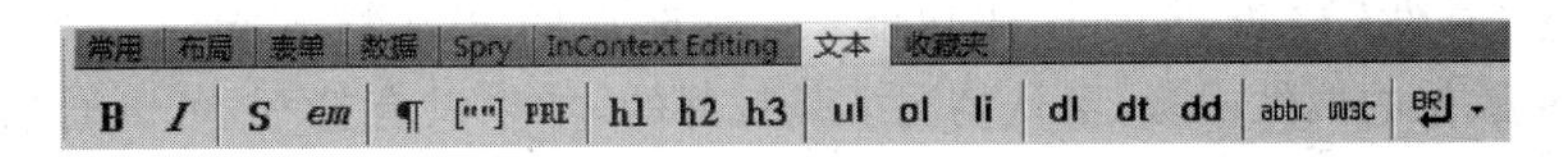

图 9-21　文本操作工具栏

如果“插入”工具栏上没有需要的字符，可以单击面板最后的“插入其他字符”按钮，或者选择“插入”→HTML→“特殊字符”或其他字符命令，打开“插入其他字符”对话框。

3) 插入换行符

在 Dreamweaver 文档窗口中输入文字时，文本超过一行就会自动换行以多行显示。如果在文本中按回车键强制文本换行，这时会注意到分成两行的文字的间距比较大。这样的换行称为段落换行。如果在段落的某处进行强制换行，但又不希望间距过大，就可以使用换行符来完成换行，这样的换行称为段内换行。按 Shift＋Enter 组合键可以实现段内换行，即插入换行符。在 HTML 代码中，段落换行对应的标签是<p>和</p>，而插入的换行符对应的标签是
。

4) 插入日期

在 Dreamweaver 中插入日期非常方便，它提供了一个插入日期的快捷方式，用任意格式即可在文档中插入当前时间，同时它还提供了日期更新选项，当保存文件时，日期也随着更新。

在文档中插入日期，可以按照如下方法进行操作。

(1) 在文档窗口中，将插入点放置到要插入日期的位置。

(2) 选择“插入”→“日期”命令，或者单击“插入”工具栏“常用”面板上的“插入日期”按钮。

(3) 在弹出的“插入日期”对话框中选择日期和时间格式，如图 9-22 所示。

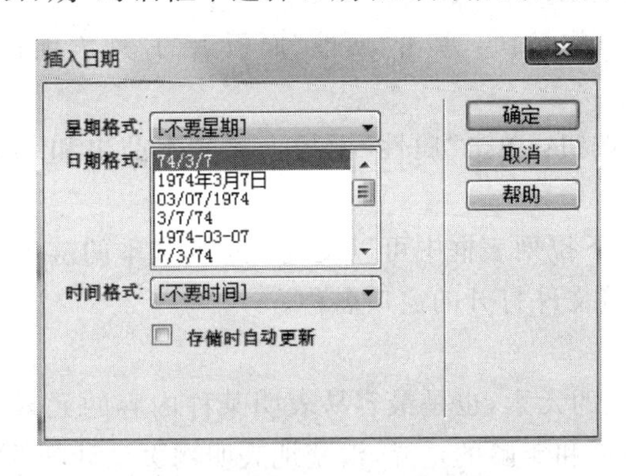

图 9-22　文本操作工具栏

(4) 如果希望插入的日期和时间在每次保存文档时都能自动更新，那么就选中“存储时自动更新”复选框。如果只是将插入的日期当作普通文本，那么就取消选择该复选框。

(5) 单击“确定”按钮，即可在文档中插入日期。

注：但是这种插入日期的方式只能插入固定的当前日期，保存之后，每次浏览网页的时候，日期是固定不变的，如果想让网页实时更新日期，需要在网页中加入代码来实现，在后面

的学习中将会加以介绍。

5）文本“属性”面板

在使用 Dreamweaver 为网页文本进行排版时，需要使用到 Dreamweaver 的“属性”检查器工具，通过“属性”检查器的各种功能，实现丰富的文本样式定义。“属性”面板是 Dreamweaver 默认的属性面板，默认情况下是打开的，如果没有打开，可以通过以下两种方式之一打开它，一种是按快捷键 Ctrl＋F3，另一种是选择“窗口”→“属性”命令。文本“属性”面板如图 9-23 所示。

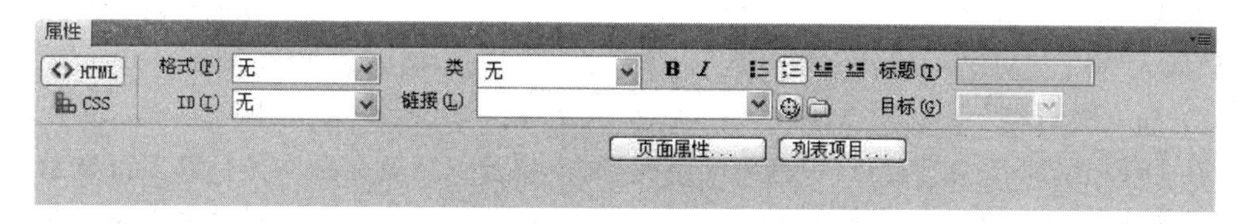

图 9-23　文本“属性”面板

在选中文本时，“属性”面板会显示文本“属性”，下面介绍文本“属性”面板中的各选项功能。

(1) 格式：在“格式”下拉列表框中选择段落的格式。

(2) 样式：单击“样式”下拉列表框，可以选择要应用到所选文本中的 CSS 样式。如果文档中没有定义或链接 CSS 样式表，则列表中没有 CSS 样式。

(3) 大小：单击“大小”下拉列表框，选择字号。

(4) 设置字体的颜色：可以单击文本颜色按钮，在弹出的颜色选择器中选择字体颜色，也可在该按钮右边的文本框中直接输入颜色编号。

(5) 加粗/倾斜按钮：设置字体的加粗和倾斜样式。

(6) 设置字体的对齐方式：单击“属性”面板上的对齐方式按钮可以分别设置段落左对齐、居中对齐、右对齐或者两端对齐方式。

(7) 项目列表/编号列表按钮：单击“属性”面板上的“列表项目”按钮可以把段落设置为项目列表或编号列表。

(8) 文本凸出/缩进按钮：单击“属性”面板上的文本凸出和缩进按钮可以把段落设置为凸出或缩进方式。

(9) 链接：在“链接”下拉列表框中可以设置所选择文本的链接。

(10) 目标：选择链接文件打开的窗口名称。

2. 图像基本操作

图像是网页中最直观的元素，也是最容易表明某种内容的元素。生动的图像可以跨越语言、编码标准、人种、地域和年龄的差异，清楚地表明网页设计师的意愿。随着宽带技术的发展，几乎所有的网页都通过大量图像来使网页的内容更加丰富多彩。

1）插入图像

在 Dreamweaver CS5 中，允许用户插入多种类型的网页图像，实现丰富的应用，包括插入网页背景图像、普通图像、图像占位符、鼠标经过图像、导航条以及 Fireworks HTML 等。

在网页中插入图像可以按照如下步骤进行操作。

(1) 将光标置于要插入图像的位置。

(2) 选择"插入"→"图像"命令；或者单击"插入"工具栏上的"常用"面板，选择"插入图像"按钮；也可以用鼠标把该图像按钮拖到需要插入图像的位置。

以上三种插入操作方法都会出现一个"选择图像源文件"对话框，如图 9-24 所示。选择所需的文件后单击"确定"按钮，即可将图像插入到文档中。如果选中"预览图像"复选框，则可以在对话框中预览图像。

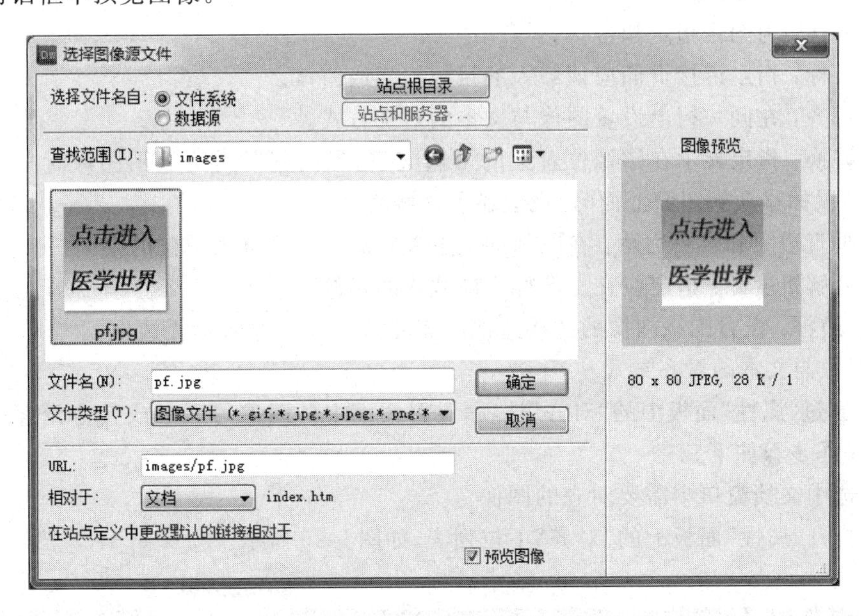

图 9-24 "选择图像源文件"对话框

无论采用上述哪种方法插入图像，相应的图像文件必须位于当前站点之内。如果不在，Dreamweaver 会询问是否要把该文件复制到当前站点内的文件夹中，如果选择"是"按钮，还会出现一个复制文件对话框，在站点选择一个所复制文件的目前位置。当然，也可以直接在站点文件夹(D:\My_website\)中加入图像，这样，在选择图像文件时直接选择站点文件夹内的图片即可。

2) 设置图像属性

在插入网页图像后，还需要对网页图像进行编辑，通过 Dreamweaver 的各种工具设置图像的属性和样式，以使图像与网页结合得更加紧密，丰富网页的内容。在属性面板中可以查看和修改图像的属性。单击属性面板右下角的扩展箭头，可以查看所有图像的图像属性，如图 9-25 所示。

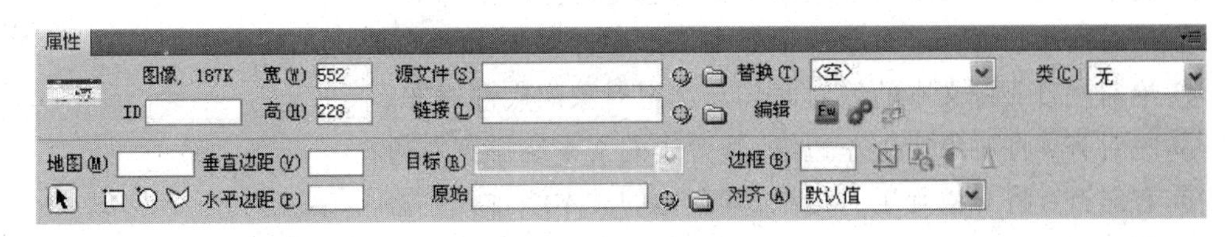

图 9-25 图像"属性"面板

选中图像对象时，图像"属性"面板对应的各项具体功能介绍如下。

(1) 名称：在"属性"面板的左上角，显示当前图像的缩略图，同时显示图像的大小。

(2) 宽和高：指定图像被装进浏览器时所需空间(宽度和高度)。如果设置的宽和高与图像的实际宽度和高度不符，在浏览器中图像可能不能正确显示。如果希望恢复图像的真实显示大小，可以单击属性面板中“宽”和“高”文本框右侧的“恢复图像大小”按钮。

(3) 源文件：指定图像的源文件。单击“文件夹”图标，找到想要的源文件，或在文本框中直接输入文件的路径。

(4) 链接：为图像指定超链接。

(5) 目标：指定链接页面应该载入的目标框架或窗口。

(6) 对齐：在同一行上设置图像与文本的对齐方式。

(7) 替换：指定显示在图像位置上的可选文字，当浏览器无法显示图像时显示这些文字，同时当鼠标移动到图像上面时，也会显示这些文字。

(8) 垂直边距和水平边距：在图像的上下左右添加以像素为单位的空间。

(9) 低解析度源：指定应在主图像之前载入的图像。

(10) 边框：设置围绕图像的链接边框的宽度。输入 0，则表示无边框。

3) 图像与文本的对齐方式

用户通过“属性”面板中的“对齐”选项，设置页面中的图像与文本或其他元素的对齐方式，具体操作步骤如下。

(1) 选中文档窗口中需要对齐的图像。

(2) 打开“属性”面板上的“对齐”下拉列表，如图 9-26 所示。

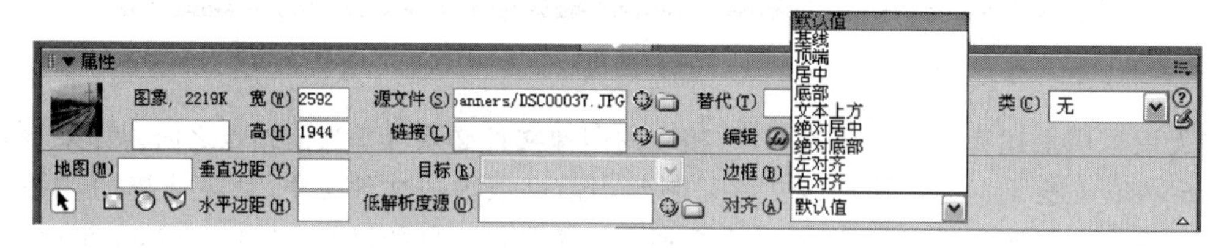

图 9-26 “对齐”下拉列表

(3) 在“对齐”下拉列表中选择对齐方式，各对齐方式的含义如下。

① 默认值：通常指定基线对齐(默认对齐方式可能因浏览器不同而不同)。

② 基线|底部：将文本基线与选定对象底部对齐。

③ 顶端：将文本行中最高字符的上部与选定对象的上部对齐。

④ 居中：将文本基线与选定对象的中部对齐。

⑤ 文本上方：将文本行中最高字符与选定对象的上部对齐。

⑥ 绝对居中：将选定对象的中部与文本中部对齐。

⑦ 绝对底部：将文本的绝对底部与选定对象的底部对齐。

⑧ 左对齐：将对象置于左边缘，其旁边的文本绕排到右边。

⑨ 右对齐：将对象置于右边缘，其旁边的文本绕排到左边。

4) 鼠标经过图像

很多网站图片有鼠标经过变换的功能，这样的功能通过在 Dreamweaver 中插入鼠标经过图像可以很轻松地实现，具体操作步骤如下。

(1) 单击“常用”插入面板中的“图像”下拉按钮，在弹出的下拉菜单中选择“鼠标经过图像”选项，打开“插入鼠标经过图像”对话框，如图 9-27 所示。

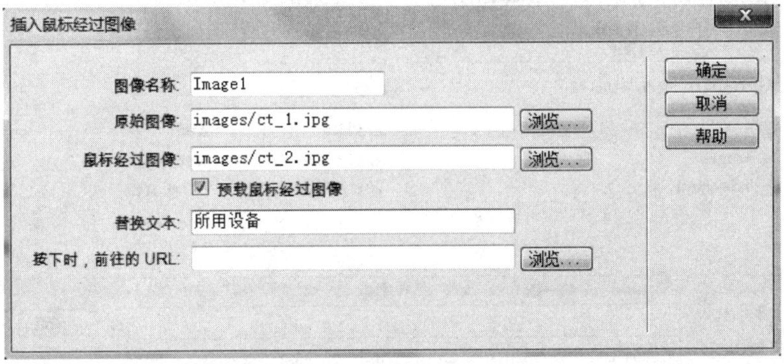

图 9-27 “插入鼠标经过图像”对话框

(2) 在“图像名称”文本框中输入图像的名称。

(3) 在“原始图像”文本框中输入初始图像的路径及文件名。

(4) 在“鼠标经过图像”文本框中输入另一张图像的路径及文件名。也就是说页面载入的时候先显示原始图像，当鼠标经过此图像时，将变成另一张图片。

(5) 单击“确定”按钮，完成操作，在 IE 中预览效果。

注：在预览网页效果时，网页会提示限制控件加载，单击允许加载控件，即可看到鼠标经过图片的效果。

图像和文本是网页设计的最基本要素，本节重点介绍了这方面的内容。有了这两个基本要素，网页设计就有了支撑点。

9.2.4 超链接、锚点链接和 E-mail 链接

网站中，各个网页之间、网页的各个元素之间是通过超链接互相链接的，网页作为一种超文本的文档，其最重要的特征就是拥有超链接。超链接可以为多个网页中的文档建立互相连接的桥梁，方便浏览者在文档间跳转。

下面介绍如何创建超链接，同时还将介绍锚点链接和 E-mail 链接。

1. 创建超链接

在 Dreamweaver CS5 中创建超链接的方式很多，也很简便。

1) 使用“属性”面板创建超链接

使用“属性”面板创建超链接在 Dreamweaver 中是最常用的操作。

(1) 选择窗口中的文本或其他对象。

(2) 单击“链接”下拉列表框右侧的“文件夹”图标，浏览并选择一个文件，URL 文本框中显示被链接文档的路径，如图 9-28 所示。使用“选择文件”对话框中的“相对于”下拉列表可以选择相对路径类型，选择“文档”使用相对路径，选择“站点根目录”则使用根相对路径。或者在“属性”面板的“链接”下拉文本框处，输入要链接文档的路径和文件名，如图 9-29 所示。

(3) 选择被链接文档的载入位置。在默认情况下，被链接文档打开在当前窗口或框架中。要使被链接的文档显示在其他窗口或框架内，需要在“属性”面板的“目标”下拉列表中选择一个选项。

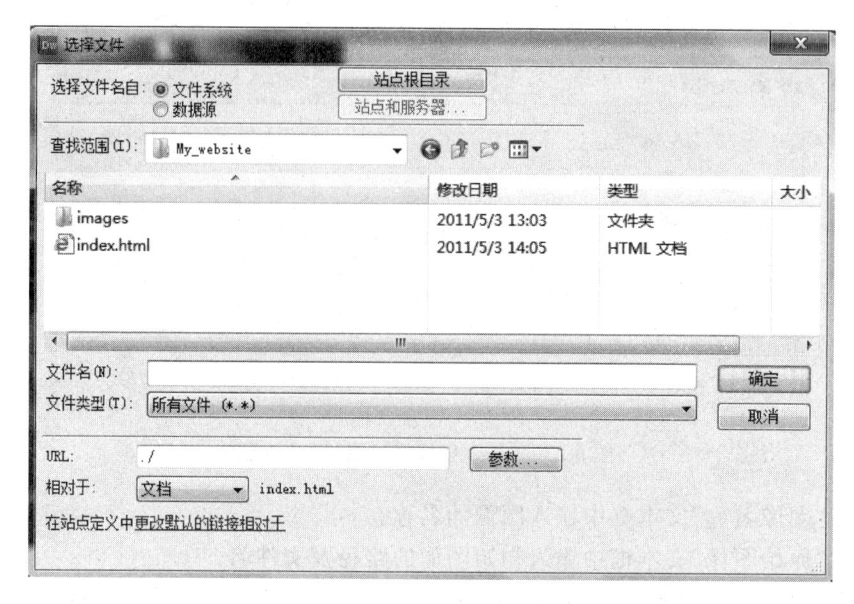

图 9-28 “选择文件”对话框

图 9-29 “属性”面板的链接示意图

① _blank：将被链接文档载入到新的未命名浏览器窗口中。

② _parent：将被链接文档载入到父框架集或包含该链接的框架窗口中。

③ _self：将被链接文档载入与该链接相同的框架或窗口中。

④ _top：将被链接文档载入到整个浏览器窗口并删除所有框架。

2）使用“指向文件”图标创建超链接

通过使用“指向文件”图标可以创建指向另一个打开的文档的链接站点窗口内文件的链接，或者是一个打开着的文档内的可视锚点。当有文件被选取后，可以在“属性”面板上和站点地图窗口中看到“指向文件”图标。另外，按住 Shift 键的同时用鼠标拖动选项时也会出现“指向文件”图标。

3）使用命令方式创建超链接

使用快捷菜单来创建图像的链接。首先在文档窗口，选中要创建链接的文字或图像。然后选择“修改”→“创建链接”命令，或者右击鼠标，在弹出的菜单中选择“创建链接”选项，这时 Dreamweaver 将弹出一个“选择文件”对话框，从中选择要链接的文件即可。

2. 创建锚点链接

创建锚点链接，首先要设置一个命名锚点，然后建立到命名锚点的链接。

创建命名锚点（简称锚点）就是在文档中设置位置标记，并给该位置一个名称，以便引用。锚点常常被用来跳转到特定的主题或文档的顶部，使访问者能够快速浏览到选定的位置，加快信息检索速度。

1）插入锚点

把光标置于文档窗口想要插入锚点的位置。

在“命名锚记”对话框的“锚记名称”文本框中输入锚点名称，如图 9-30 所示。注意命名锚点是区分大小写的。然后执行以下操作之一：选择“插入”→“命名锚记”命令，或者按 Ctrl+Alt+A 键，或者单击“插入”工具栏“常用”面板上的“锚点”按钮。

2）链接到锚点

在文档窗口中选择要建立锚点链接的文本或图像。

在“属性”面板的“链接”下拉列表框中输入号码符号＃和锚点名。例如，要链接到当前文档中称为 top 的锚点，输入：＃top。要链接到同一文件夹的不同文档中称为 a1 的锚点，输入的样式为 index.htm＃a1。

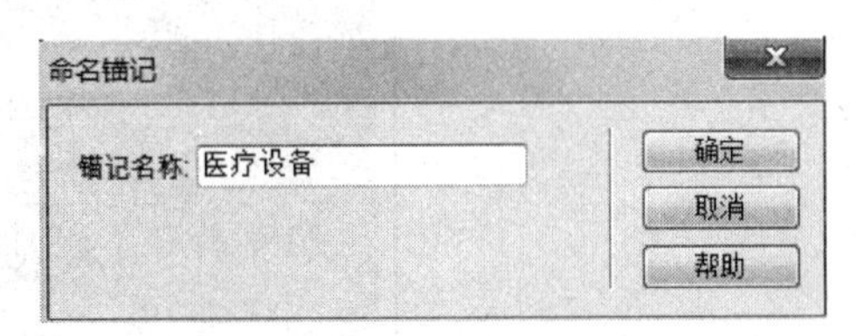

图 9-30 “命名锚记”对话框

3. 设置 E-Mail 链接

在网页上创建电子邮件链接，可方便用户意见反馈。当浏览者单击电子邮件链接时，可即时打开浏览器默认的电子邮件处理程序，收件人邮件地址被电子邮件链接中指定的地址自动更新，无须浏览者手工输入。

使用插入邮件链接命令或者“属性”面板可以创建电子邮件链接，具体操作步骤如下。

(1) 把光标置于文档窗口希望显示电子邮件链接的地方，或选定希望显示为电子邮件链接的文本，然后执行以下操作之一：选择“插入”→“电子邮件链接”命令，或者在“插入”工具栏的“常用”面板上单击“插入电子邮件链接”按钮。

(2) 在“电子邮件链接”对话框的“文本”文本框中输入或编辑作为电子邮件链接显示在文档中的文本，在“电子邮件”文本框中输入邮件应该送达的电子邮件地址，如图 9-31 所示。

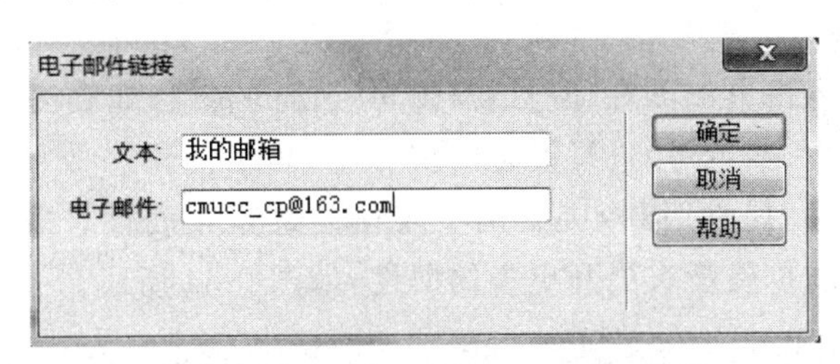

图 9-31 “电子邮件链接”对话框

(3) 在文档窗口选择文本或图像，在“属性”面板上的“链接”下拉列表框中输入“mailto:”和电子邮件地址，也可以建立电子邮箱链接，如图 9-32 所示。

图 9-32 在“属性”面板上的“链接”中建立邮箱链接

9.2.5 表格

在网页中，表格不仅仅可以实现 Excel 那样的数据表格，更重要的，表格还可以用来规划整个页面，使页面看起来整齐、美观。如图 9-33 所示的网站布局就可由表格来实现。下面将介绍如何插入表格、设置表格属性、表格的常规操作等。

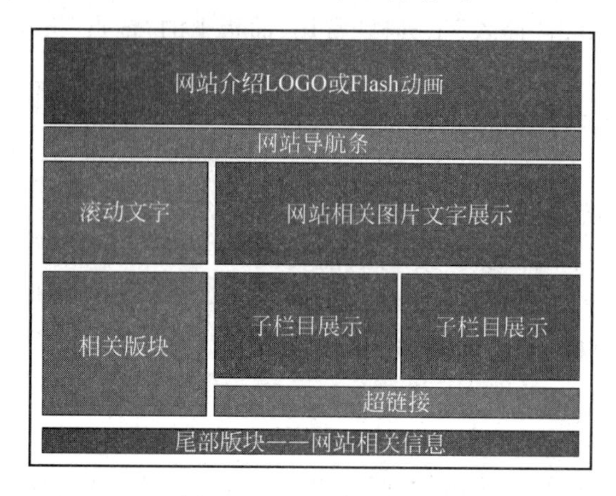

图 9-33 网站布局模型

1. 插入表格

在 Dreamweaver CS5 准视图下创建表格有多种方式，可通过下面介绍的方法之一进行创建。

(1) 单击“插入”工具栏中的“常用”面板上的“表格”按钮。

(2) 选择“插入”菜单中的“表格”命令。

(3) “插入”工具栏中的“常用”面板上的“表格”按钮从“常用”面板拖到页面的所需位置。

2. 设置表格属性

为了使所创建的表格更加美观、醒目，需要对表格的属性(如表格线的颜色、整个表格或某些单元格的背景图像、颜色等)进行设置。实际上，表格的许多效果大部分都是通过设置它的属性实现的。表格“属性”面板中列出了表格的最常用属性。选定整个表格，打开“属性”面板，单击右下角的扩展箭头展开更多的属性，如图 9-34 所示。

图 9-34 表格“属性”面板

1) 设置整个表格属性

使用表格“属性”面板可以很方便地设置以下属性。

(1) 表格：在该下拉列表框中输入表格名称。

(2) 行和列：设置表格布局属性；在“行”和“列”文本框输入表格的行数和列数。

（3）宽和高：在“宽”和“高”文本框中输入以像素数或浏览器窗口的百分数表示的表格宽度和高度（单击此文本框右边的下三角按钮，可从打开的下拉列表中选择表示方式）。表格的高度一般不需要指定。

（4）对齐：在“对齐”下拉列表中选择表格与同一段落中的其他元素的对齐方式。选择“左对齐”可使表格与其他元素左对齐，选择“右对齐”可使表格与其他元素右对齐，选择“居中”可使表格相对于其他元素居中对齐。也可以选择浏览器的默认对齐方式。

（5）填充：在“填充”文本框中设置单元格边距，即指定单元格内容与单元格边线之间的距离。

（6）间距：在“间距”文本框中设置单元格间距，即指定每个表格单元之间的像素数。

2）设置单元格属性

除了可以设置整个表格的属性外，还可以单独设置表格的行、列或某些单元格的属性。首先选择单个单元格或单元格的任意组合，然后使用属性面板设置单元格、行或列的属性。单击“属性”面板右下角的扩展箭头，查看“属性”面板提供的所有属性。在单元格属性面板中可以设置以下属性。

（1）水平：设置单元格内容的水平对齐方式。

（2）垂直：设置单元格内容的垂直对齐方式。单击右边的下拉列表框，从中选择对齐方式，可以设置单元格内容与顶部对齐、中部对齐、底部对齐和基线对齐，或选择浏览器默认方式对齐（通常是与中部对齐）。

（3）宽和高：设置单元格的宽和高。为选定单元格指定以像素为单位的宽度和高度。如果使用百分数，在输入值后面加上百分号%即可。

（4）背景和背景颜色：上面的“背景”文本框用来设置单元格的背景图，下面的“背景颜色”文本框用来设置单元格的背景颜色。

（5）边框：设置单元格的边框颜色。在这里可以为表格中的单元格边框单独设置颜色。

（6）不换行：可以阻止换行，从而使给定单元格中的所有文本都在一行上。如果选择了“不换行”，则当输入数据或将数据粘贴到单元格时单元格会加宽来容纳所有数据。通常，单元格在水平方向扩展以容纳单元格中最长的单词或最宽的图像，然后根据需要在垂直方向进行扩展以容纳其他内容。

（7）标题：将所选的单元格格式设置为表格标题单元格。默认情况下，表格标题单元格的内容为粗体并且居中。

除此之外，单元格“属性”面板上其他属性是单元格中的文字的属性，与文本“属性”面板中的功能是一样的。

3. 表格操作

对表格经常需要进行编辑、修改、删除等操作，尤其是用表格对整个页面进行布局时更是如此。打开“修改”→“表格”命令，然后在级联菜单中选择相应的命令，可以实现大多数表格操作，如图 9-35 所示。

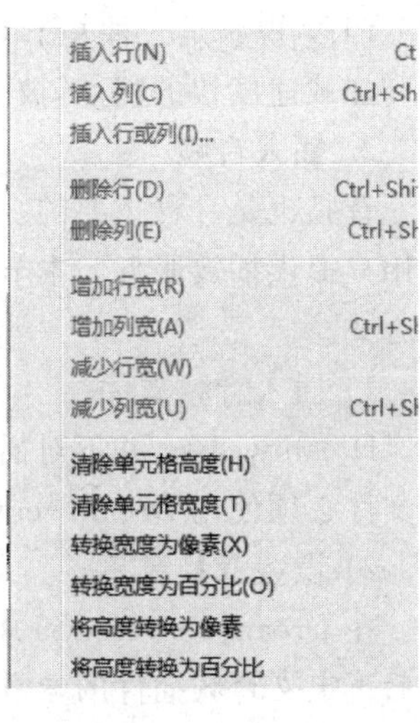

图 9-35　表格菜单

通过此菜单可以进行插入行或列、删除表格的行或列、表格单元格的合并、表格单元格分割等操作。

9.2.6 多媒体对象

网页作为一种多媒体的平台，可以在其中插入各种类型的媒体文件，包括动画、各种音频以及应用程序控件等。在 Dreamweaver 中，用户可以通过可视化的方式，方便地插入动画内容、音频以及一些特殊插件。

1. 插入动画内容

动画是网站中的重要元素，目前大多数网站都使用基于 Flash 技术的动画或视频等。Dreamweaver 支持插入三种 Flash 类型的媒体，包括 Flash 动画、Flash Paper 文档以及 FLV 视频等。

1）插入 Flash 动画

在 Dreamweaver 中，将光标置于相应的位置，然后即可执行“插入”→“媒体”→SWF 命令插入 Flash 动画。

2）设置 Flash 动画属性

与文本、图像类似，在选中 Flash 动画后，“属性”检查器将会显示 Flash 动画的各种基本属性，如图 9-36 所示。

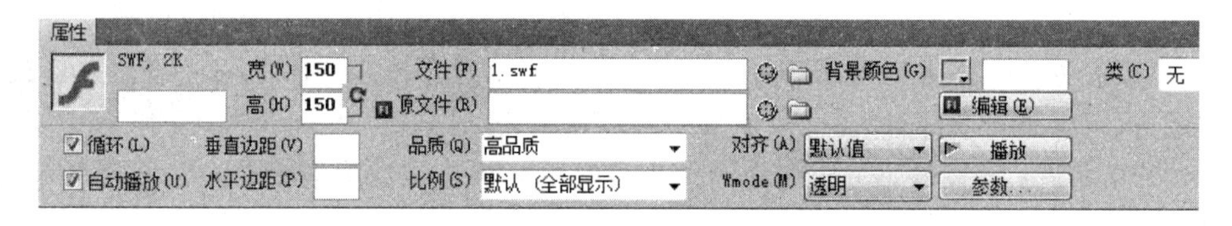

图 9-36 “属性”面板

3）插入 Flash Paper

Flash Paper 是一种基于 Flash 动画技术的文档类型。其优点是用户不需要借助专用的客户端，只需要拥有安装了 Flash 播放器的浏览器，即可打开具有富文本特性的文档。

4）插入 FLV

FLV 视频是一种基于 Flash 技术的高压缩比可调清晰度的视频格式。其以体积小、传输和加载速度快的特点，被很多在线视频网站使用，是目前最流行的网络视频格式。

2. 插入音频

音频也是一种重要的媒体内容。在网页设计中，经常需要为网页插入各种音频数据，并为用户提供播放服务。本节将介绍各种音频的格式，以及使用 Dreamweaver 插入音频数据的方式。

1）插入音频文件

Dreamweaver 并不对插入各种音频文件提供直接的支持。使用 Dreamweaver 插入音频文件必须使用 Dreamweaver 的插件。

2）设置背景音频

在 Dreamweaver CS5 中，如需要插入背景音频，则可以通过插件的方式，先插入音频，然后再定义音频插件的参数，隐藏音频播放器控件来实现。

9.2.7 图层

层(Layer)是网页内容的一种容器。与表格一样,具有网页元素定位功能。层最主要的特点就是它能够在网页上任意浮动,可以实现层对网页内容的精确定位。层可以重叠,可以显示和隐藏,利用程序可以控制层的显示和隐藏,实现层里内容的动态交替显示等特殊效果。

在层中可以放置文本、图像、表格、媒体对象,还可以放置其他层。总之,所有可以放置于网页中的内容,都可以放置到层中。

1. 层的基本操作

1) 插入层

使用菜单插入层,方法如下。首先,将光标放置在要插入层的位置,选择"插入"→"布局对象"→"层"命令,然后就可在文档窗口插入一个空的预设置大小的层,如图 9-37 所示。

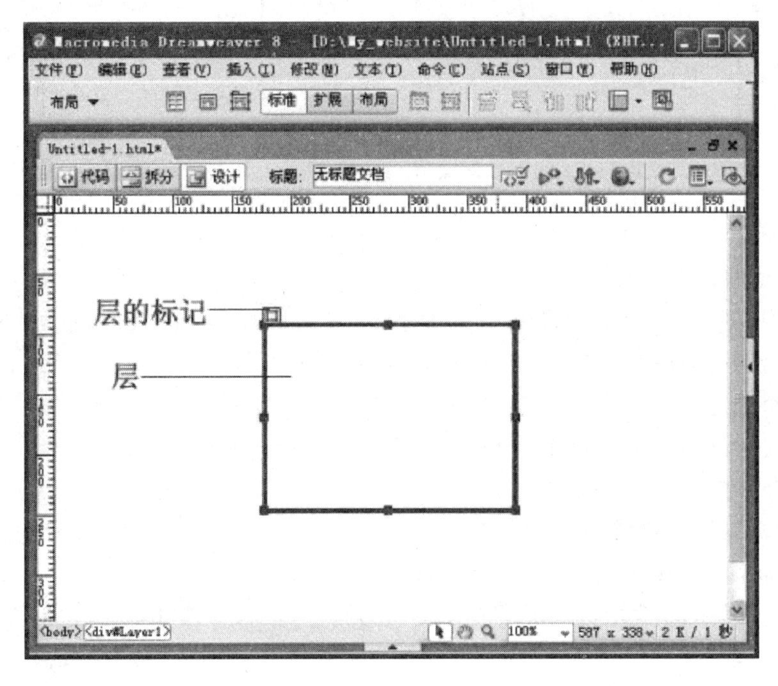

图 9-37 插入层

2) 绘制层

可以用鼠标在文档上绘制层,方法如下。首先,单击"插入"工具栏上的"布局"面板,单击"描绘层"按钮缩小尺寸。然后,将鼠标移动到文档窗口,这时鼠标指针变为十字形状。然后,在文档窗口中希望放置层的位置上按下鼠标左键,拖动鼠标到希望大小后释放鼠标,一个新层就被创建。

如果想一次绘制多个层,可以在按住 Ctrl 键的同时,单击"布局"面板上的"描绘层"按钮,然后在文档窗口中连续绘制多个层。也可以将"插入"工具栏上的"绘制层"按钮用鼠标拖到文档窗口中,移动鼠标,这时光标也跟着移动,在想要绘制层的地方释放鼠标。

3) 激活层

要把对象放入层中,首先要激活层。把鼠标光标移至层内任何地方单击,即可激活层。

此时,插入点被置于层内。被激活层的边界突出显示,选择手柄也同时显示出来,如图 9-38 所示。

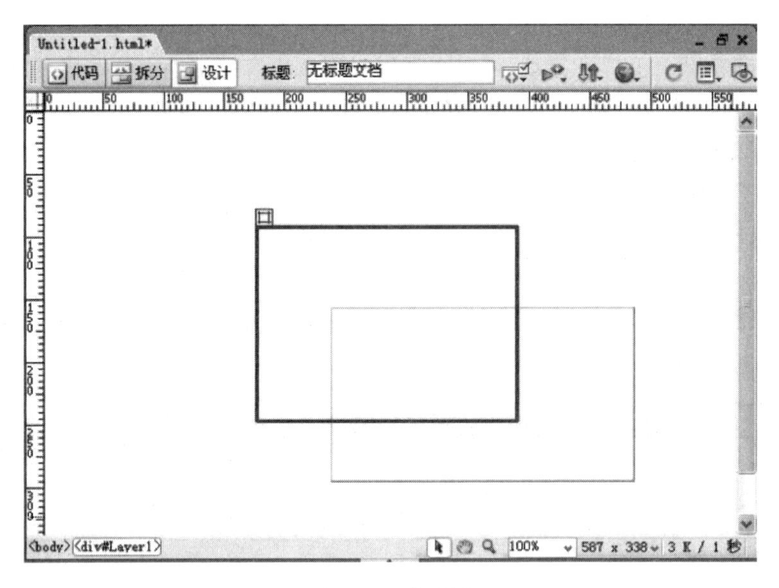

图 9-38 激活层

4) 调整层的大小

根据需要,创建了层后还要调整它的大小,可以调整单个层的大小,也可以同时调整多个层的大小,使其具有相同的宽度和高度。

若要调整选定单个层的大小,需执行以下操作之一。

(1) 通过拖动来调整大小,选择层后,拖动该层的任一大小调整柄。

(2) 一次调整一个像素的大小,按住 Ctrl 键,单击方向箭头键,这样每单击一次方向箭头,层的宽或高就增加或减小一个像素。

(3) 在“属性”面板中,输入宽度和高度的值。

(4) 有时需要把多个层的高度和宽度调整为相等,这时要先选中这些层,然后执行以下操作。选择“修改”→“对齐”→“设成宽度相同”或“修改”→“对齐”→“设成高度相同”命令。执行该命令后,选定的层将符合最后一个选定层(黑色突出显示的宽度或高度)。或者,在“属性”面板中的“多个层”后输入宽度和高度值,这些值将应用于所有选定层。

2. 设置层的属性

要灵活地运用层来设计网页,还必须了解层的属性及其设置方法。打开“属性”面板,选中一个层来查看单个层的“属性”面板,如图 9-39 所示。

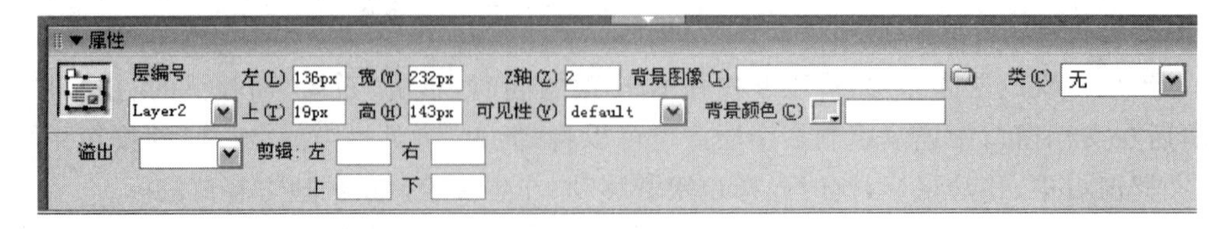

图 9-39 层“属性”面板

(1) 层编号(层 ID)：指定一个名称来表示层面板中的层。层名只能使用英文字母，不能使用特殊字符(如空格、横杠、斜杠、句号等)。

(2) 左和上(左边和顶边距)：指定层相对于页面或父层左上角的位置，即层的左上角在页面或父层中的坐标(以像素为单位)。

(3) 宽和高：指定层的宽度和高度。

(4) Z 轴：确定层的 Z 轴(即层叠顺序)。在浏览器中，编号较大的层出现在编号较小的层的前面。值可以为正，也可以为负。

(5) 可见性：该属性指定该层最初是否是可见的，对应的选项如下。

① Default(默认)：不指定可见性属性。大多数浏览器都会默认为“继承”。

② Inherit(继承)：使用该层父级的可见性属性。

③ Visible(可见)：显示该层的内容，忽略父层或窗口的值。

④ Hidden(隐藏)：隐藏这些层的内容，忽略父层或窗口的值。

(6) 背景图像：指定层的背景图像。单击该属性右边的文件夹图标，选择一个图像文件，或者直接在文本框中输入图像文件的路径。

(7) 背景颜色：指定层的背景颜色。此项为空时为透明的背景。

(8) 溢出：此属性仅适用于 CSS 层，控制当层的内容超过层的指定大小时如何在浏览器中显示层。它对应以下几个选项。

① Visible(可见)：指示在层中显示额外的内容，以便层的所有内容都可见。

② Hidden(隐藏)：保持层的大小，不在浏览器中显示额外的内容。

③ Scroll(滚动)：指定浏览器应在层上添加滚动条，不管内容是否超过了层的大小。

④ Auto(自动)：当层的内容超过其边界时自动显示层的滚动条。

(9) 剪辑：定义层的可见区域，通过指定层的左、右和上、下的坐标来设置。

3. 使用“层”面板

利用“层”面板，可以对网页中的多个层进行集中管理，例如可以修改层的重叠顺序，也可以改变层的可见性。

1) 显示“层”面板

显示“层”面板，可以选择“窗口”→“层”命令或按 F2 键。一个典型的“层”面板如图 9-40 所示。从“层”面板上可以看到，当前文档中所有的层都会显示在层列表中，如果存在嵌套层，还会以树状结构显示嵌套的层。

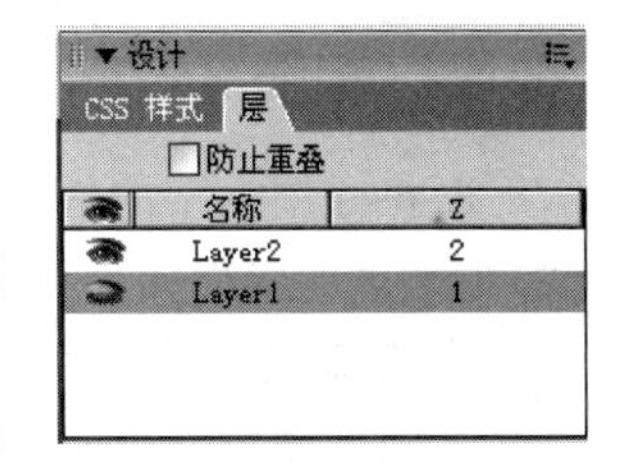

图 9-40 层面板

在“层”面板上的层列表中单击层名称，则会在文档窗口中选中相应的层。按住 Shift 键，再单击多个层名称，可以选中多个层。

2) 改变层名称

选中层，在“属性”面板的“层编号”文本框中可以输入或修改层名称。

在“层”面板上，也可以快速修改层名称，方法如下。首先，选择“窗口”→“层”命令，或按 F2 键，打开“层”面板，双击要修改名称的层名称，可以激活其文本编辑状态。然后，输入需要的新名称。最后，输入完毕，按回车键，或单击名称编辑区以外的任何地方，即可完成对名称的修改。

3）设置层的可见性

不仅在层的“属性”面板中可以设置层的可见性，在“层”面板中也可以设置，方法如下。首先，选择“窗口”→“层”命令，或按 F2 键，打开“层”面板。然后，选择要改变可见性的层所在行，单击“眼睛”图标列，直至设置为想要的可见性。“睁开的眼睛”表示层可见，“闭上的眼睛”表示层不可见。如果没有“眼睛”图标，该层继承其父层的可见性。如图 9-40 所示。要一次改变多层的可见性，单击眼睛列顶上的眼睛图标即可。

4. 层与表格之间的转换

在 Dreamweaver 中，可将层转换成表格，利用这种特性，可以绘制出非常复杂的表格，以满足排版的需要。

1）将层转换为表格

操作方法是：选择“修改”→“转换”→“层到表格”命令。这时会出现如图 9-41 所示的对话框，可在其中进行相应的选择。

2）将表格转换为层

操作方法是：执行“修改”→“转换”→“表格到层”命令，这时会出现如图 9-42 所示的对话框，可在其中进行相应的选择。设置完成后，单击“确定”按钮，文档中的表格被转换为层，但空表格单元未被转换。表格之外的内容也被置于层中。

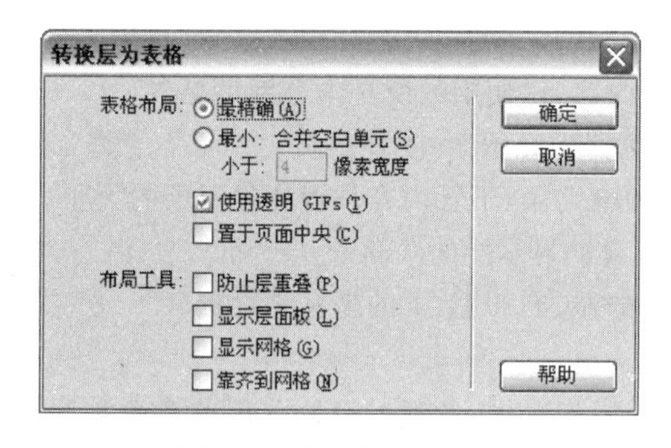

图 9-41　将层转换为表格

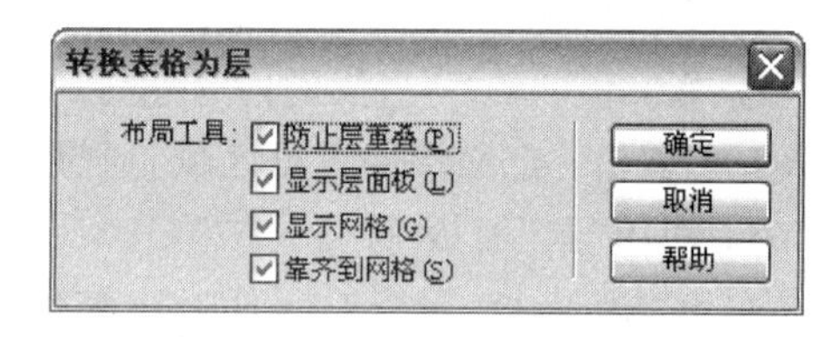

图 9-42　将层转换为表格

9.2.8　框架

下面将介绍框架的使用、如何创建和删除框架、如何设置框架和框架集的属性等。有了框架，对网页的版面设计将更加得心应手。

1. 框架概述

登录网站浏览网页时，用户经常会遇到这样的情形，浏览器窗口被分割成了几个不同的浏览区域，每个区域中显示着不同的文档内容，这就是利用了框架。一般来说，框架技术主要通过框架集和框架这两种类型的元素来实现。框架是在框架集中用来组织和显示网页文档的页面元素的。框架集是框架的集合。它用于定义在一个文档窗口中显示多个文档的框架结构。例如它可以决定浏览器窗口显示的文档数目、每个网页文档所占的浏览器窗口的大小，以及网页文档被载入框架集窗口中的方式等。一般来说，框架集文档中的内容不会显示在浏览器中。

2. 创建、删除框架

Dreamweaver 可以很容易地将普通文档分割为多个框架窗格，从而构建框架。

1）创建框架

在创建框架集或使用框架前，通过选择“查看”→“可视化助理”→“框架边框”命令，使框架边框在文档窗口的设计视图中可见。

假设已经创建了一个新的空白文档，在该文档的基础上构建框架。可以按照如下方法进行操作。

方法一：鼠标拖动创建框架。

首先，用鼠标拖动文档窗口四周显示的框架边框，将其拖动到希望的位置上释放鼠标，即可构建框架，如图 9-43 所示。然后，如果用鼠标拖动的是框架的边框角，则可以在左右和上下两个方向上同时分割框架，同样，拖动的边框和方向不同，原有的内容最后所位于的框架也不同。最后，继续拖动各框架边框（包括最初出现在文档窗口四周的边框，以及生成框架后各框架的边框），可以继续构建框架。

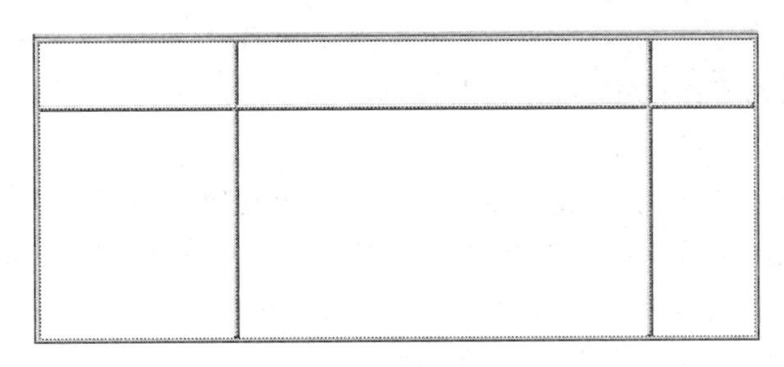

图 9-43　构建框架

方法二：使用命令创建框架。

首先，单击要分割框架的窗口，将插入点放入窗口中。如果已经存在框架，则需要单击某个框架窗格，将插入点放入相应的窗格内。然后，选择“修改”→“框架集”命令下面的相应命令。最后，继续单击某个框架窗格，将插入点放入其中，然后重复上面的操作，继续分割窗口，即可构建嵌套框架。

2）删除框架

如果希望删除创建的框架，只需用鼠标拖动框架边框，将之拖离页面或拖动到父框架边框上即可。

3. 设置框架和框架集的属性

框架的属性用于确定框架的名称、框架源文件、框架的空白边距、框架的滚动特性、框架是否可以在浏览器中调整大小以及框架的边框特性等，利用框架的“属性”面板可以完成大多数的设置。

1）认识“框架”面板

在设置框架属性时，“框架”面板是最有用的工具之一，打开“窗口”→“框架”命令，或按 Shift＋F2 键，即可显示“框架”面板，如图 9-44 所示。

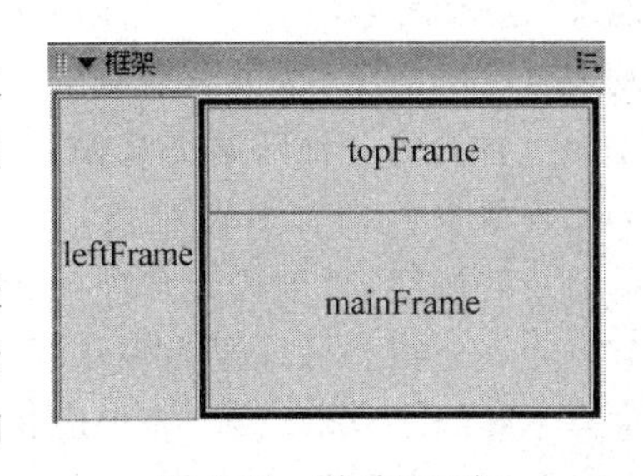

图 9-44　“框架”面板

在“框架”面板中会显示当前框架集文档窗口中已经出现的框架窗格结构，同时在不同的框架区域中，还显示相应框架的名称，如图 9-44 中的 LeftFrame、Topframe 和 MainFrame 等。

在框架集文档窗口中构建新框架、删除某个现有框架或修改框架的尺寸或名称时，“框架”面板上显示的框架结构也会相应地发生变化。

2）设置框架属性

要设置框架属性，可以先选中框架，然后在“属性”面板中设置框架属性，选中框架时的“属性”面板如图 9-45 所示。

图 9-45　设置框架属性

(1) 框架名称：在该文本框中，可以输入框架的名称。

(2) 源文件：在该文本框中，可以设置该框架源文件的 URL，可以单击右方的文件夹窗口，然后从磁盘中选择框架文件。

(3) 滚动：在该下拉列表中，允许设置该框架中出现滚动条的方式。

(4) 不能调整大小：选中该复选框，则设置无法通过拖动框架的边框来改变框架大小。

(5) 边框：在该下拉列表中，可以控制当前框架的边框是否被显示。

(6) 边框颜色：在该颜色井中，可以设置框架边框的颜色。

(7) 边界宽度：在该文本框中，可以设置当前框架左右方的空白边距，即框架左右边框架内容之间的距离。

(8) 边界高度：在该文本框中，可以设置当前框架上下方的空白边距，即框架上下边框同框架内容之间的距离。

在使用框架技术的网页中，通常有很多超链接。在网页中之所以使用框架技术，是因为可以用框架实现站点链接和导航。

9.2.9　表单

本节将介绍如何创建表单、表单的属性以及如何添加表单对象。有了表单，可以帮助网站与用户进行信息交流。

1. 表单概述

表单是 Internet 上用户同服务器进行信息交流最主要的工具。通过登录 Web 页收发 E-mail 邮件时，首先需要输入用户的账号和地址，这就是表单的一种具体应用；很多网页提供留言簿，允许用户发表自己的意见，这也是表单的一种实际应用，如图 9-46 所示，这是在网上常见的一种网站交互模式。

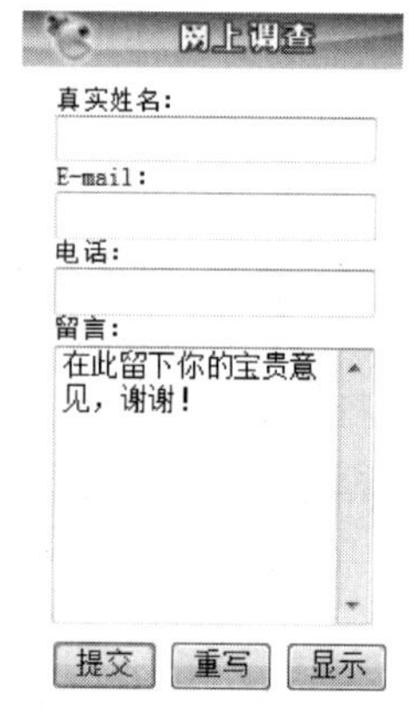

图 9-46　常见表单

表单中包含有多种对象，例如用于输入文字的文本框、用于发送命令的按钮、用于选择多项的多选框、用于单选的单选按钮等，本节将一一介绍。另外要完成从用户处收集信息的工作，仅仅使用表单是不够的，一个完整的表单应该包括两个组件，一个是表单对象，它在网页中进行描述收集；另一个是服务器端应用程序，通过这些应用程序来实现对用户信息的处理。

2. 创建表单

执行以下操作之一都可以创建一个表单。

(1) 把光标置于要插入表单的位置,然后选择“插入”→“表单”命令。

(2) 把光标置于要插入表单的位置,然后选择“窗口”→“插入”命令,接下来在调出的“插入”工具栏上选择“表单”面板,最后单击“表单”按钮,如图 9-47 所示。

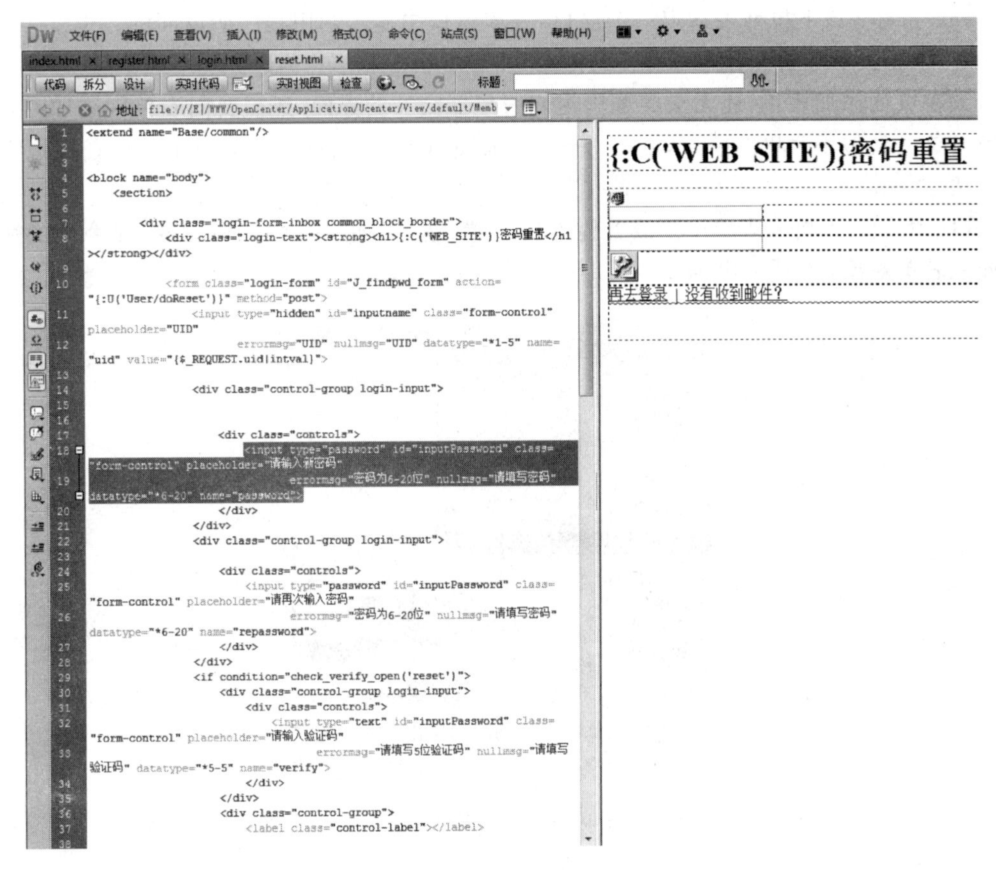

图 9-47 创建表单

(3) 把“表单”按钮拖到页面上需要插入表单的位置。

创建表单的时候,表单的区域是以虚线区域表示的。它的大小随着包含内容的多少自动调整,虚线不会在浏览器中显示出来。

3. 表单的属性

选中表单,打开“属性”面板,在“属性”面板中可以设置表单的属性,如图 9-48 所示。

图 9-48 表单属性

(1) 表单 ID：在该文本框中，可以输入表单的名称。

(2) 动作：在该文本框中输入一个 URL 地址，可以是 HTTP 类型的地址，也可以是 MAILT0 类型的地址。用户还可以单击右方的"文件夹"按钮，从磁盘中选取 URL。

(3) 方法：在该下拉列表中，用户可以设置表单数据发送的方法。默认：选择该项表示使用默认的方法发送；GET：选择该项表示将表单数据发往服务器时，进行 GET 请求；POST：选择该项表示将表单数据发往服务器时，进行 POST 请求。

(4) 目标：该下拉列表指定一个窗口，在该窗口中显示调用程序所返回的数据。

4. 添加表单对象

只在页面添加表单，还无法实现构建同服务器交互的界面，还需要向表单中添加需要的表单对象。类似于表单的插入，使用 Dreamweaver CS5 给表单添加对象也可以使用以下三种方法。

(1) 将插入点放入表单中要放置控件的位置，选择"插入"→"表单对象"命令中的命令来插入表单对象，如图 9-49 所示。

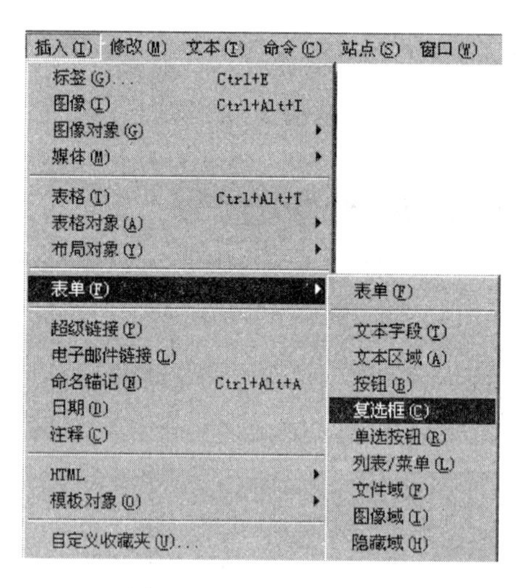

图 9-49 插入表单对象

(2) 将插入点放入表单中要放置控件的位置，打开"插入"工具栏，激活"表单"选项卡，从该选项卡中选择对应的表单对象按钮，如图 9-50 所示。各个对象按钮的说明如下。

图 9-50 "表单"工具栏

① 文本字段：文本字段可接受任何类型的文本、字母或数字，输入的文本可以显示为单行、多行和密码，默认为单行。

② 隐藏域：设计者利用它存储信息(如表单主题)，这些信息与用户无关，但却是应用程序在处理表单时所必需的。

③ 复选框：在工具栏中对应的图标按钮。复选框允许用户在一组选项中选择多项。

④ 单选按钮：在一组选项中一次只能选择一项。选择一组中的某个按钮，就会禁止选

择该组中的所有其他按钮。

⑤ 单选按钮组：插入共享同一名称的单选按钮的集合。

⑥ 列表/菜单：提供一组选项，让用户从中选择一项或多项。该对象可以是弹出菜单，这种菜单仅在用户单击时才显示出来，且仅能从中选择一项。或者是列表框，选项在可滚动列表中，选择一项或选择多项。

⑦ 跳转菜单：这种菜单上的每一选项链接到一个文件，从中选择一项，将跳转到被链接的网页。

⑧ 图像域：在表单中插入图像，可以使用图像域替换“提交”按钮，以生成图形化按钮。

⑨ 文件域：文件域由一个文本框和一个显示“浏览”字样的按钮组成，主要用于从磁盘上选取文件，并将这些文件作为表单数据上传。

⑩ 按钮：在表单中插入文本按钮。按钮在单击时执行任务，如提交或重置表单。

如图 9-51 所示是一个表单的应用。这里设计了一个比较复杂的用户注册页面，它包含文本域、单选按钮、列表/菜单、复选框和按钮等几个常见表单应用对象。

图 9-51　表单应用

9.2.10　函数

前面介绍了在 Dreamweaver 中的设计视图下，通过直观的方式在网页中插入对象、元素。但是有时为了满足用户的特定需求，需要在网页中加入特定代码，这样可以实现更加复杂、实用的功能。这里以插入当前日期、星期为例对函数进行简单介绍。

在网页的显著位置上经常会看到当前日期等数据(如图 9-52 所示)，这些都是通过在网页中加入函数实现的。本例中以 JavaScript 为例，实现在网页中插入当前日期的方法。

图 9-52 显示当前日期、星期

把光标放到在想加入日期、星期的位置，视图切换到代码视图，加入如下代码：

```
<script language = "JavaScript">
<! --
var enabled = 0; today = new Date(); '定义变量
var day; var date; var data1
if(today.getDay() == 0) day = "星期日" '判断星期
if(today.getDay() == 1) day = "星期一"
if(today.getDay() == 2) day = "星期二"
if(today.getDay() == 3) day = "星期三"
if(today.getDay() == 4) day = "星期四"
if(today.getDay() == 5) day = "星期五"
if(today.getDay() == 6) day = "星期六"
date = (today.getUTCFullYear()) + "年" + (today.getMonth() + 1 ) + "月" + today.getDate() +
"日 " + day +"";
document.write("今天是" + date); '输出日期
-->
</script>
```

通过加入上列函数代码，即可在相应位置显示当前的日期及星期。

Html 支持多种代码嵌套，可以实现非常丰富的功能，这些需要读者在开发的过程中不断学习和积累。

9.3 动态网站技术

动态网站并不是指具有动画功能的网站，而是指通过数据库进行架构的网站。动态网站除了要设计网页外，还要通过数据库和程序来使网站具有更多自动的和高级的功能。这一节，将学习动态网站的搭建和简单应用。

9.3.1 动态网站技术概述

这里说的动态网页，与网页上的各种动画、滚动字幕等视觉上的“动态效果”没有直接关系，动态网页也可以是纯文字内容的，也可以是包含各种动画的内容，这些只是网页具体内容的表现形式，无论网页是否具有动态效果，采用动态网站技术生成的网页都称为动态网页。

从网站浏览者的角度来看，无论是动态网页还是静态网页，都可以展示基本的文字和图片信息，但从网站开发、管理、维护的角度来看就有很大的差别。

将动态网页的特点简要归纳如下。

(1) 动态网页以数据库技术为基础,可以大大降低网站维护的工作量;

(2) 采用动态网页技术的网站可以实现更多的功能,如用户注册、用户登录、在线调查、用户管理、订单管理等;

(3) 动态网页实际上并不是独立存在于服务器上的网页文件,只有当用户请求时服务器才返回一个完整的网页。

相比传统的静态网页,动态网页技术的优点在于:将网站的内容存储到各种数据库中、通过编程语言来调用数据库内的数据、不需要重新修改网页即可动态而便捷地对网页进行更新。静态网页一般是 html 结尾,而动态网站网页一般是以 asp、jsp、php、aspx 等结束,不同文件后缀也表示了不同的动态网站开发语言,应用较多的动态网站开发语言有 ASP、JSP 和 PHP 三种,但随着.NET 的飞速发展,基于 C#语言的功能更加强大的 asp.net 动态网站逐渐增多。这一节会着重介绍较为成熟的 ASP 简单应用。

要构建动态网站,数据库也是必不可少。数据库是相互关联数据的集合,对数据进行处理的软件系统称为数据库管理系统。数据库管理系统功能强大,不仅能对数据进行收集、存储、加工和传播等处理,还能对数据进行分类、检索、筛选、提取、存储和维护等管理。数据库和数据库管理系统的结合称为数据库系统。目前主流的数据库管理系统包括 Oracle,SQL Server,MySQL,Access 等,这一节将以基础的 Access 为例进行介绍。

9.3.2 动态网站技术简单应用

如前介绍,动态网站技术有很多种,其中 ASP+Access 是比较成熟的动态网站技术,很多动态网站基于这种技术开发。本节将依次介绍 ASP 和 Access 的安装,并以连接数据库为例介绍简单应用。

1. ASP 构架安装

要在本地运行 ASP 网站,需要配置 IIS(Internet Information Services,互联网信息服务),IIS 是一个 World Wide Web Server。Gopher Server 和 FTP Server 全部包含在里面。IIS 意味着能发布网页,并且由 ASP(Active Server Pages)、Java、VBscript 产生页面,并有一些扩展功能,图 9-53 为 IIS7 欢迎界面。

图 9-53 IIS7 欢迎界面

在 Windows 7 操作系统下，旗舰版可以安装 IIS，下面介绍在 Windows 7 旗舰版下配置 IIS 的具体方法。

（1）进入 Windows 7 的控制面板，在地址栏选择“所有控制面板项”，选择“程序和功能”，选择左侧的“打开或关闭 Windows 功能”，如图 9-54 所示。

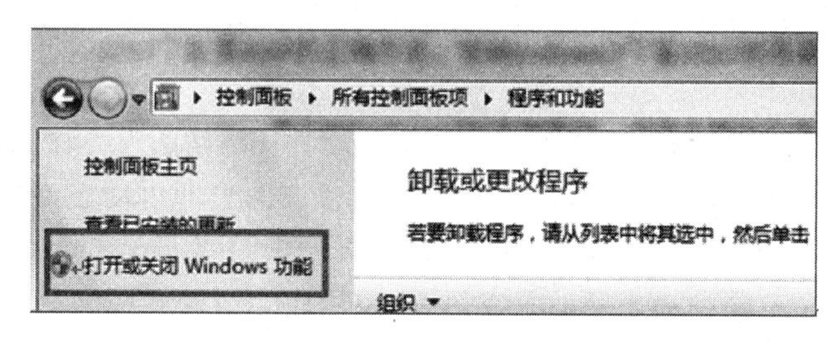

图 9-54　选择“打开或关闭 Windows 功能”

（2）现在出现了安装 Windows 功能的选项菜单，注意选择的项目，需要手动选择需要的功能，下面这张图片把需要安装的服务都已经选择了，读者可以按照图片勾选功能，如图 9-55 所示。

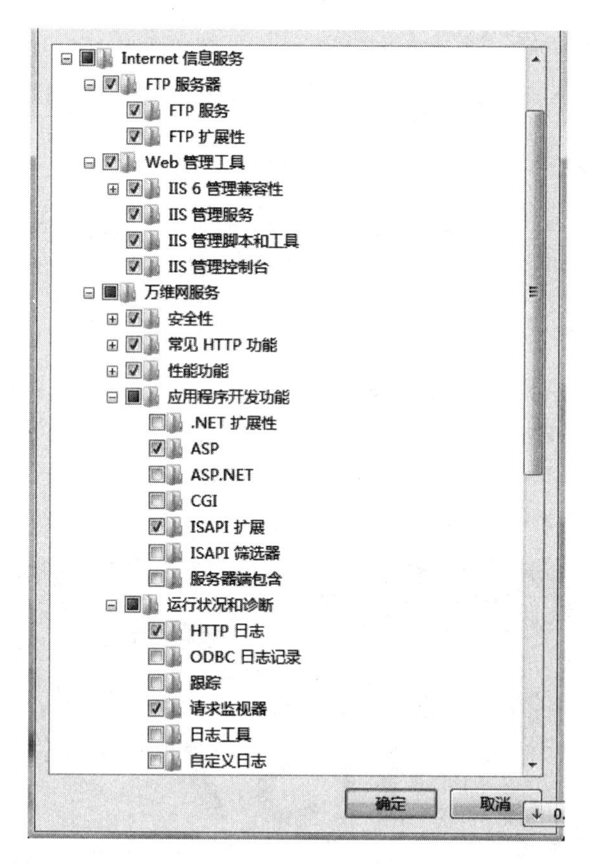

图 9-55　Windows 功能

（3）安装完成后，再次进入控制面板，选择管理工具，双击 Internet(IIS)管理器选项，进入 IIS 设置，如图 9-56 所示。

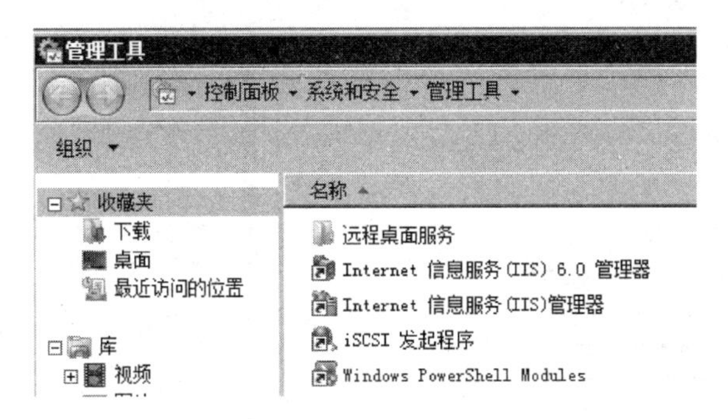

图 9-56 管理工具

(4) 现在进入到 IIS7 控制面板,如图 9-57 所示。

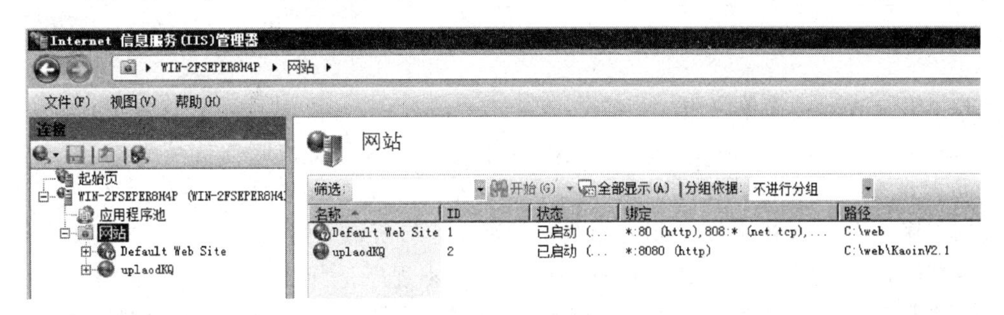

图 9-57 IIS 管理器

(5) 选择 Default Web Site,并双击 ASP 的选项。

(6) IIS7 中 ASP 父路径是没有启用的,要开启父路径,选择 True,如图 9-58 所示。

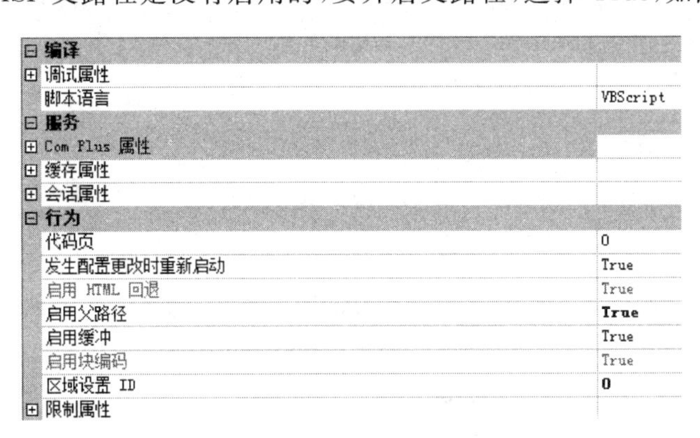

图 9-58 IIS 管理器

至此,Windows 7 的 IIS7 设置已经基本完成了,ASP+Access 程序可以调试成功。

2. Access 数据库安装

Access 数据库是 Microsoft Office 中的一部分,只需安装典型版的 Microsoft Office 即可,建立 Access 数据库的方法可以在桌面右击,新建 Microsoft Access 数据库,如图 9-59 所示;或者在"开始"菜单中单击 Microsoft Office 文件夹中的 Microsoft Access 数据库,如图 9-60 所示。

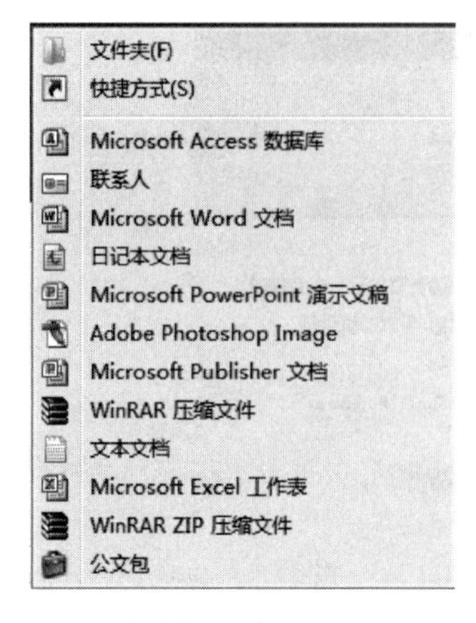

图 9-59 快捷菜单

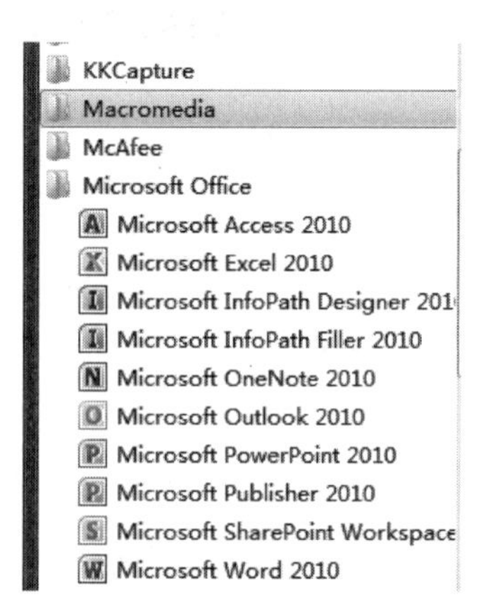

图 9-60 “开始”菜单

3. ASP+Access 简单应用

Microsoft Active Server Pages，即 ASP，是一套微软开发的服务器端脚本环境，通过 ASP 可以结合 HTML 网页、ASP 指令和 ActiveX 元件建立动态、交互且高效的 Web 服务器应用程序。有了 ASP 就不必担心浏览器是否能运行所编写的代码，因为所有的程序都将在服务器端执行，包括所有嵌在普通 HTML 中的脚本程序。当程序执行完毕后，服务器仅将执行的结果返回给客户浏览器，这样也就减轻了客户端浏览器的负担，大大提高了交互的速度。

利用 ASP 可以实现与 Access 数据库的连接，这里首先在站点目录下建立 data 文件夹，在文件夹内建立 Access 数据库 zygx.mdb。

在站点文件夹内建立 conn.asp 文件，conn.asp 文件是专门用来连接数据库的连接文件，其代码如下：

```
<%@ LANGUAGE = VBScript CodePage = 936 %>
<%
Option Explicit                       '强制声明模块中的所有变量
Response.Buffer = True                '指明输出页面是否被缓冲
Dim Conn,Startime                     '定义变量 Conn,Startime
Startime = Timer()                    '把当前时间赋给 Startime 变量
Sub ConnectionDatabase()              '定义函数 ConnectionDatabase()
Dim ConnStr,Db                        '定义变量 ConnStr,Db
Db = "Data/cmucc.mdb"                 '数据库路径
ConnStr = "Provider = Microsoft.Jet.OLEDB.4.0;Data Source = " & Server.MapPath(Db)
On Error Resume Next
Set Conn = Server.CreateObject("ADODB.Connection")
Conn.open ConnStr
If Err Then
    err.Clear
    Set Conn = Nothing
    Response.Write "数据库连接出错,请检查连接字串."
    Response.End
End If
End Sub
Sub CloseDatabase()
```

```
If IsObject(Conn) then
Conn.close
Set Conn = Nothing
End If
End Sub
%>
```

这样就建立了数据库连接文件,其他网页如果要连接数据库文件,只需在文件头部加入<!--#include file="Conn.asp"-->语句即可。

ASP+Access 可以实现网页与数据库的交互功能,本节仅引导读者了解动态网站的基本语法和构架,若想实现更多功能,需要读者不断地学习和练习。

本 章 小 结

随着互联网的发展,网站的功能也越来越丰富,本章从网站的规划与设计开始,由简入难地对静态网站的制作、动态网站的构建和基础应用进行了讲解,读者可以在掌握基础网页构建的基础上,应用网站模板,做出自己满意的作品。

【注释】

(1) ASP:是动态服务器页面(Active Server Pages)的英文缩写,是微软公司开发的代替 CGI 脚本程序的一种应用,可以与数据库和其他程序进行交互,是一种简单、方便的编程工具。ASP 的网页文件的格式是.asp。

(2) PHP:超文本预处理器(Hypertext Preprocessor)是一种通用开源脚本语言。语法吸收了 C 语言、Java 和 Perl 的特点,利于学习,使用广泛,主要适用于 Web 开发领域。PHP 独特的语法混合了 C、Java、Perl 以及 PHP 自创的语法。它可以比 CGI 或者 Perl 更快速地执行动态网页。用 PHP 做出的动态页面与其他的编程语言相比,PHP 是将程序嵌入到 HTML(标准通用标记语言下的一个应用)文档中去执行,执行效率比完全生成 HTML 标记的 CGI 要高许多;PHP 还可以执行编译后的代码,编译可以达到加密和优化代码运行,使代码运行更快。

(3) JSP:JSP 全名为 Java Server Pages,中文名叫 Java 服务器页面,其根本是一个简化的 Servlet 设计,它是由 Sun Microsystems 公司倡导、许多公司一起参与建立的一种动态网页技术标准。JSP 技术有点类似 ASP 技术,它是在传统的网页 HTML(标准通用标记语言的子集)文件(*.htm,*.html)中插入 Java 程序段(Scriptlet)和 JSP 标记(tag),从而形成 JSP 文件,后缀名为(*.jsp)。用 JSP 开发的 Web 应用是跨平台的,既能在 Linux 下运行,也能在其他操作系统上运行。

(4) ASP.NET:是.NET FrameWork 的一部分,是一项微软公司的技术,是一种使嵌入网页中的脚本可由因特网服务器执行的服务器端脚本技术,它可以在通过 HTTP 请求文档时再在 Web 服务器上动态创建它们。指 Active Server Pages,运行于 IIS(Internet Information Server 服务,是 Windows 开发的 Web 服务器)之中的程序。

(5) CSS:层叠样式表是一种用来表现 HTML(标准通用标记语言的一个应用)或 XML(标准通用标记语言的一个子集)等文件样式的计算机语言。

第10章 移动应用概论

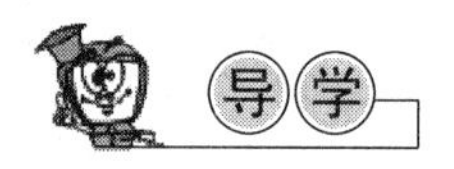

【内容与要求】

云计算时代的到来，硬件性能的提升，新技术的出现都是影响移动应用发展的重要因素。最近几年里，从不断增加的屏幕分辨率到64位处理器的出现再到支持所有平台开发的HTML5技术逐步成熟，使得移动应用飞速发展。

移动应用简介中介绍了App的相关内容，使读者了解App的应用现状、特点及目前存在的问题。掌握App的开发流程及目前流行的应用商店。

移动应用支撑软件HTML5的介绍中阐述了HTML5的特点、HTML5用于开发App的新特性，并以简单的实例带读者了解HTML5代码的编写方式。

App开发实例中，通过介绍Hbuilder软件的使用，引领读者开发简单的App，通过实例了解App开发的流程。

【重点、难点】

本章的重点在于移动应用App的概念及App的特点。本章的难点在于HTML5的熟练使用，了解HTML5的新特点并学会使用Hbuilder软件开发简单的App。

随着科技的发展，移动客户端的应用越来越多，功能也越来越强大。各大移动客户端厂商都在纷纷推出自己的应用商店，为用户提供更多的软件资源并鼓励开发人员制作出更加优秀的App来满足用户的需求。

10.1 移动应用简介

移动应用(Mobile Application，MA)的概念包含两个层面。一是广义移动应用，包含个人以及企业级应用。二是狭义移动应用，泛指企业级商务应用。

随着云计算时代的到来，在云端的移动应用越来越多。移动应用的服务性能最显著的特征就是在云端的精彩表现。以手机、平板电脑介质为代表的移动终端应用将为企业信息化带来巨大变革。移动应用的主角是手机，但并不是说只有手机上的应用才是移动应用。不同的场景下需要不同的移动终端。平板电脑、PDA、IC卡读取设备、条码阅读器等都可作为特殊场景下的移动应用设备。移动应用要想引人注目，其界面就必须注重可用性，使用时保持应用流畅也是非常重要的。

10.1.1 App 概述

App是应用程序(Application)的简称,由于智能手机的流行,App也指智能手机的第三方应用程序。

App软件开发指的是手机应用软件的开发与服务。App技术是对软件进行加速运算或进行大型科学运算的技术。同时,App技术还可以应用于移动互联网中。在移动时代的大背景下,个人应用率先走进云时代,基于云平台的企业App在移动互联网领域迎来了发展良机。

随着移动设备的快速崛起,随之而来的是App应用呈现爆发式增长。在新一轮的技术变革下,移动App成了人们的新宠儿,App正在对游戏、艺术品、零售、新闻媒介、旅游等行业产生深刻变革。而手机客户端软件,对于企业来说将会带来更大更强的潜能作用,企业在手机客户端里不仅可以发布该企业的产品、资讯活动和企业动态等信息,同时通过消息、评论、分享等消费者与商家的互动功能,加强商户与消费者的联系,拉近企业与个人用户的距离,从而扩大企业品牌的影响力。根据资料统计,从App类别分布可看出,应用数量最多的类别是书籍类(17%),这应该与书籍类应用的开发成本较低、可批量操作有关;居第二位的类别是游戏类(14%),毫无疑问,游戏是应用商店上最赚钱的应用类型,吸引了很多开发者;其他的如娱乐(11%)、教育、生活方式等也同样受到消费者的欢迎,如图10-1所示。

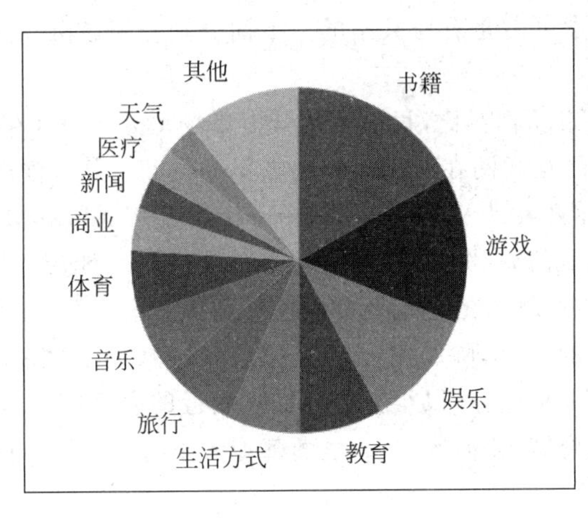

图10-1 App应用数量统计

10.1.2 App 的特点

移动App现在的发展可谓是如火如荼,市场份额也越来越大,商家对App的投入越来越多,人们对App也是越来越依赖。App具有以下特点。

(1) App用户增长速度快,拥有庞大的用户群,App用户每天都在增加,对于App开发市场来说提供了众多机会。

(2) App可整合LBS(基于位置服务)、QR(快速反应)、AR(增强现实)等新技术,带给用户前所未有的用户体验。

(3) App基于手机的便携性、互动性特点,容易通过微博、SNS(社交服务网络)等方式分享和传播,实现裂变式增长,手机虽然可能不是一个理想的游戏设备,但毕竟人们总是随身携带，这样手机游戏就成为了人们消遣时间的首选。

(4) App 的开发成本与传统营销手段相比，需要的投资成本更低，使低成本快速增长成为可能。

(5) 通过新技术以及数据分析，App 可实现精准定位企业目标用户。只要用户手机安装 App，企业即埋下一颗种子，可持续与用户保持联系。企业可以利用网站、微博、微信、移动客户端的特点，打通社会化营销渠道，提高品牌宣传的渗透度。通过二维码应用，实现从线下到线上的无缝连接。

开发的 App 还可以与第三方程序互联，一般是通过访问共同的数据库实现的，而所有程序的数据库不可能跟 App 程序一起装到移动客户端里，所以 App 程序需要开发一个服务器程序来连接数据库，即实现开发的 App 与第三方程序的互联。

10.1.3 App 发展现状及发展前景

一开始 App 只是作为一种第三方应用的合作形式参与到互联网商业活动中去的。随着互联网的开放化，众多的互联网商业巨头都纷纷看重 App，如淘宝开放平台、腾讯的微博开放平台、百度的百度应用平台都是 App 思想的具体表现，一方面可以积聚各种不同类型的网络受众群，另一方面可以借助 App 平台获取资源。据权威机构调查，现代人平均每天看手机次数约为 150 次，相当于每 6.5 分钟看一次手机。并且，随着智能手机用户数量的不断暴增，移动 App 的发展可谓是有目共睹的。下面分别介绍 App 发展现状及发展前景。

1. App 发展现状

与趋于成熟的美国市场相对比，目前我国开发市场正处于高速生长阶段，涌现出一批优秀的、致力于 App 开发的互联网在线传播解决方案提供商。其专注于手机应用软件的开发与推广，移动互联网应用开发涉及 iphone、Android、ipad、WindowsMobile 等系统平台，智能手机应用开发服务已涵盖商城、酒店、旅游、美容、汽车、医疗、地产、服装、传媒、娱乐、服务等产业，致力于为企业提供一站式的移动互联网应用解决方案。

例如一些餐饮行业的 App，除了发布产品信息等一系列基础功能之外，App 中加入的定位功能也是产品的一大特色，可以很方便地搜索附近的商家店铺，进行预约、订餐等功能。另外还有很多的企业如商城、旅游等 App 里面都加入了时下最流行的 App 推广方式。

2. App 发展前景

随着 App 爆发式的增长，其发展前景非常可观。在新一轮的技术变革下，App 手机客户端正对游戏、艺术品、零售、新闻媒介、旅游等行业产生深刻变革。在风起云涌的高科技时代，智能终端的普及不仅推动了移动互联网的发展，也带来了移动 App 的爆炸式增长。IDC（互联网数据中心）预测，手机应用程序下载量从 2010 年的 107 亿次增长至 2015 年的 1830 亿次左右，远超过之前所预测的 2016 年 440 亿次下载量。目前，智能手机操作系统有很多种，下面对常见的手机操作系统进行对比，如表 10-1 所示。

凭借便携、触屏、高清的丰富体验，以 iPhone 和 Android 为代表的手机移动设备正悄然改变着企业的商务运行。这使得原本定义为消费设备的产品逐渐也应用于商务领域，从而引发了企业级应用厂商把研发重点转移至移动应用平台，将 App 作为其提供推广品牌、接触消费者，甚至销售产品的渠道。App 的开发与推广成为了移动互联网行业的一个巨大的市场。

表 10-1　常见手机操作系统对比表

手机操作系统	系统名称	特　　点
苹果	iOS	类似 UNIX 的商业操作系统，内置 App 功能强大
安卓	Android	应用最多的开源手机操作系统，服务免费
微软	Windowsphone	界面和操作都和 PC 上的 Windows 十分接近
塞班	Symbian	实时性、多任务、功耗低、内存占用少，目前使用较少

目前国内的 App 客户端在商业上的运用已经十分普遍，但 App 行业内部存在很多不规范的地方，部分 App 会在用户不知情的情况下"越权"收集、窃取用户隐私。其中包括通讯录、地理位置信息，甚至将用户名和密码以明文形式传送，少数品牌手机的预装软件也是如此。另外，一些 App 应用的恶意收费也是特别让人心烦的事情，需要多加提防。所以，提醒大家在享受 App 便利的同时，一定要到优质的资源平台下载，以免出现不必要的麻烦。

10.1.4　App 的开发流程

现在 App 开发主要是微信公众平台开发和客户端开发两种模式，微信公众平台开发相对简单，流程短，但是是在微信中进行开发，功能受限；客户端开发正好与之相反，客户端现在主要分为 Android 和 iOS 两种，开发者选择的开发平台也多种多样。下面概要介绍 App 的开发流程。

(1) 确定用途。制作一款 App，必须首先确定其主要用途。

(2) 规划 App 具体功能及界面设计。进行 App 的主要功能模块的设计以及界面构思和设计。

(3) 功能模块代码编写以及界面模块代码编写。在界面模块代码编写之前，开发者可以在模拟器中做功能模块的开发。在功能模块开发的过程中要注意内存的使用，这也是在 iOS 开发上一直秉承的重要的思维。

(4) 移动应用程序测试。制作完成后，要进行试用和体验，然后根据情况进行修改。

(5) 打包，发布。在 App 打包完成后，选择平台上传。可以选择投资宣传，扩大影响力，增大受众群。

人们可以在各个应用市场下载 App，假如你是开发者，你也可以利用各个公司发布的软件开发工具包进行 App 的开发，然后将你开发出的 App 提交到各个 App 应用商店供别人下载，可以通过收费下载、在开发的游戏中出售道具，或者在 App 里面放置广告来盈利。

10.1.5　App 应用商店介绍

应用商店其本质上是一个平台，用以展示、下载手机适用的应用软件。App 应用商店的意义在于为第三方软件的开发者提供了方便而又高效的软件销售平台，使开发人员带着饱满的热情积极参与第三方软件的研发，这样使手机用户们对个性化软件的需求得到满足，从而使手机软件开发行业进入一个高速、良性发展的轨道。

比较著名的 App 商店有苹果的 iTunes 商店，安卓的 Android Market，诺基亚的 Ovi Store，还有黑莓的 BlackBerry App World 以及微软的应用商城。下面介绍几个常用的 App 应用商店。

1. 木蚂蚁应用市场

木蚂蚁应用市场是专注于Android应用下载和分享的平台，以及应用开发的网络平台。木蚂蚁应用市场收录万余款适合用户的应用以及游戏，其中热门的游戏有愤怒的小鸟、机器人科迪、天域OL、水果忍者、会说话的Tom猫、游击队鲍勃等游戏。热门的应用有UC浏览器、手机QQ、360安全卫士、条码扫描器等。在木蚂蚁应用市场每天都能看到近百款的应用游戏更新以及大量创作者向木蚂蚁提交收录请求。

2. 安智市场

安智市场是一款基于Android平台的应用程序分享平台应用客户端，是安智网针对中国用户的习惯和喜好开发的安卓软件市场，为国内安卓用户提供免费的App下载服务。

3. 苹果 App Store

App Store是iTunes Store中的一部分，是iPhone、iPod Touch、iPad以及Mac的服务软件，允许用户从iTunes Store或Mac App Store浏览和下载一些为iPhone SDK或Mac开发的应用程序。用户可以购买收费项目和免费项目，让该应用程序直接下载到iPhone或iPod touch、iPad、Mac。其中包含游戏、日历、翻译程式、图库，以及许多实用的软件。App Store的LOGO如图10-2所示。

4. 安卓市场

安卓市场(HiMarket)是中国国内最早最大的安卓软件和游戏下载平台，为百度91无线旗下知名产品(2013年被百度以19亿美元收购)，为用户提供良好的手机软件服务。自2009年9月29日面世起，该产品致力于为广大安卓爱好者提供最全面、最快捷的软件、游戏下载服务。经过创新研发、精心耕耘，安卓市场上拥有最为丰富的应用种类，平均每日应用下载量高达几千万次，已发展为中国国内最大的拥有手机客户端、平板客户端、网页端和PC客户端(内置于91助手中)全方位下载渠道的应用市场。安卓的LOGO如图10-3所示。

图10-2　App Store的LOGO

图10-3　安卓市场的LOGO

10.2　移动应用支撑软件HTML5介绍

移动应用支撑软件HTML5最主要的特点在于它强化了Web网页的表现性能，追加了本地数据库等Web应用的功能。以下从HTML5发展历史、编码特性和开发移动WebApp新特性三方面进行介绍。

10.2.1 HTML5 发展历史及特点

HTML5 是万维网的核心语言，是标准通用标记语言下的一个应用超文本标记语言(HTML)的第 5 次重大修改。HTML5 是 W3C(World Wide Web Consortium，万维网联盟)与 WHATWG(Web Hypertext Application Technology Working Group)合作推出的语言。WHATWG 致力于 Web 表单和应用程序，而 W3C 专注于 XHTML 2.0。在 2006 年，双方决定进行合作，来创建一个新版本的 HTML。2014 年 10 月 29 日，万维网联盟宣布，经过接近 8 年的艰苦努力，该标准规范终于制定完成。HTML5 的 LOGO 如图 10-4 所示。

以下从 HTML5 的设计目的及编码特点两方面进行介绍。

图 10-4　HTML5 的 LOGO

1. HTML5 设计目的

HTML5 的设计目的是为了在移动设备上支持多媒体，它最大的优势就是可以在网页上直接调试和修改。早期应用的开发人员可能需要不断地重复编码、调试和运行才能达到 HTML5 的效果。目前有许多手机杂志客户端是基于 HTML5 标准的，开发人员可以轻松调试修改。目前大部分现代浏览器都可以支持 HTML5，支持 HTML5 的国外浏览器包括 Firefox(火狐浏览器)、IE9 及其更高版本、Chrome(谷歌浏览器)、Safari、Opera 等；国内浏览器包括遨游浏览器(Maxthon)、360 浏览器、搜狗浏览器、QQ 浏览器、猎豹浏览器等。

期待 HTML5 标准能在互联网应用迅速发展的时候，使网络标准符合当代的网络需求，为桌面和移动平台带来无缝衔接的丰富内容。

2. HTML5 编码特点

(1) 用于媒介回放的视频和音频元素。

HTML5 中提供了<audio>标签，解决了以往必须依靠第三方插件才能播放音频文件的问题，代码如下：

```
<audio controls = "controls" autoplay = "autoplay">
<source src = "file.ogg" />
<source src = "file.mp3" />
<a href = "file.mp3"> Download this file.</a>
</audio>
```

(2) 新的特殊内容元素，如 article、footer、header、nav、section 等。以往编写代码时，我们都会给 header 和 footer 定义一个 div，然后再添加一个 id，代码如下：

```
<div id = header>
...
</div>
<div id = footer>
...
</div>
```

但是在 HTML5 中可以直接使用<header>和<footer>标签，所以可以将上面的代码改写成：

```
<header>
...
</header>
<footer>
...
</footer>
```

(3) 简洁的语义化标记，例如新的 DOCTYPE 声明。

早期版本 XHTML 的声明如下：

```
<!DOCTYPE html PUBLIC "-//W3C//DTD XHTML 1.0 Transitional//EN""http://www.w3.org/TR/xhtml1/DTD/xhtml1-transitional.dtd">
```

而 HTML5 的 DOCTYPE 声明很短：

```
<!DOCTYPE html>
```

<!DOCTYPE>声明必须位于 HTML5 文档中的第一行，也就是位于<html>标签之前。它告诉浏览器网页所使用的 HTML 规范是什么。另一方面，HTML5 对头部信息<meta>的相关内容也有很大优化，例如定义文档的字符编码，在 HTML4.01 中定义的方法很长：

```
<meta http-equiv="content-type" content="text/html; charset=utf-8">
```

在 HTML5 中，有这样一小段就够了：

```
<meta charset="utf-8">
```

优化后的这些代码非常简洁、短小精悍并且言简意赅，开发者可以随时将它的写法记在心中，方便手写代码。

10.2.2 开发移动 App 新特性

App 的实现基础是 HTML5，大多数 App 的开发过程要基于浏览器。而 App 里面最重要的一个分享功能是基于网页形式的，所以我们要更深入地了解 HTML5 的特性，才能在开发和设计 App 的时候，更好地应用 HTML5 设计出优秀的 App。HTML5 适合进行移动 App 开发的特性有以下几点。

1. 用于绘画的画布元素

画布(Canvas)是一个矩形区域，我们可以控制其中每一个像素。使用 Canvas 可以简单绘制热点图，收集用户体验资料，它拥有多种绘制路径、矩形、圆形、字符以及添加图像的方法，而且也支持 2D 和 3D。

2. 稳定的数据存储，更好地支持本地离线存储

HTML5 的本地存储功能可以让浏览器对用户输入的内容具有记忆功能，就算浏览器关闭和刷新也不会受影响。HTML5 中的 WebStorage 分为两种：sessionStorage 和 localStorage，其中 sessionStorage 将数据保存在 session 中，浏览器关闭，数据被清空；而

localStorage 则一直将数据保存在客户端本地，所以开发人员设计时应注意及时让用户下载离线缓存。基于 HTML5 开发的网页 App 拥有更短的启动时间、更快的联网速度，这些全得益于 HTML5 App Cache 以及本地存储功能。

3. 灵活的地理位置定位

使用 HTML5 可以灵活地进行定位或导航，而不必使用专业的导航软件。使用地图不用耗费流量和时间下载大地图包，可以通过缓存随时使用随时下载，更灵活地解决这个问题。

4. 更多的交互方式

HTML5 具有更丰富的互动能力可以提升用户体验，如在页面上可以方便地进行拖曳、撤销历史操作、文本选择等操作。

5. 开发及维护成本低

HTML5 使页面变得更小，用户在使用时可以省流量，同时耗电量更低；升级时更加方便，打开即可使用最新版本，免去重新下载升级包的麻烦，所以需要投入的开发及维护成本较低。

6. 设备兼容特性

自从 Geolocation 功能的 API 文档公开以来，HTML5 为网页应用开发者们提供了更多功能上的优化选择，带来了更多体验功能的优势。HTML5 提供了前所未有的数据与应用接入开放接口，使外部应用可以直接与浏览器内部的数据相连，例如视频影音可直接与 microphones 及摄像头相连。

7. 连接特性

HTML5 拥有更有效的服务器推送技术，Server-Sent Event 和 WebSockets 就是其中的两个特性，这两个特性能够帮助我们实现服务器将数据“推送”到客户端的功能。能够提升连接工作效率，使得基于页面的实时聊天、更快速的网页游戏体验、更优化的在线交流得到了良好的实现。

8. 性能与集成特性

没有用户会永远等待页面的 Loading，HTML5 可以通过 XMLHttpRequest2 等技术，帮助开发的 Web 应用和网站在多样化的环境中更快速地工作。

9. CSS3 特性

基于 SVG、Canvas、WebGL 及 CSS3 的 3D 功能，用户会惊叹于在浏览器中所呈现的三维视觉效果。在不牺牲性能和语义结构的前提下，CSS3 中提供了更多的风格和更强的效果。此外，较之以前的 Web 排版，Web 的开放字体格式也提供了更高的灵活性和控制性。

HTML5 能够赋予网页更好的意义和结构，丰富的标签能够给微数据提供更好的支持，构建对程序、用户都更有价值的数据驱动页面。HTML5 是以往所有 HTML 的最高级版本，它让网页制作从布局到细节处理都更加灵活，可以创建更好网页结构，拥有更加丰富的标签，对媒体播放、编辑、存储等有更好的支持方式、兼容性更强。其强大的兼容性可以做到经过一次设计，就能兼容许多大小不一的显示设备（如手机、平板电脑），这样就解决了开发过程中需要针对不同的屏幕，开发不同大小界面的问题。

10.2.3 HTML5 简单实例

在本节中，我们将引入实例来了解 HTML5 的操作流程，学习 HTML5 要讲究循序渐进，先把基础打牢，然后进阶与项目相结合，积累经验，才可以做出满意的作品。

HTML5 开发工具的实质就是用来制作网页的软件应用，专业的 HTML5 开发工具可以为开发者提供很大的方便，很多的 HTML5 开发工具不仅仅服务于 HTML5，同时也服务于一些相关语言如 CSS、JavaScript 和 XML 等。下面介绍几款目前常见的 HTML5 开发工具。

1. Aptana Studio 3

Aptana 是一个开源的开发工具，支持开放的 Web 开发。开发者可以使用单一的设置来测试他们的 Web 应用程序。Aptana 支持大多数现代浏览器技术。

2. BlueGriffon

BlueGriffon 提供所见即所得的内容编辑，可以免费下载使用，它同时支持多平台操作。用户可以很容易地制作网页和工艺精细的 UI 用户界面。

3. Maqetta

Maqetta 作为一个开源项目同时也是一个 HTML5 的编辑器。它的功能强大，包括开发和设计工作流、网页可视编辑、拖曳式移动 UI 设计、设计或源码浏览同步编辑等。

4. Webstorm 10

Webstorm 10 具有强大的智能提示功能，还可以进行代码检测、快速修改和代码的智能重构。

5. Dreamweaver CS5

Dreamweaver CS5 作为一个功能全面的编辑器，提供多屏幕预览功能，通过拆分窗口同时看到代码和设计页面，轻松实现所见即所得功能。

本书介绍实例应用时，选择 Dreamweaver CS5 作为开发工具。下面我们来学习如何编写简单的 Web 页面。

【例 10-1】 检测浏览器。

在进行 Web 页面编写前，首先要检测浏览器是否支持 HTML5。

操作步骤如下。

(1) 首先打开 Dreamweaver CS5，在新建页面的代码窗口输入如下代码：

```
<! DOCTYPE html PUBLIC " - //W3C//DTD XHTML 1.0 Transitional//EN" " http://www.w3.org/TR/
xhtml1/DTD/xhtml1 - transitional.dtd">
< html xmlns = "http://www.w3.org/1999/xhtml">
<! -- 声明 -- >
< head >
< meta http - equiv = "Content - Type" content = "text/html; charset = utf - 8" />
< title>检测浏览器是否支持 HTML5 </title >
</head >
< body style = "font - size:13px">
< canvas id = "mycanvas" width = "200" height = "100"
style = "border:2px solid# ccc;background - color: # eee">
该浏览器不支持
</canvas >
<! -- 加入画布 -- >
</body >
</html >
```

(2) 然后保存网页,分别用不同的浏览器打开,在浏览器中显示出画布即可验证该浏览器支持 HTML5。如图 10-5 所示,使用 360 浏览器可以看到画布范围。

图 10-5 验证浏览器是否支持 HTML5

【例 10-2】 编写简单的 Web 页面。

操作步骤如下。

(1) 新建页面,切换到代码窗口,输入如下代码:

```
<! DOCTYPE html >
<! -- 声明 -- >
< metacharset = "utf - 8"/>
<! -- 编码格式为 utf - 8 -- >
< title >第一次 HTML5 测试</title >
<! -- 标题 -- >
< p >我的第一个 HTML5 页面.</p >
<! -- 段落 -- >
```

(2) 在设计页面即可看到效果,如图 10-6 所示,由此代码可以看出 HTML5 的代码更加简洁易懂。

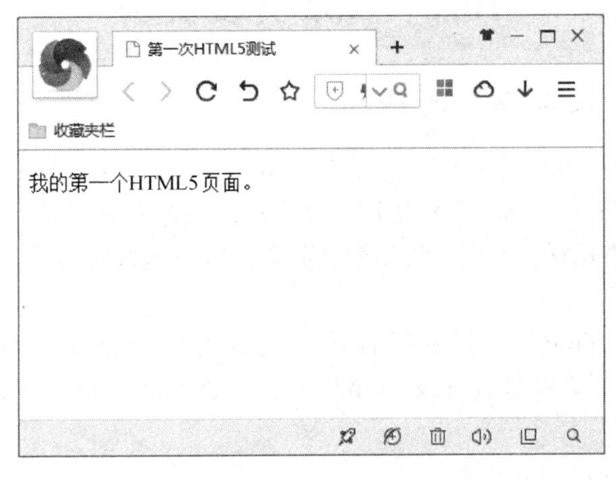

图 10-6 第一个 HTML5 页面

【例 10-3】 日期查看器。

操作步骤如下。

(1) 新建页面,切换到代码窗口,输入如下代码:

```
<!DOCTYPE HTML>
<html>
<body>
<form action = "/example/html5/demo_form.asp" method = "get">
Date: <input type = "date" name = "user_date" />
<!-- 表单的应用 -->
<input type = "submit" />
</form>
</body>
</html>
```

(2) 在设计页面即可看到效果,如图 10-7 所示,可以查看日期或进行日期的选择。

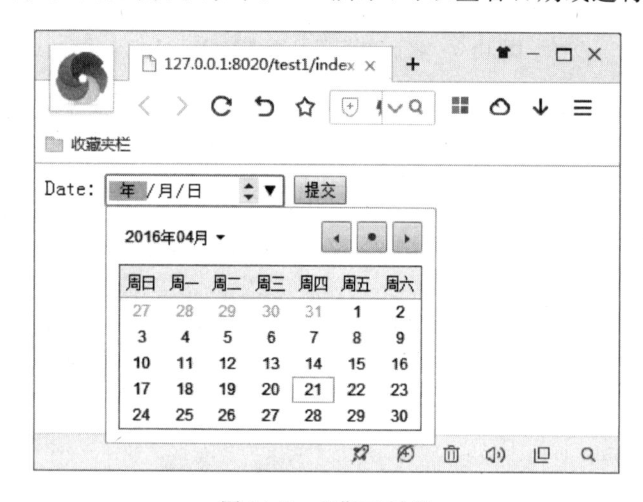

图 10-7 日期查看器

10.3 App 开发实例

10.3.1 App 开发工具的选择

目前国内外已经有很多基于 HTML5 的 WebApp 开发工具,你只需要一些 HTML5 的相关知识,懂一些 CSS 和 JavaScript,运用工具中所提供的各种丰富的功能模块,便可在很短时间内完成 App 的开发。下面介绍几款目前常见的 WebApp 开发工具。

1. Appcelerator

Appcelerator 的 Titanium 开发平台使开发者可以通过 HTML、PHP、JavaScript、Ruby、Python 等 Web 编程语言开发 App。App 的数据既可存储在云端,也可存储在设备上。

2. PhoneGap

PhoneGap 是一个免费且开源的开发环境,其使用的是 HTML 和 JavaScript 等标准的

Web 开发语言。开发者使用 PhoneGap 进行开发,可调用 GPS/定位、照相机、声音等功能。

3. HBuilder

HBuilder 是 DCloud(数字天堂)推出的一款支持 HTML5 的 Web 集成开发环境。HBuilder 的最大优势是速度快,通过完整的语法提示和代码输入法、代码块等,大幅提升开发效率。具有最全的 HTML5 及浏览器扩展前缀语法库、强大的语法解析引擎,使得开发者可以准确、高效地编写 HTML5 代码。

合理地使用工具会让开发效率大大提升,甚至达到事半功倍的效果,我们可以根据自己的操作习惯进行工具的选择。本书介绍实例应用时,选择 HBuilder 作为开发工具。

10.3.2 HBuilder 的特点

HBuilder 顾名思义是为 HTML 设计的,它能够良好地支持手机 App 开发,包括新建移动 App 项目、Run in Device 真机调试、本地及云端打包等功能。下面介绍 HBuilder 的特点。

(1) 编码速度快。

(2) 代码输入法: 按下数字快速选择候选项。

(3) 可编程代码块: 一个代码块,少敲 50 个按键。

(4) 内置 emmet: Tab 一下生成一串代码。

(5) 无死角提示: 除了语法,还能提示 ID、Class、图片、链接、字体等。

(6) 具备跳转助手、选择助手,操作时可以不用鼠标,手不离键盘,提升操作速度。

(7) 多种语言支持: PHP、JSP、Ruby、Python、Nodejs 等 Web 语言,Less、Coffee 等编译型语言均支持。

(8) 边改边看: 一边写代码,一边看效果,所见即所得。

(9) 强悍的转到定义和一键搜索。

(10) 最全的语法库、最全的语法浏览器兼容库。

更值得一提的是,在登录时 Hbuilder 会人性化生成适合用户视觉的柔绿色色彩主题。经视觉疲劳实验,参与实验的程序员在充分休息后,分别使用绿柔和黑色主题的编程工具进行编码半小时,并监测脑电波的数据变化。通过对实验者的脑电波产生的 17 万条数据的分析,利用医院仪器打印出的疲劳值、紧张度和注意力集中程度数值,实验后测试者的疲劳度均上升,但使用绿柔工作的程序员疲劳值上升相对缓慢、紧张程度最低、注意力最集中。使用黑色主题编码后疲劳值的上升幅度最高达到使用绿柔上升幅度的 700%。

10.3.3 制作简单的 App

随着移动互联网的不断发展,人们对于移动客户端的需求越来越多,进入这个新兴市场开发 App 的设计人员也越来越多,从而导致应用市场中 App 的竞争越发激烈。而对于如何将自己的 App 营销好,就成为众多开发者的难题。在本节中,我们的目标是打好基础,首先学会如何使用 HBuilder 软件制作简单的 App 并能够在移动端显示及打包下载。

【例 10-4】 制作简单 App。

操作步骤如下:

(1) 打开 Hbuilder,注册用户并登录。

(2) 新建项目，选择“新建移动 App”。修改窗口的设置，如图 10-8 所示。

图 10-8 “创建移动 App”窗口

(3) 更改新建项目中的 index. htm 页面的代码，如下所示：

```
<! DOCTYPE html >
< html >
< head >
< meta charset = "utf - 8">
< meta name = "viewport" content = "width = device - width, initial - scale = 1, minimum - scale = 1,
maximum - scale = 1, user - scalable = no" />
< title ></title >
< scriptsrc = "js/mui. min. js"></script >
< link href = "css/mui. min. css" rel = "stylesheet"/>
< script type = "text/javascript" charset = "utf - 8">
mui. init();
</script >
<! -- < script >标签用于定义客户端脚本，如 JavaScript; 又可通过 src 属性指向外部脚本文件.
JavaScript 通常的用途是图像操作、表单验证以及内容动态更改. -->
</head >
< body >
< div data - role = "page">
< div data - role = "header">
< h1 >我的第一个移动 App </h1 >
</div >
<! -- 为 HTML 文档内大块(block - level)的内容提供结构和背景的元素 -->
< div role = "main" class = "ui - content">
```

```
<p>我最喜欢的是</p>
<form>
<fieldset data-role="controlgroup">
<label>
<input type="radio" name="radio-choice-v-2" value="one" checked="checked">我的音乐
</label>
<label>
<input type="radio" name="radio-choice-v-2" value="two">我的相册
</label>
<label>
<input type="radio" name="radio-choice-v-2" value="three">我的感悟
</label>
</fieldset>
</form>
</div>
<div data-role="footer">
<h4>欢迎使用</h4>
</div>
</div>
</body>
</html>
```

(4) 开始调试(以 Android 为例),首先连接手机(需要注意的是手机需要开启开发者模式),然后选择“运行”→“手机运行”→“在自己的设备上运行”,就可以在手机上看到效果了,如图 10-9 所示。

图 10-9 App 范例运行界面

(5) 打包在 Hbuilder 中发行,App 打包,然后交给云端去打包,打包好后会自动下载,保存为 test1. Apk。

这样,我们第一个简单的 App 就制作完成了。在今后的学习过程中还要多实践多应用才能给用户更好的 App 体验。

本 章 小 结

本章主要介绍了移动应用相关的技术。移动应用技术已经与各行各业结合实现了广泛的应用和快速发展。我们了解移动应用相关技术的原理,更利于我们今后开发或选择使用更适合我们的移动 App。

【注释】

(1) 移动终端：移动终端或者叫移动通信终端，是指可以在移动中使用的计算机设备，广义的移动终端包括手机、笔记本、平板电脑、POS机甚至包括车载电脑。

(2) PDA：PDA(Personal Digital Assistant)，又称为掌上电脑，可以帮助我们完成在移动中工作、学习、娱乐等。按使用来分类，分为工业级PDA和消费品PDA。

(3) IC卡：IC卡(Integrated Circuit Card，集成电路卡)，也称智能卡(Smart Card)、智慧卡(Intelligent Card)、微电路卡(Microcircuit Card)或微芯片卡等。它是将一个微电子芯片嵌入符合ISO 7816标准的卡基中，做成卡片形式。IC卡与读写器之间的通信方式可以是接触式，也可以是非接触式。根据通信接口把IC卡分成接触式IC卡、非接触式IC和双界面卡(同时具备接触式与非接触式通信接口)。

(4) 条码阅读器：它是用于读取条码所包含信息的阅读设备，利用光学原理，把条形码的内容解码后通过数据线或者无线的方式传输到计算机或者别的设备，广泛应用于超市、物流快递、图书馆等扫描商品、单据的条码。

(5) LBS：基于位置的服务，它是通过电信移动运营商的无线电通信网络(如GSM网、CDMA网)或外部定位方式(如GPS)获取移动终端用户的位置信息(地理坐标或大地坐标)，在地理信息系统(Geographic Information System，GIS)平台的支持下，为用户提供相应服务的一种增值业务。

(6) QR：Quick Response，即快速反应。QR是供应链管理中的术语，指通过共享信息资源建立一个快速供应体系来实现销售额增长，以达到顾客服务的最大化及库存量、商品缺货、商品风险和减价最小化的目的。

(7) SNS：专指社交网络服务，包括社交软件和社交网站，也指社交现有已成熟普及的信息载体，如短信SMS服务。SNS的另一种常用解释是Social Network Site，即"社交网站"或"社交网"。SNS也指Social Network Software，即社交网络软件，是一个采用分布式技术，通俗地说是采用P2P(Peer to Peer)技术构建的下一代基于个人的网络基础软件。

(8) IDC：IDC为互联网内容提供商(ICP)、企业、媒体和各类网站提供大规模、高质量、安全可靠的专业化服务器托管、空间租用、网络批发带宽以及ASP、EC等业务。IDC是对入驻(Hosting)企业、商户或网站服务器群托管的场所，是各种模式电子商务赖以安全运作的基础设施，也是支持企业及其商业联盟(其分销商、供应商、客户等)实施价值链管理的平台。

(9) 明文形式：一般是指密码在经过人工加密后，所传输的直接信息被加密，称为"密文"。而接收方通过共同的密码破译方法将其破译解读为直接的文字或可直接理解的信息，称为"明文"。

(10) 模拟器：仿真器，或模拟器(emulator、simulator)，根据此原理制作的软件又可称为模拟程序，是指主要透过软件模拟硬件处理器的功能和指令系统的程序使计算机或者其他多媒体平台(掌上电脑，手机)能够运行其他平台上的软件。

(11) 微数据：微数据的数据结构可以以单元形式或结构型数据形式存储。

(12) iTunes Store：iTunes Store是一个由苹果公司营运的音乐商店，需要使用iTunes

软件连接。在 2003 年 4 月 28 日开幕，证明了经由网络销售音乐的可能性。

（13）iPod touch：iPod touch 是一款由苹果公司推出的便携式移动产品。第一代 iPod touch 在 2007 年 9 月 5 日举行的 The Beat Goes On 产品发表会中公开，属于 iPod 系列的分支。iPod touch 可以比喻成 iPhone 的精简版，但造型却更加轻薄，彻底改变了人们的娱乐方式。

（14）WebStorage：HTML5 中给出的较为理想的客户端存储解决方案。

（15）sessionStorag：用于本地存储一个会话（session）中的数据，这些数据只有在同一个会话中的页面才能访问并且当会话结束后数据也随之销毁。因此 sessionStorage 不是一种持久化的本地存储，仅仅是会话级别的存储。

（16）localStorage：用于持久化的本地存储，除非主动删除数据，否则数据是永远不会过期的。

（17）HTML5 App cache：App 的缓存技术。

（18）Geolocation：Geolocation 是一个基于地理位置的应用。

（19）Server-Sent Event：服务器发送事件。

（20）WebSocket：WebSocket Protocol 是 HTML5 一种新的协议。它实现了浏览器与服务器全双工通信（full-duplex）。一开始的握手需要借助 HTTP 请求完成。

（21）XMLHttpRequest：XMLHttpRequest 是一个 JavaScript 对象，它最初由微软设计，随后被 Mozilla、Apple 和 Google 采纳。如今，该对象已经被 W3C 组织标准化。通过它，可以很容易地取回一个 URL 上的资源数据。尽管名字里有 XML，但 XMLHttpRequest 可以取回所有类型的数据资源，并不局限于 XML。而且除了 HTTP，它还支持 File 和 Ftp 协议。

（22）SVG：可缩放矢量图形是基于可扩展标记语言（标准通用标记语言的子集），用于描述二维矢量图形的一种图形格式。它由万维网联盟制定，是一个开放标准。

（23）WEBGL：WebGL 是一种 3D 绘图标准，这种绘图技术标准允许把 JavaScript 和 OpenGL ES 2.0 结合在一起，通过增加 OpenGL ES 2.0 的一个 JavaScript 绑定，WebGL 可以为 HTML5 Canvas 提供硬件 3D 加速渲染，这样 Web 开发人员就可以借助系统显卡来在浏览器里更流畅地展示 3D 场景和模型，还能创建复杂的导航和数据视觉化。显然，WebGL 技术标准免去了开发网页专用渲染插件的麻烦，可被用于创建具有复杂 3D 结构的网站页面，甚至可以用来设计 3D 网页游戏等。

参考文献

[1] 娄岩. 医学计算机与信息技术应用基础[M]. 北京：清华大学出版社，2015.

[2] 娄岩. 医学虚拟现实技术与应用[M]. 北京：科学出版社，2015.

[3] 娄岩. 医学大数据挖掘与应用[M]. 北京：科学出版社，2015.

[4] 中国机床商务网. http://www.jc35.com/news/detail/48130.html.

[5] 石志国，王志良，丁大伟. 物联网技术与应用[M]. 北京：清华大学出版社，2012.

[6] 娄岩，郑璐等. Visual FoxPro 通用教程.[M]. 北京：人民卫生出版社，2015.

[7] 王珊，萨师煊等. 数据库系统概论.[M]. 北京：高等教育出版社，2014.

[8] 陈志泊. 数据库原理及应用教程.[M]. 北京：人民邮电出版社，2014.

[9] 施琦，王涌天，陈靖. 一种基于视觉的增强现实三维注册算法[J]. 中国图像图形学报，2002，7(7).

[10] 李文霞，司占军，顾翀. 浅谈增强现实技术[J]. 电脑知识与技术，2013(28)：6411-6414.

[11] Azuma R T. A survey of augmented reality, " Presence: Teleoperators and virtual environments[J]. Presence Teleoperators & Virtual Environments, 1997, 6(4): 355-385.

[12] 杜彪. 分布式虚拟现实平台关键技术研究与实现[D]. 电子科技大学，2014.

[13] CSDN 问卷调查：云时代数据分析成企业竞争利器[OL]. http://www.educity.cn/ei/1338180.html，2014.

[14] 刘朝阳. 二十大数据可视化工具点评[OL]. http://www.ctocio.com/hotnews/8874.html，2012.

[15] 高汉松，肖凌，许德玮，桑梓勤，等. 基于云计算的医疗大数据挖掘平台 [J]. 中国数字医学，2013，05：7-12.

[16] Wegscheider K, KochU. Health care research: potential beneficiaryof big data[J]. BUNDESGESUNDHEITSBLATT-GESUNDHEITSFORSCHUNG-GESUNDHEITSSCHUTZ, 2015, 58 (8): 806-812.

[17] SimpaoAF, Ahumada LM, Galvez JA, 等. A Review of Analytics and Clinical Informatics in Health Care[J]. JOURNAL OF MEDICAL SYSTEMS, 2014, 38(4): 45.

[18] Ozminkowski RJ, Wells TS, Hawkins K, 等. Big Data, Little Data, and Care Coordination for Medicare Beneficiaries with Medigap Coverage[J]. BIG DATA, 2015, 3(2): 114-125.

[19] DivakarM, Shrikant K. 理解大数据解决方案的架构层[OL]，http://kb.cnblogs.com/page/510980.html，2014.

[20] Shweta Jain. 大数据分类和架构简介[OL]. http://www.ibm.com/developerworks/cn/data/library/bd-archpatterns1/index.html，2014.

[21] 全面解析互动投影系统的原理及其应用[EB/OL]. http://tech.hexun.com/2014-07-17/166725404.html，2014-07-17.

[22] 王庆荣. 多媒体技术[M]. 北京：交通大学出版社. 2012.

[23] 林福宗. 多媒体技术基础(第 3 版)[M]. 北京：清华大学出版社. 2009.

[24] 李泽年等著，史元春等译. 多媒体技术教程[M]. 2007.

[25] 张琰. 探索多媒体技术发展[J]. 电脑编程技巧与维护. 2015(01).

[26] 徐俊华. 浅析多媒体技术的发展与应用[J]. 科技创新与应用. 2014(26).

[27] 高艳艳. 利用 photoshop 为图片添加倒影和投影[J]. 农村青少年科学探究. 2016(C1)：82.

[28] 赵颖，张忠琼，李东翔. photoshop 软件在图像处理中的技巧探析[J]. 数字技术与应用. 2016(1)：226.

[29] 张恣宽. Photoshop CC 数码色彩的变幻(1)制作的《巢湖夕照》[J]. 照相机. 2016(1): 74-76.

[30] 耿洪杰. PHOTOSHOP 创意摄影后期调色经典案例之 24 画笔妙用打造绝美如诗[J]. 照相机. 2016(1): 69-73.

[31] 张恣宽. Photoshop 的混合模式(6)亮光模式混合的《古生物化石博物馆》[J]. 摄影与摄像. 2016(2): 126-129.

[32] 耿洪杰. PHOTOSHOP 创意摄影后期调色经典案例之 25 光影重塑成就车展魅力[J]. 照相机. 2016(2): 75-77.

[33] 张恣宽. Photoshop 的混合模式(5)用"线性减淡"模式制作雪景效果的《茶园》[J]. 摄影与摄像. 2016(1): 114-117.

[34] 孙俊丽. Photoshop 画笔工具介绍[J]. 考试周刊. 2016(5): 103.

[35] 孙俊丽. Photoshop 图层操作技巧介绍[J]. 考试周刊. 2016(6): 112.

[36] 孙俊丽. 浅谈 Photoshop 的图层混合模式[J]. 考试周刊. 2016(7): 115.

[37] 申冉, 陈威, 姜雪. Photoshop CS6 的色彩管理方案[J]. 广东印刷. 2016(1): 31-33.

[38] 隋春荣等编著. Photoshop 平面图像处理基础教程[M]. 北京: 清华大学出版社. 2016.

[39] 何欣, 郝建华, 刘玉平. Adobe Dreamweaver CS5 网页设计与制作技能基础教程[M]. 北京: 科学出版社, 2013.

[40] 文杰书院. Dreamweaver CS5 网页设计与制作基础教程[M]. 北京: 清华大学出版社, 2012.

[41] 杨阳. Dreamweaver CS5.5 中文版完全自学手册[M]. 北京: 机械工业出版社, 2012.

[42] 九州书源. Dreamweaver CS5 网页制作[M]. 北京: 清华大学出版社, 2011.

[43] 唯美科技工作室. 完全实例自学 Dreamweaver CS5+ASP+Access 动态网页制作[M]. 北京: 机械工业出版社, 2012.

[44] 陶国荣. HTML5 实战[M]. 北京: 机械工业出版社, 2011, 1-100.

[45] 武佳佳, 王建忠. 基于 HTML5 实现智能手机跨平台应用开发. [J]. 软件导刊, . 2013, (2).

[46] 彭鑫, 谭彰, 黄文君, 王兴华. 基于 Android 的工业控制监控软件设计[J]. 新型工业化, 2012, (5).

[47] 黄文雄. 面向 Android 应用的用户行为分析方法[J]. 软件, 2014, (12).

[48] 张景安, 张杰, 卫泽丹. Android 移动端浏览器的设计与开发[J]. 软件, 2014, (8).

[49] 李超. HTML 5 中视频和音频核心事件的相关研究. [J]. 软件, 2013, (7).

[50] 我爱电脑网. http://www.woaidiannao.com/html/jcjc/jsjjbyl/5525.html. 2016 年 4 月 20 日.

[51] 百度百科. http://baike.baidu.com/link?url = v_fS6-9Z1bbwel7aflh4T4sNJAnRfUwxxfInyoKMAKIdoYtGy7eO-iXRnNJ-UP_dGaBUvLiKjO-X5Apg-O4KD95HfcNd_bRE251tf26U0Ai#2. 2016 年 4 月 21 日.

[52] 朱春雷. Unix 操作系统的入门与基础[EB/OL]. [2005-10-10]. http://dev2dev.cnblogs.com/archive/2005/10/10/251894.aspx.

[53] 百度百科. http://baike.baidu.com/link?url=hHHItOJvPI3PzHOGQHhPmSas6LvZ_4PXDzMOpU6mFdA_LeclJ3R-s1IlyWgbUMHgY8P-tuXbSEn-NoWtbwGIZ_. 2016 年 4 月 23 日.

[54] 真实的归宿. Linux 系统结构详解[EB/OL]. [2011-01-07]. http://blog.csdn.net/hguisu/article/details/6122513.

[55] 滴水穿石. linux 文件系统简介[EB/OL]. [2010-12-10]. http://www.cnblogs.com/yyyyy5101/articles/1901842.html.

教学资源支持

敬爱的教师：

感谢您一直以来对清华版计算机教材的支持和爱护。为了配合本课程的教学需要，本教材配有配套的电子教案（素材），有需求的教师请到清华大学出版社主页（http://www.tup.com.cn）上查询和下载，也可以拨打电话或发送电子邮件咨询。

如果您在使用本教材的过程中遇到了什么问题，或者有相关教材出版计划，也请您发邮件告诉我们，以便我们更好地为您服务。

我们的联系方式：

地　　址：北京海淀区双清路学研大厦 A 座 707

邮　　编：100084

电　　话：010－62770175－4604

课件下载：http://www.tup.com.cn

电子邮件：weijj@tup.tsinghua.edu.cn

教师交流 QQ 群：136490705

教师服务微信：itbook8

教师服务 QQ：883604

扫一扫
课件下载、样书申请
教材推荐、技术交流

（申请加入时，请写明您的学校名称和姓名）

用微信扫一扫右边的二维码，即可关注计算机教材公众号。